数控技术应用专业系列

电加工工艺与技能训练

□ 周晓宏 主 编

□ 黄小云 于修君 副主编

人民邮电出版社

北 京

图书在版编目（CIP）数据

电加工工艺与技能训练/周晓宏主编.—北京：人民邮
电出版社，2009.10（2016.7 重印）
职业教育机电类技能人才培养规划教材.数控技术应
用专业系列
ISBN 978-7-115-20559-9

I.电… II.周… III.数控机床—电火花加工—职业教
育—教材 IV.TG661

中国版本图书馆CIP数据核字（2009）第065737号

内 容 提 要

本书介绍了企业最常用的数控电火花线切割加工和电火花成型加工的相关知识和操作技能。全书由 7 个
模块组成，内容包括电加工基础知识和工艺规律、电加工机床的操作、应用 3B 代码编程并加工零件、应用
ISO 代码编程加工零件、CAXA 数控线切割自动编程、应用电火花成型机床加工零件、电加工机床高级操作
工考核实例等。本书特别注重电加工工艺和电加工机床操作技能的训练。

本书可作为高级技工学校、职业技术院校机电类专业学生的教材，也可供从事电加工机床操作和编程等
工作的工程技术人员参考使用。

职业教育机电类技能人才培养规划教材
数控技术应用专业系列

电加工工艺与技能训练

- ◆ 主　　编　周晓宏
  副 主 编　黄小云　于修君
  责任编辑　张孟玮
  执行编辑　郭　晶
- ◆ 人民邮电出版社出版发行　　北京市丰台区成寿寺路 11 号
  邮编　100164　电子邮件　315@ptpress.com.cn
  网址　http://www.ptpress.com.cn
  北京鑫正大印刷有限公司印刷
- ◆ 开本：787×1092　1/16
  印张：13　　　　　　　　　2009 年 10 月第 1 版
  字数：328 千字　　　　　　2016 年 7 月北京第 6 次印刷

ISBN 978-7-115-20559-9/TN

定价：22.00 元

读者服务热线：(010)81055256　印装质量热线：(010)81055316
反盗版热线：(010)81055315

随着我国制造业的快速发展，高素质技术工人的数量与层次结构远远不能满足劳动力市场的需求，技术工人的培养培训工作已经成为国家大力发展职业教育的重要任务。为此，中共中央办公厅、国务院办公厅印发了《关于进一步加强高技能人才工作的意见》（中办发[2006]15号）的通知。目前，各类职业院校主动适应经济社会发展要求，主动开展教学研讨，探索更加适合当前技能人才需求的教育培养模式，对中高级技能人才的培养和培训工作起到了积极推动的作用。

职业教育要根据行业的发展和人才的需求，来设定人才的培养目标。当前各行业对技能人才的要求越来越高，而激烈的社会竞争和复杂多变的就业环境也使得职业教育学生只有扎实地掌握一技之长才能实现就业。但是，加强技能培养并不意味着弱化或放弃基础知识的学习；只有牢固地掌握相关理论基础知识，才能自如地运用各种技能，甚至进行技术创新。所以，如何解决理论与实践相结合的问题，走出一条理实一体化的教学新路，是摆在职业教育工作者面前的一个重要课题。

我们本着为职业教育教学改革尽一份社会责任之目的，依据职业教育专家的研究成果，依靠技工学校教师和企业一线工作人员，共同参与"职业教育机电类技能人才教学方案研究与开发"课题研究工作。在对职业教育机电大类专业教学进行规划的基础上，我们的课题研究以职业活动为导向、以职业能力为核心，根据理论知识够用、强化技能训练的原则，将理论和实践有机结合，开发出机电类技能人才培养专业教学方案，并制订出每门课程的教学大纲，然后组织教学一线骨干教师进行教材的编写。

本套教材针对不同课程的教学要求采用"理实相结合"或"理实一体化"两种形式组织教学内容，首批55本教材涵盖2个层次（中级工、高级工），3个专业（数控技术应用、模具设计与制造、机电一体化）。教材内容统筹规划，合理安排知识点与技能训练点，教学内涵生动活泼，尽可能使教材体系和编写结构满足职业教育机电类技能人才培养教学要求。

我们衷心希望本套教材的出版能够对目前职业院校的教学工作有所帮助，并希望得到职业教育专家和广大师生的批评与指正，以期通过逐步调整、完善和补充，使之更符合机电类技能人才培养的实际。

"职业教育机电类技能人才教学方案研究与开发"课题专家指导委员会

2009年2月

各种新材料、新结构、形状复杂的精密机械零件的大量涌现，对机械制造业提出了一系列迫切需要解决的新问题。例如，各种难切削材料的加工，各种结构形状复杂、尺寸微小或特大、精密零件的加工，薄壁等刚度弹性元件、特殊零件的加工等。由于采用传统加工方法加工起来十分困难，甚至无法加工，于是产生了电加工技术。

电加工是指直接利用电能（放电）对金属材料进行的加工，主要有电火花线切割、电火花成型加工、电抛光、电解磨削加工等。本书介绍了企业生产中最常用的数控电火花线切割加工和电火花成型加工的相关知识和操作技能。线切割加工主要用于冲模、挤压模、小孔、形状复杂的窄缝及各种形状复杂零件的加工；电火花成型加工主要用于形状复杂的型腔、凸模、凹模等的加工。这两种加工方法在现代模具行业中应用非常广泛，占模具加工总量的 30%～50%。

当前，电加工技术快速发展，促使数控电加工机床在企业中的应用逐渐普及，电加工机床的大量使用，导致国内企业数控电加工机床编程与操作人才严重短缺，企业正急需一大批数控电加工技能型人才。这种对电加工技能型人才的迫切需要，使得数控电加工人才的培养成为了一项重要而艰巨的任务。

在这样的背景下，我们结合多年生产实践经验和教学经验，反复实践和总结，编写了这本电加工工艺与技能训练教材。在内容编排上，特别注重所述工艺知识与技能的实用性和可操作性。本书与目前同类教材比较，主要特色如下。

（1）深浅适度，符合高级技工学校的教学实际；内容详细、明了，深入浅出，图文并茂。

（2）符合一体化教学的需要。本教材按"模块"来编写，在"模块"下又分解为几个"课题"，是一种理论和实操一体化的教材。作者首先对电加工技能型人才必需的知识和技能进行了认真选取，然后按照学生的学习规律，精选了 20 多个"课题"，把知识和技能融入到这些课题中，在"课题"引领下介绍完成该课题（加工工件、操作机床等）所需理论知识和实操技能，符合目前我国职业教育界正在大力提倡的"任务引领型"教学思路。

（3）实用性强。本书在编写过程中，突出体现"知识新、技术新、技能新"的编写思想，以所介绍知识和技能"实用、可操作性强"为基本原则，不追求理论知识的系统性和完整性。本书所介绍的电加工机床在生产实际中应用很广，在课题实施中特别注重电加工工艺的训练。

（4）内容编排符合学生的学习规律。绝大多数课题都由"基础知识"、"课题实施"、"知识与技能拓展"和"作业测评"等四个部分组成。"基础知识"讲解完成本课题所需知识；"课题实施"介绍完成该课题的工艺方法和操作步骤；"知识与技能拓展"介绍与课题相关的较高层次的知识和技能；"作业测评"用于测试学生对该课题的掌握情况。

本书可作为高级技工学校机电类专业学生的教材，也可作为高职和中职机电类专业学生的教材。本书特别适用于电加工机床中级操作工和高级操作工的培训课程，也适合作为从事电加工机床操作和编程等工作的工程技术人员的参考资料。

　　本书由深圳技师学院（深圳高级技工学校）周晓宏副教授主编，深圳技师学院黄小云任副主编并编写了模块二的大部分内容，平度市职业教育中心于修君任副主编并编写了模块一的课题一和模块七的课题一，本书其余部分均由周晓宏编写，并对全书进行了统校。

　　由于编者水平有限，书中不妥或错误之处，恳请读者指正。

编　者

2009 年 4 月

目录

CONTENTS

模块一
1 电加工基础知识和工艺规律

学习目标

◎ 掌握电火花加工的原理、优缺点和工艺类型
◎ 掌握电火花线切割加工的工艺规律
◎ 掌握电火花成型加工的工艺规律

课题一 电加工实例快速导入

在本课题中将演示线切割加工实例和电火花加工实例，通过观察 2 个电加工实例，以了解电加工的基本原理、加工方法和电加工机床的工作情况。

一、基础知识

电加工一般是指直接利用电能（放电）对金属材料进行的加工，主要有电火花线切割、电火花成型加工、电抛光、电解磨削加工等。

本书将介绍企业最常用的电火花线切割加工（简称线切割加工）和电火花成型加工（简称电火花加工）的相关知识和技能。线切割加工主要用于冲模、挤压模、小孔、形状复杂的窄缝及各种形状复杂零件的加工，如图 1-1 所示。电火花加工主要用于形状复杂的型腔、凸模、凹模等的加工，如图 1-2 所示。

图 1-1 线切割加工产品

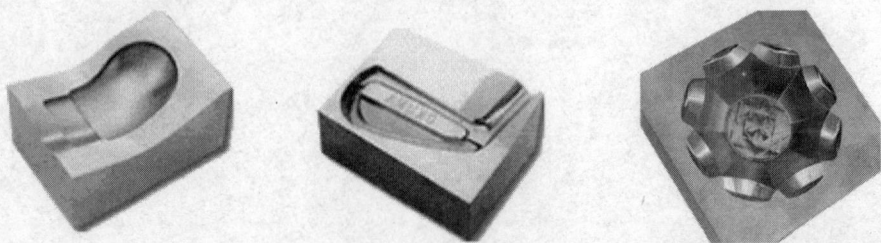

图 1-2 电火花加工产品

二、课题实施

1．线切割加工实例

应用线切割机床加工如图 1-3 所示的凸模。

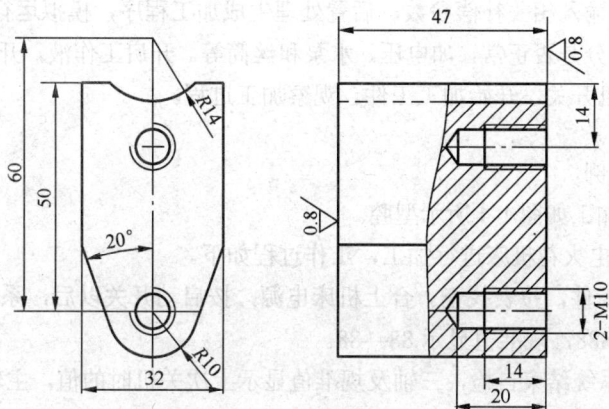

技术要求
1、加工材料厚度 3mm 钢板
2、完工后与凹模刃口的双面配合间隙为 0.03mm
3、热处理硬度 58～62HRC

图 1-3　凸模零件图

（1）工艺分析。

图 1-3 所示零件的加工工艺见表 1-1。

表 1-1　　　　　　　　　　凸模零件的加工工艺

工 序 号	工 序 名 称	工 序 内 容
1	备料	锻造毛坯 70mm×50mm×38mm
2	热处理	球化退火，消除内应力，改善组织和工艺性能
3	铣（刨）加工	铣（刨）毛坯各面，单边留磨量 0.6～0.8mm
4	磨床加工	磨上、下两面，留 0.2～0.3mm 的精磨余量
5	钳加工	钻、攻 2-M10 螺纹孔，钻穿丝孔
6	热处理	淬火，低温回火，要求硬度 60～64HRC
7	精磨加工	磨上、下面
8	线切割加工	割凸模轮廓，单边留研磨量 0.05mm
9	研磨	研磨刃口，线切割面至要求的尺寸和表面粗糙度

（2）工艺实施。

在进行线切割加工之前，已经完成了工序 1～7，在线切割机床上进行工序 8 的过程如下。

① 分析零件图，了解加工内容及加工要求。

② 熟悉零件工艺过程，确定切割方案。

③ 启动机床，绘图编程。

④ 装夹工件，找正并用压板夹紧。

⑤ 根据工件厚度调整 Z 轴至适当位置并锁紧。

⑥ 穿丝，并调整好储丝筒行程。

⑦ 找正钼丝垂直度。

⑧ 调正钼丝位置，用自动找中心法使钼丝位于穿孔中心。

⑨ 根据图样要求输入相关补偿参数，后置处理生成加工程序，模拟运行。

⑩ 检查系统各部分是否正常，如电压、水泵和丝筒等。开启工作液，开启走丝电机，开启高频开关，按下步进电机开关，开始加工工件。观察加工过程。

⑪ 检查测量工件。

2．电火花加工实例

运用电火花机床加工如图 1-4 所示型腔。

使用 DK7125NC 电火花机床进行加工，工作过程如下。

（1）装夹电极、工件，拉表找正。合上机床电源，按启动开关以后，系统进行自检，指示灯全亮，三轴显示-888.888，规准值显示 88—88。

（2）几秒种后，系统结束自检，三轴及规准值显示上次关机时的值，主轴悬停，公/英和反打指示灯指示上次关机时的状态。

（3）进行对刀，对刀后，移动主轴电极使其接触加工工件基准位置，如图 1-5 所示，然后 Z 轴清零。

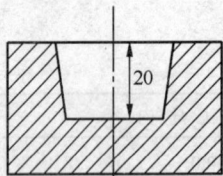

图 1-4　型腔　　　　　　　　　　　图 1-5　确定加工位置

（4）进行参数设定。

加工参数（亦称加工规准），主要指电流、脉宽、脉冲间隔、抬刀等参数。加工参数主要根据实际情况选择。

① 调用步序 7，设定目标深度=18.000。设定规准值：脉冲宽度取 800μs，脉冲间隔取 100μs。步序 7 为中加工。

② 调用步序 8，设定目标深度=19.000。设定规准值：脉冲宽度取 400μs，脉冲间隔取 150μs。步序 8 为中加工。

③ 调用步序 9，设定目标深度=20.000。设定规准值：脉冲宽度取 70μs，脉冲间隔取 200μs。步序 9 为精加工。

④ 检查步序 7～步序 9，无误后调用步序 7。

（5）按控制面板上"自动"键（指示灯亮），按手控盒上"加工"键，开始加工。

如果加工到某一段的目标深度，自动调用下一段。

当加工到 20.000 时，系统自动切断加工电压，主轴回退，到位后，转到对刀状态，报警蜂鸣，或关机。

（6）对被加工的零件进行精度检验。

提示 加工中不要触摸电极和工件，以防触电。

三、知识与技能拓展

1943 年，前苏联科学院的拉扎林柯夫妇，在研究火花放电时，通过观察开关触点受到腐蚀损坏的现象，发现电火花的瞬时高温可使局部的金属熔化，甚至汽化而被蚀除掉，从而开创和发明了电火花加工，并用铜丝在淬火钢上加工出小孔，实现了用软金属工具加工任何硬度的金属材料。电火花加工直接利用电能和热能去除金属，首次摆脱了传统的切削加工方式，取得了"以柔克刚"的效果。

1．电加工的概念

电加工主要是指利用电的各种效应（如电能、电化学能、电热能、电磁能、电光能等）对金属材料进行加工的一种方式。电加工包括电蚀加工（电火花成型加工和线切割加工）、电子束加工、电化学加工（电抛光等）及电热加工（导电磨削、电热整平）等。从狭义而言，电加工一般是指直接利用电能（放电）对金属材料进行的加工，主要有电火花成型加工、线电极切割、电抛光、电解磨削加工等。

2．电火花加工的概念

电火花加工（Electrical Discharge Machining，EDM），也称为放电加工、电蚀加工或电脉冲加工，是一种靠工具电极（简称工具或电极）和工件电极（简称工件）之间的脉冲性火花放电来蚀除多余的金属，直接利用电能和热能进行加工的工艺方法。由于加工过程中可看见火花，因此被称为电火花加工。

3．电火花线切割加工的概念

电火花线切割加工（Wire Cut EDM）是在电火花加工的基础上发展起来的一种新兴加工工艺，采用细金属丝（钼丝或黄铜丝）作为工具电极，使用电火花线切割机床根据数控编程指令进行切割，加工出满足技术要求的工件。

课题二 学习电火花加工基础知识

本课题将学习电火花加工的基础知识，学习目标是：认识数控线切割机床和数控电火花机床的原理、结构与工艺用途，认识电火花加工的工艺规律。

一、基础知识

1．电火花加工的原理

电火花加工是在工件和工具电极之间的极小间隙上施加脉冲电压，使这个区域的介质电离，引发火花放电，从而将该局部区域的金属工件熔融蚀除掉，反复不断地推进这个过程，逐步地按要求去除多余的金属材料而达到加工尺寸的目的，如图 1-6 所示。

电火花加工的过程大致分为以下几个阶段，如图 1-7 所示。

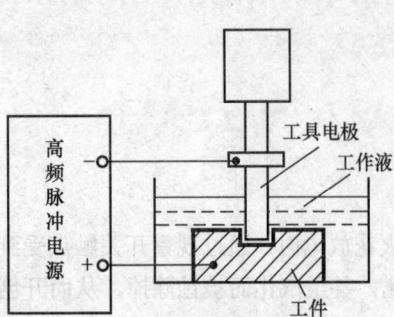

图 1-6　电火花加工原理示意图

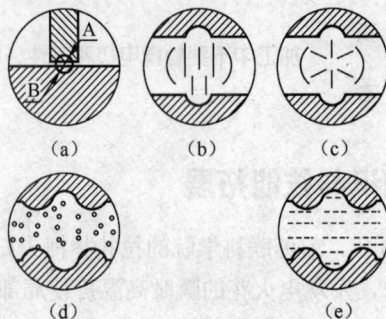

图 1-7　电火花加工的过程

（1）极间介质的电离、击穿，形成放电通道，如图 1-7（a）所示。工具电极与工件电极缓缓靠近，极间的电场强度增大，由于两电极的微观表面是凹凸不平的，因此在两极间距离最近的 A、B 处电场强度最大。

工具电极与工件电极之间充满着液体介质，液体介质中不可避免地含有杂质及自由电子，它们在强大的电场作用下，形成了带负电的粒子和带正电的粒子，电场强度越大，带电粒子就越多，最终导致液体介质电离、击穿，形成放电通道。放电通道是由大量高速运动的带正电和带负电的粒子以及中性粒子组成的。由于通道截面很小，通道内因高温热膨胀形成的压力高达几万帕，高温高压的放电通道急速扩展，产生一个强烈的冲击波向四周传播。在放电的同时还伴随着光效应和声效应，这就形成了肉眼所能看到的电火花。

（2）电极材料的熔化、汽化热膨胀，如图 1-7（b）、（c）所示。液体介质被电离、击穿，形成放电通道后，通道间带负电的粒子奔向正极，带正电的粒子奔向负极，粒子间相互撞击，产生大量的热能，使通道瞬间达到很高的温度。通道高温首先使工作液汽化，然后高温向四周扩散，使两电极表面的金属材料开始熔化直至沸腾汽化。汽化后的工作液和金属蒸气瞬间体积猛增，形成了爆炸的特性。所以在观察电火花加工时，可以看到工件与工具电极间有冒烟现象，并听到轻微的爆炸声。

（3）电极材料的抛出，如图 1-7（d）所示。正负电极间产生的电火花现象，使放电通道产生高温高压。通道中心的压力最高，工作液和金属汽化后不断向外膨胀，形成内外瞬间压力差，高压力处的熔融金属液体和蒸气被排挤，抛出放电通道，大部分被抛入到工作液中。仔细观察电火花加工，可以看到橘红色的火花四溅，这就是被抛出的高温金属熔滴和碎屑。

（4）极间介质的消电离，如图 1-7（e）所示。加工液流入放电间隙，将电蚀产物及残余的热量带走，并恢复绝缘状态。若电火花放电过程中产生的电蚀产物来不及排除和扩散，产生的热量将不能及时传出，使该处介质局部过热，局部过热的工作液高温分解、积炭，使加工无法继续进行，并烧坏电极。因此，为了保证电火花加工过程的正常进行，在两次放电之间必须有足够的时间间隔让电蚀产物充分排出，恢复放电通道的绝缘性，使工作液介质消电离。

上述步骤（1）～（4）在 1s 内约数千次甚至数万次地往复式进行，即单个脉冲放电结束，经过一段时间间隔（即脉冲间隔）使工作液恢复绝缘后，第二个脉冲又作用到工具电极和工件上，又会在当时极间距离相对最近或绝缘强度最弱处击穿放电，蚀出另一个小凹坑。这样以相当高的频率连续不断地放电，工件不断地被蚀除，故工件加工表面将由无数个相互重叠的小凹坑组成。所以电火花加工是大量的微小放电痕迹逐渐累积而成的去除金属的加工方式。

2．电火花加工的优点

（1）适合于难切削材料的加工。由于加工中材料的去除是靠放电时的电热作用实现的，材料的可加工性主要取决于材料的导电性及其热学特性，如熔点、沸点（汽化点）、比热容、热导率、电阻率等，而几乎与其力学性能（硬度、强度等）无关，这样可以突破传统切削加工对刀具的限制，可以实现用软的工具加工硬韧的工件，甚至可以加工像聚晶金刚石、立方氮化硼一类的超硬材料。目前电极材料多采用紫铜或石墨，因此工具电极较容易加工。

（2）可以加工特殊及复杂形状的零件。由于加工中工具电极和工件不直接接触，没有机械加工的切削力，因此适宜加工低刚度工件及微细加工。由于可以简单地将工具电极的形状复制到工件上，因此特别适用于复杂表面形状工件的加工，如复杂型腔模具加工等，数控技术的采用使得用简单的电极加工复杂形状零件也成为可能。

（3）易于实现加工过程自动化。这是由于是直接利用电能加工，而电能、电参数较机械量易于数字控制、适应控制、智能化控制和无人化操作等。

（4）可以改进结构设计，改善结构的工艺性。例如可以将拼镶结构的硬质合金冲模改为用电火花加工的整体结构，减少了加工工时和装配工时，延长了使用寿命。又如喷气发动机中的叶轮，采用电火花加工后可以将拼镶、焊接结构改为整体叶轮，既大大提高了工作可靠性，又大大减小了体积和质量。

3．电火花加工的缺点

电火花加工也有其局限性，具体表现在以下几个方面。

（1）只能用于加工金属等导电材料，不像切削加工那样可以加工塑料、陶瓷等绝缘的非导电材料。但近年来研究表明，在一定条件下也可加工半导体和聚晶金刚石等非导体超硬材料。

（2）加工速度一般较慢，因此通常安排工艺时多采用切削来去除大部分余量，然后再进行电火花加工，以求提高生产率，但最近的研究成果表明，采用特殊水基不燃性工作液进行电火花加工，其粗加工生产率甚至高于切削加工。

（3）存在电极损耗。由于电火花加工靠电、热来蚀除金属，电极也会遭受损耗，而且电极损耗多集中在尖角或底面，影响成型精度。但最近的机床产品在粗加工时已能将电极相对损耗比降至0.1%以下，在中、精加工时能将损耗比降至1%，甚至更小。

（4）最小角部半径有限制。一般电火花加工能得到的最小角部半径等于加工间隙（通常为0.02～0.3mm），若电极有损耗或采用平动头加工，则角部半径还要增大。但近年来的多轴数控电火花加工机床采用 X、Y、Z 轴数控摇动加工，可以清棱清角地加工出方孔、窄槽的侧壁和底面。

4．电火花加工的工艺类型和适用范围

按工具电极和工件相对运动的方式和用途的不同，大致可分为电火花穿孔成型加工、电火花线切割加工、电火花磨削和镗磨、电火花同步共轭回转加工、电火花高速小孔加工、电火花表面强化与刻字六大类。前五类属电火花成型、尺寸加工，是用于改变工件形状或尺寸的加工方法；后者则属表面加工方法，用于改善或改变零件表面性质。以上应用类型以电火花穿孔成型加工和电火花线切割应用最为广泛。表 1-2 为总的分类情况及各加工方法的主要特点和用途。本书只介绍电火花成型加工和电火花线切割加工。

表 1-2　　　　　　　　　　　　　　　　电火花加工的工艺类型

类别	工艺类型	特　点	适用范围	备　注
1	电火花穿孔成型加工	（1）工具和工件间主要只有一个相对的伺服进给运动 （2）工具为成型电极，与被加工表面有相同的截面和相应的形状	（1）穿孔加工：加工各种冲模、挤压模、粉末冶金模、各种异形孔及微孔等 （2）型腔加工：加工各类型腔模及各种复杂的型腔工件	约占电火花机床总数的30%，典型机床有 D7125、D7140 等电火花穿孔成型机床
2	电火花线切割加工	（1）工具电极为顺电极丝轴线垂直移动着的线状电极 （2）工具与工件在两个水平方向同时有相对伺服进给运动	（1）切割各种冲模和具有直纹面的零件 （2）下料、截割和窄缝加工	约占电火花机床总数的60%，典型机床有 DK7725、DK7740 数控电火花线切割机床
3	电火花内孔、外圆和成型磨削	（1）工具与工件有相对的旋转运动 （2）工具与工件间有径向和轴向的进给运动	（1）加工高精度、表面粗糙度值小的小孔，如拉丝模、挤压模、微型轴承内环、钻套等 （2）加工外圆、小模数滚刀等	约占电火花机床总数的3%，典型机床有 D6310 电火花小孔内圆磨床等
4	电火花同步共轭回转加工	（1）成型工具与工件均作旋转运动，但二者角速度相等或成整倍数，相对应接近的放电点可有切向相对运动速度 （2）工具相对工件可作纵、横向进给运动	以同步回转、展成回转、倍角速度回转等不同方式，加工各种复杂型面的零件，如高精度的异形齿轮，精密螺纹环规，高精度、高对称度、表面粗糙度值小的内、外回转体表面等	约占电火花机床总数不足1%，典型机床有 JN-2、JN-8 内外螺纹加工机床
5	电火花高速小孔加工	（1）采用细管（>ϕ0.3mm）电极，管内冲入高压水基工作液 （2）细管电极旋转 （3）穿孔速度很高（30～60mm／min）	（1）线切割预穿丝孔 （2）深径比很大的小孔，如喷嘴等	约占电火花机床总数的2%，典型机床有 D703A 电火花高速小孔加工机床
6	电火花表面强化、刻字	（1）工具在工件表面上震动，在空气中放火花 （2）工具相对工件移动	（1）模具刃口，刀、量具刃口表面强化和镀覆 （2）电火花刻字、打印记	约占电火花机床总数的1%～2%，典型设备有 D9105 电火花强化机等

5．电火花成型加工和电火花线切割加工的共同点和不同点

（1）共同特点。

① 二者的加工原理相同，都是通过电火花放电产生的热来熔解去除金属的，所以二者加工材料的难易与材料的硬度无关，加工中不存在显著的机械切削力。

② 二者的加工机理、生产率、表面粗糙度等工艺规律基本相似，可以加工硬质合金等一切导电材料。

③ 最小角部半径有限制。电火花加工中最小角部半径为加工间隙，线切割加工中最小角半径为电极丝的半径加上加工间隙。

（2）不同特点。

① 从加工原理来看，电火花加工是将电极形状复制到工件上的一种工艺方法，如图 1-8（a）所示。在实际中可以加工通孔（穿孔加工）和盲孔（成型加工），如图 1-8（b）、（c）所示；而线切割加工是利用移动的细金属导线（铜丝或钼丝）做电极，对工件进行脉冲火花放电，切割成型的一种工艺方法，如图 1-9 所示。

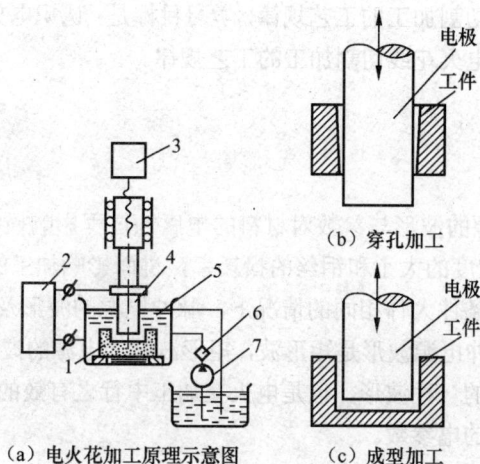

（a）电火花加工原理示意图　　（b）穿孔加工　　（c）成型加工

图 1-8　电火花加工

1—工件　2—脉冲电源　3—自动进给调节系统　4—工具　5—工作液　6—过滤器　7—工作液泵

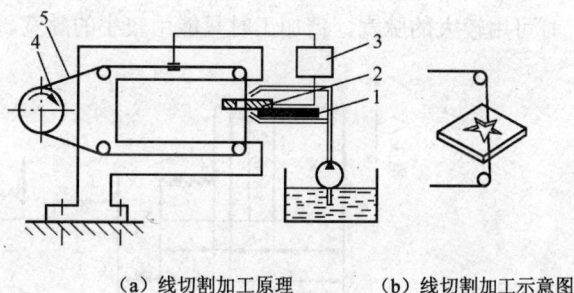

（a）线切割加工原理　　　　（b）线切割加工示意图

图 1-9　线切割加工

1—绝缘底板　2—工件　3—脉冲电源　4—滚丝筒　5—电极丝

② 从产品形状角度看，电火花加工必须先用数控加工等方法加工出与产品形状相似的电极；线切割加工中产品的形状是通过工作台按给定的控制程序移动而合成的，只对工件进行轮廓图形加工，余料仍可利用。

③ 从电极角度看，电火花加工必须制作成型用的电极（一般用铜、石墨等材料制作而成）；线切割加工用移动的细金属导线（铜丝或钼丝）做电极。

④ 从电极损耗角度看，电火花加工中电极相对静止，易损耗，故通常采用多个电极加工；而线切割加工中由于电极丝连续移动，使新的电极丝不断地补充和替换在电蚀加工区受到损耗的电极丝，避免了电极损耗对加工精度的影响。

⑤ 从应用角度看，电火花加工可以加工通孔、盲孔，特别适宜加工形状复杂的塑料模具等零件的型腔以及刻文字、花纹等；而线切割加工只能加工通孔，能方便地加工出小孔、形状复杂的窄缝及各种形状复杂的零件。

课题三　认识电火花线切割加工的工艺规律

本课题将学习电火花线切割加工的工艺规律，学习目标是：认识电火花加工的常用工艺参数、影响材料放电腐蚀的因素和电火花线切割加工的工艺规律。

一、基础知识

1. 电火花加工的电参数

电火花加工中，脉冲电源的波形与参数对材料的电腐蚀过程影响极大，它们决定着放电痕（表面粗糙度）、蚀除率、切缝宽度的大小和钼丝的损耗率，进而影响加工的工艺指标。

实践证明，在其他工艺条件大体相同的情况下，脉冲电源的波形及参数对工艺效果影响是相当大的。目前广泛应用的脉冲电源波形是矩形波，矩形波脉冲电源的波形如图 1-10 所示，它是晶体管脉冲电源中使用最普遍的一种波形，也是电火花加工中行之有效的波形之一。

下面将介绍电火花加工的电参数。

（1）脉冲宽度 $t_i(\mu s)$。

脉冲宽度简称脉宽（也常用 ON、T_{ON} 等符号表示），是加到电极和工件上放电间隙两端的电压脉冲的持续时间，如图 1-11 所示。为了防止电弧烧伤，电火花加工只能用断断续续的脉冲电压波。一般来说，粗加工时可用较大的脉宽，精加工时只能用较小的脉宽。

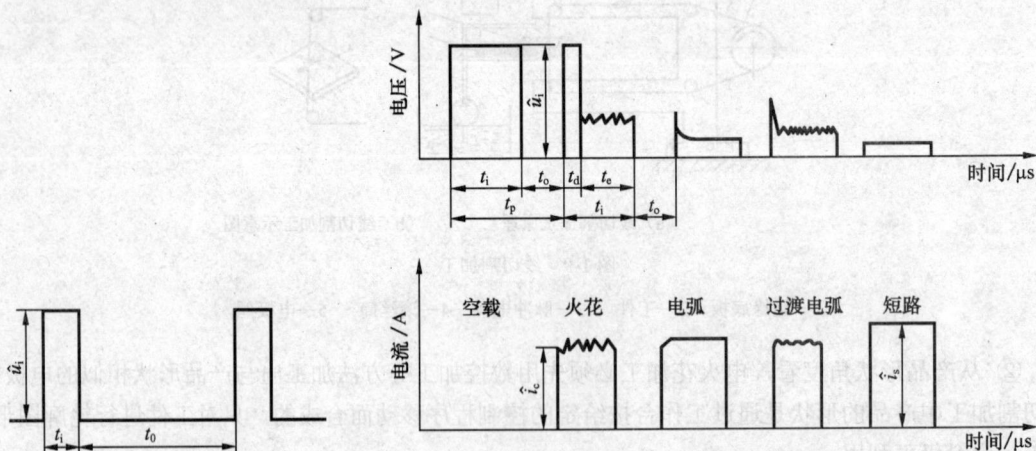

图 1-10　矩形波脉冲

图 1-11　电火花加工的电参数

（2）脉冲间隔 $t_o(\mu s)$。

脉冲间隔简称脉间或间隔（也常用 OFF、T_{OFF} 表示），它是两个电压脉冲之间的间隔时间（如图 1-11 所示）。间隔时间过短，放电间隙来不及消电离和恢复绝缘，容易产生电弧放电，烧伤电极和工件；脉间选得过长，将降低加工生产率。加工面积、加工深度较大时，脉间也应稍大。

（3）脉冲频率 f_P(Hz)。

脉冲频率是指单位时间内电源发出的脉冲个数。显然，它与脉冲周期 t_P 互为倒数。

（4）脉冲周期 t_P(μs)。

一个电压脉冲开始到下一个电压脉冲开始之间的时间称为脉冲周期，显然 $t_P=t_i+t_o$。（参见图 1-11）。

（5）开路电压或峰值电压（V）。

开路电压是间隙开路和间隙击穿之前 t_d 时间内电极间的最高电压（参见图 1-11）。一般晶体管方波脉冲电源的峰值电压为 60～80V，高低压复合脉冲电源的高压峰值电压为 175～300 V。峰值电压高时，放电间隙大，生产率高，但成型复制精度较差。

（6）加工电压或间隙平均电压 U（V）。

加工电压或间隙平均电压是指加工时电压表上指示的放电间隙两端的平均电压，它是多个开路电压、火花放电维持电压、短路和脉冲间隔等电压的平均值。

（7）加工电流 I（A）。

加工电流是加工时电流表上指示的流过放电间隙的平均电流。精加工时小，粗加工时大，间隙偏开路时小，间隙合理或偏短路时则大。

（8）短路电流 I_s（A）。

短路电流是放电间隙短路时电流表上指示的平均电流。它比正常加工时的平均电流要大 20%～40%。

（9）峰值电流 $\hat{i}_e$（A）。

峰值电流是间隙火花放电时脉冲电流的最大值（瞬时），如图 1-11 所示。虽然峰值电流不易测量，但它是影响加工速度、表面质量等的重要参数。在设计制造脉冲电源时，每一功率放大管的峰值电流是预先计算好的，选择峰值电流实际是选择几个功率管进行加工。

（10）短路峰值电流 $\hat{i}_s$（A）。

短路峰值电流是间隙短路时脉冲电流的最大值（参见图 1-11），它比峰值电流要大 20%～40%。

（11）放电时间（电流脉宽）t_e（μs）。

放电时间是工作液介质击穿后放电间隙中流过放电电流的时间，即电流脉宽，它比电压脉宽稍小，二者相差一个击穿延时 t_d。t_i 和 t_e 对电火花加工的生产率、表面粗糙度和电极损耗有很大影响，但实际起作用的是电流脉宽 t_e。

（12）击穿延时 t_d（μs）。

从间隙两端加上脉冲电压后，一般均要经过一小段延续时间 t_d，工作液介质才能被击穿放电，这一小段时间 t_d 称为击穿延时（参见图 1-11）。击穿延时 t_d 与平均放电间隙的大小有关，工具欠进给时，平均放电间隙变大，平均击穿延时 t_d 就大；反之，工具过进给时，放电间隙变小，t_d 也就小。

（13）放电间隙。

放电间隙是放电时工具电极和工件间的距离，它的大小一般在 0.01～0.5 mm 之间，粗加工时间隙较大，精加工时则较小。

2. 电火花线切割加工的主要工艺指标

（1）切割速度 v_{wi}。

切割速度是指在保证一定的表面粗糙度的切割过程中，单位时间内电极丝中心线在工件上切过的面积的总和，单位为 mm²/min。最高切割速度 v_{wimax} 是指在不计切割方向和表面粗糙度等条件下，所能达到的最大切割速度。通常快走丝线切割加工的切割速度为 $40\sim80\text{mm}^2/\text{min}$，它与加工电流大小有关，为了在不同脉冲电源、不同加工电流下比较切割效果，将每安培电流的切割速度称为切割效率，一般切割效率为 $20\ \text{mm}^2/\ (\text{min}\cdot\text{A})$。

（2）表面粗糙度。

在我国和欧洲表面粗糙度常用轮廓算术平均偏差 $R_a(\mu\text{m})$ 来表示，高速走丝线切割的表面粗糙度一般为 $R_a1.25\mu\text{m}\sim2.5\mu\text{m}$，低速走丝线切割的表面粗糙度可达 $R_a1.25\mu\text{m}$。

（3）加工精度。

加工精度是指所加工工件的尺寸精度、形状精度（如直线度、平面度、圆度等）和位置精度（如平行度、垂直度、倾斜度等）的总称。高速走丝线切割的可控加工精度为 $0.01\sim0.02\text{mm}$，低速走丝线切割的可控加工精度为 $0.002\sim0.005\text{mm}$。

（4）电极丝损耗量。

对快走丝机床，电极丝损耗量用电极丝在切割 $10\ 000\ \text{mm}^2$ 面积后电极丝直径的减少量来表示，一般减小量不应大于 $0.01\ \text{mm}$。对低速走丝线切割机床，由于电极丝是一次性的，故电极丝损耗量可忽略不计。

3．电参数对电火花线切割加工工艺指标的影响

（1）脉冲宽度对工艺指标的影响。

图 1-12 所示是在一定工艺条件下，脉冲宽度 t_i 对切割速度 v_{wi} 和表面粗糙度 R_a 影响的曲线。由图可知，增加脉冲宽度，使切割速度提高，但表面粗糙度变差。这是因为脉冲宽度增加，使单个脉冲放电能量增大，则放电痕也大。同时，随着脉冲宽度的增加，电极丝损耗变大。

通常，电火花线切割加工用于精加工和中加工时，单个脉冲放电能量应限制在一定范围内。当短路峰值电流选定后，脉冲宽度要根据具体的加工要求来选定，精加工时，脉冲宽度可在 $20\mu\text{s}$ 内选择，中加工时，可在 $20\sim60\mu\text{s}$ 内选择。

（2）脉冲间隔对工艺指标的影响。

图 1-13 所示是在一定的工艺条件下，脉冲间隔 t_o 对切割速度 v_{wi} 和表面粗糙度 R_a 的影响曲线。

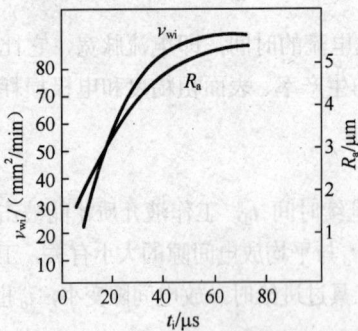

图 1-12　t_i 对 v_{wi} 和 R_a 的影响曲线　　　　图 1-13　t_o 对 v_{wi} 和 R_a 的影响曲线

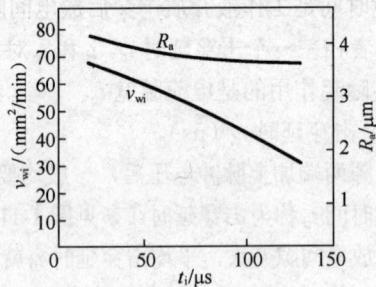

由图 1-13 可知，减小脉冲间隔，切割速度提高，表面粗糙度 R_a 稍有增大，这表明脉冲间隔对切割速度影响较大，对表面粗糙度影响较小。因为在单个脉冲放电能量确定的情况下，脉冲间隔较小，致使脉冲频率提高，即单位时间内放电加工的次数增多，平均加工电流增大，故切割速度提高。

实际上，脉冲间隔不能太小，它受间隙绝缘状态恢复速度限制。如果脉冲间隔太小，放电产物来不及排除，放电间隙来不及充分消电离，这将使加工变得不稳定，易造成烧伤工件或断丝。但是脉冲

间隔也不能太大，因为这会使切割速度明显降低，严重时不能连续进给，使加工变得不够稳定。

一般脉冲间隔在 10～250μs 范围内，基本上能适应各种加工条件，可进行稳定加工。

选择脉冲间隔和脉冲宽度与工件厚度有很大关系。一般来说工件厚，脉冲间隔也要大，以保持加工的稳定性。

（3）短路峰值电流对工艺指标的影响。

图 1-14 所示是在一定的工艺条件下，短路峰值电流 $\hat{i}_s$ 对切割速度 v_{wi} 和表面粗糙度 R_a 影响的曲线。由图可知，当其他工艺条件不变时，增加短路峰值电流，切割速度提高，表面粗糙度变差。这是因为短路峰值电流大，表明相应的加工电流峰值就大，单个脉冲能量亦大，所以放电痕大，故切割速度高，表面粗糙度差。

增大短路峰值电流，不但使工件放电痕变大，而且使电极丝损耗变大，这两者均使加工精度稍有降低。

（4）开路电压对工艺指标的影响。

图 1-15 所示是在一定的工艺条件下，开路电压 u_i 对加工速度 v_{wi} 和表面粗糙度 R_a 影响的曲线。

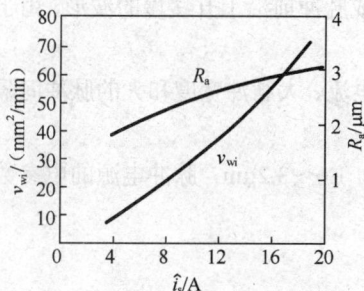

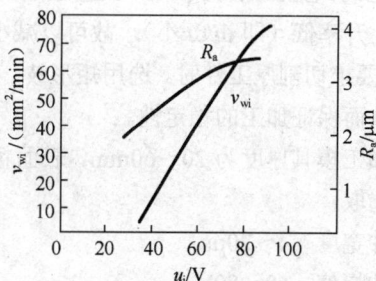

图 1-14　$\hat{i}_s$ 对 v_{wi} 和 R_a 的影响曲线　　　　图 1-15　u_i 对 v_{wi} 和 R_a 影响的曲线

由图 1-15 可知，随着开路电压峰值提高，加工电流增大，切割速度提高，表面变粗糙。因电压高使加工间隙变大，所以加工精度略有降低。但间隙大，有利于放电产物的排除和消电离，则提高了加工稳定性和脉冲利用率。

采用乳化液介质和高速走丝方式，开路电压峰值一般都在 60～150V 的范围内，个别的用到 300V 左右。

综上所述，在工艺条件大体相同的情况下，利用矩形波脉冲电源进行加工时，电参数对工艺指标的影响下有如下规律。

① 切割速度随着加工电流峰值、脉冲宽度、脉冲频率和开路电压的增大而提高，即切割速度随着加工平均电流的增加而提高。

② 加工表面粗糙度 R_a 值随着加工电流峰值、脉冲宽度及开路电压的减小而减小。

③ 加工间隙随着开路电压的提高而增大。

④ 在电流峰值一定的情况下，开路电压的增大，有利于提高加工稳定性和脉冲利用率。

⑤ 表面粗糙度的改善，有利于提高加工精度。

实践表明，改变矩形波脉冲电源的一项或几项电参数，对工艺指标的影响很大，须根据具体的加工对象和要求，全面考虑诸因素及其相互影响关系。选取合适的电参数，既要满足主要加工要求，又要注意提高各项加工指标。例如，加工精小模具或零件时，选择电参数要满足尺寸精度高、表面粗糙度好的要求，选取较小的加工电流的峰值和较窄的脉冲宽度，这必然带来加工速度的降低。又如，加工中、大型模具和零件时，对尺寸精度和表面粗糙度要求低一些，故可选用加工电流峰值大、脉冲宽度宽些的电参数值，尽量获得较高的切割速度。此外，不管加工对象和要求如何，还须选择适当的脉冲间隔，以保证加工稳定进行，提高脉冲利用率。因此选择电参数值相当重要，只要能客观地运用它们的最佳组合，就一定能够获得良好的加工效果。

4．根据加工对象合理选择加工参数

（1）合理选择电参数。

① 要求切割速度高时。当脉冲电源的空载电压高、短路电流大、脉冲宽度大时，则切割速度高。但是切割速度和表面粗糙度的要求是互相矛盾的两个工艺指标，所以，必须在满足表面粗糙度的前提下再追求高的切割速度。而且切割速度还受到间隙消电离的限制，也就是说，脉冲间隔也要适宜。

② 要求表面粗糙度好时。若切割的工件厚度在80mm以内，则选用分组波的脉冲电源为好，它与同样能量的矩形波脉冲电源相比，在相同的切割速度条件下，可以获得较好的表面粗糙度。

无论是矩形波还是分组波，其单个脉冲能量小，则R_a值小。也就是说，脉冲宽度小、脉冲间隔适当、峰值电压低、峰值电流小时，表面粗糙度较好。

③ 要求电极丝损耗小时。多选用前阶梯脉冲波形或脉冲前沿上升缓慢的波形，由于这种波形电流的上升率低（即di/dt小），故可以减小丝损。

④ 要求切割厚工件时。选用矩形波、高电压、大电流、大脉冲宽度和大的脉冲间隔可充分消电离，从而保证加工的稳定性。

若加工模具厚度为20～60mm，表面粗糙度R_a值为1.6～3.2μm，脉冲电源的电参数可在如下范围内选取：

脉冲宽度　　4～20μs
脉冲幅值　　60～80V
功率管数　　3～6个
加工电流　　0.8～2A
切割速度　　15～40mm²/min

选择上述的下限参数，表面粗糙度为R_a1.6μm，随着参数的增大，表面粗糙度值增至R_a3.2μm。

加工薄工件和试切样板时，电参数应取小些，否则会使放电间隙增大。

加工厚工件（如凸模）时，电参数应适当取大些，否则会使加工不稳定，模具质量下降。

（2）合理调整变频进给的方法。

整个变频进给控制电路有多个调整环节，其中大都安装在机床控制柜内部，出厂时已调整好，一般不应再变动；另有一个调节旋钮安装在控制台操作面板上，操作工人可以根据工件材料、厚度及加工要求等来调节此旋钮，以改变进给速度。

不要以为变频进给的电路能自动跟踪工件的蚀除速度并始终维持某一放电间隙（即不会开路不走或短路闷死），便错误地认为加工时可不必或可随便调节变频进给量。实际上某一具体加工条件下只存在一个相应的最佳进给量，此时钼丝的进给速度恰好等于工件实际可能的最大蚀除速度。如果人们设置的进给速度小于工件实际可能的蚀除速度（称欠跟踪或欠进给），则加工状态偏开路，无形中降低了生产率；如果设置好的进给速度大于工件实际可能的蚀除速度（过跟踪或过进给），则加工状态偏短路，实际进给和切割速度反而下降，而且增加了断丝和"短路闷死"的危险。实际上，由于进给系统中步进电动机、传动部件等有机械惯性及滞后现象，不论是欠进给或过进给，自动调节系统都将使进给速度忽快忽慢，加工过程变得不稳定。因此，合理调节变频进给，使其达到较好的加工状态是很重要的，主要有以下两种方法。

① 用示波器观察和分析加工状态的方法。如果条件允许，最好用示波器来观察加工状态，它不仅直观，而且还可以测量脉冲电源的各种参数。图1-16所示为加工时可能出现的几种典型波形。

将示波器输入线的正极接工件，负极接电极丝，调整好示波器，则观察到的较好波形应如图1-17所示。若变频进给调整得合适，则加工波最浓，空载波和短路波很淡，此时为最佳加工状态。

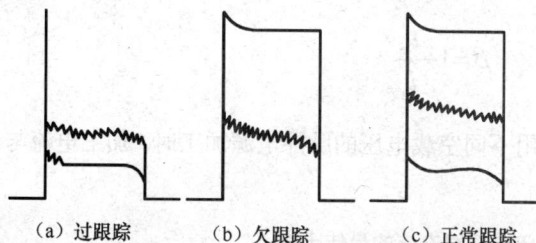

图1-16 加工时的几种典型波形

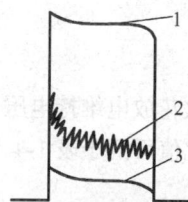

(a) 过跟踪   (b) 欠跟踪   (c) 正常跟踪

图1-17 最佳加工波形

1—空载波 2—加工波 3—短路波

数控线切割机床加工效果的好坏，在很大程度上还取决于操作者调整进给速度是否适宜，为此可将示波器接到放电间隙，根据加工波形来直观地判断与调整（见图1-16）。

a. 进给速度过高（过跟踪），见图1-16（a）。此时间隙中空载电压波形消失，加工电压波形变弱，短路电压波形较浓。这时工件蚀除的线速度低于进给速度，间隙接近于短路，加工表面发焦呈褐色，工件的上下端面均有过烧现象。

b. 进给速度过低（欠跟踪），见图1-16（b）。此时间隙中空载电压波形较浓，时而出现加工波形，短路波形出现较少。这时工件蚀除的线速度大于进给速度，间隙近于开路，加工表面亦发焦呈淡褐色，工件的上下端面也有过烧现象。

c. 进给速度稍低（欠佳跟踪）。此时间隙中空载、加工、短路三种波形均较明显，波形比较稳定。这时工件蚀除的线速度略高于进给速度，加工表面较粗、较白，两端面有黑白交错相间的条纹。

d. 进给速度适宜（最佳跟踪），见图1-16（c）。此时间隙中空载及短路波形弱，加工波形浓而稳定。这时工件蚀除的速度与进给速度相当，加工表面细而亮，丝纹均匀。因此在这种情况下，能得到表面粗糙度好、精度高的加工效果。

表1-3给出了根据进给状态调整变频的方法。

表1-3　　　　　　　　　　　　　　根据进给状态调整变频的方法

实 频 状 态	进 给 状 态	加工面状况	切 割 速 度	电 极 丝	变 频 调 整
过跟踪	慢而稳	焦褐色	低	略焦，老化快	应减慢进给速度
欠跟踪	忽慢忽快 不均匀	不光洁 易出深痕	较快	易烧丝，丝上 有白斑伤痕	应加快进给速度
欠佳跟踪	慢而稳	略焦褐，有条纹	低	焦色	应稍增加进给速度
最佳跟踪	很稳	发白，光洁	快	发白，老化慢	不需再调整

② 用电流表观察分析加工状态的方法。利用电压表和电流表以及示波器等来观察加工状态，使之处于较好的加工状态，实质上也是一种调节合理的变频进给速度的方法。现在介绍一种用电流表根据工作电流和短路电流的比值来更快速、有效地调节最佳变频进给速度的方法。

根据工人长期操作实践，并经理论推导证明，用矩形波脉冲电源进行线切割加工时，无论工件材料、厚度、规准大小，只要调节变频进给旋钮，把加工电流（即电流表上指示出的平均电流）调节到大小等于短路电流（即脉冲电源短路时表上指示的电流）的 70%～80%，就可保证为最佳工作状态，即此时变频进给速度合理、加工最稳定、切割速度最高。

更严格、准确地说，加工电流与短路电流的最佳比值 β 与脉冲电源的空载电压（峰值电压 $\hat{u}_i$）和火花放电的维持电压 u_e 的关系为

$$\beta = 1 - \frac{u_e}{\hat{u}_i}$$

当火花放电维持电压 u_e 为 20V 时，用不同空载电压的脉冲电源加工时，加工电流与短路电流的最佳比值可列于表 1-4。

表 1-4 加工电流与短路电流的最佳比值

脉冲电源空载电压 $\hat{u}_i$/V	40	50	60	70	80	90	100	110	120
加工电流与短路电流 最佳比值 β	0.5	0.6	0.66	0.71	0.75	0.78	0.8	0.82	0.83

短路电流的获取，可以用计算法，也可用实测法。例如，某种电源的空载电压为 100V，共用 6 个功放管，每管的限流电阻为 25Ω，则每管导通时的最大电流 100÷25=4A，6 个功放管全用时，导通时的短路峰值电流为 6×4=24A。设选用的脉冲宽度和脉冲间隔的比值为 1∶5，则短路时的短路电流（平均值）为

$$24 \times \frac{1}{5+1} = 4 \text{ A}$$

由此，在切割加工中，调节到加工电流= 4×0.8=3.2A 时，进给速度和切割速度可认为达到最佳。

实测短路电流的方法为用一根较粗的导线或螺丝刀，人为地将脉冲电源输出端搭接短路，此时由电表上读得的数值即为短路电流值。按此法可对上述电源将不同电压、不同脉宽间隔比时的短路电流列成一表，以备随时查用。

本方法可使操作人员在调节和寻找最佳变频进给速度时有一个明确的目标值，可很快地调节到较好的进给和加工状态的大致范围，必要时再根据前述电压表和电流表指针的摆动方向，补偿调节到表针稳定不动的状态。

必须指出，所有上述调节方法，都必须在工作液供给充足、导轮精度良好、钼丝松紧合适等正常切割条件下才能取得较好的效果。

（3）进给速度对切割速度和表面质量的影响。

① 进给速度调得过快，超过工件的蚀除速度，会频繁地出现短路，造成加工不稳定，反而使实际切割速度降低，加工表面发焦呈褐色，工件上下端面处有过烧现象。

② 进给速度调得太慢，大大落后于可能的蚀除速度，极间将偏开路，使脉冲利用率过低，切割速度大大降低，加工表面发焦呈淡褐色，工件上下端面处有过烧现象。

上述两种情况，都可能引起进给速度忽快忽慢，加工不稳定，且易断丝。加工表面出现不稳定条纹，或出现烧蚀现象。

③ 进给速度调得稍慢，加工表面较粗、较白，两端有黑白交错的条纹。

④ 进给速度调得适宜，加工稳定，切割速度高，加工表面细而亮，丝纹均匀，可获得较好的

表面粗糙度和较高的精度。

5．改善线切割加工表面粗糙度的措施

表面粗糙度是模具精度的一个主要方面。数控线切割加工表面粗糙度超值的主要原因是加工过程不稳定及工作液不干净，现提出以下改善措施，供在实践中参考。

（1）保证储丝筒和导轮的制造和安装精度，控制储丝筒和导轮的轴向及径向跳动，导轮转动要灵活，防止导轮跳动和摆动，有利于减少钼丝的震动，保证加工过程的稳定。

（2）必要时可适当降低钼丝的走丝速度，增加钼丝正反换向及走丝时的平稳性。

（3）根据线切割工作的特点，钼丝的高速运动需要频繁地换向来进行加工，钼丝在换向的瞬间会造成其松紧不一，钼丝张力不均匀，从而引起钼丝震动直接影响加工表面粗糙度，所以应尽量减少钼丝运动的换向次数。试验证明，在加工条件不变的情况下，加大钼丝的有效工作长度，可减少钼丝换向次数及钼丝抖动，促进加工过程的稳定，提高加工表面质量。

（4）采用专用机构张紧的方式将钼丝缠绕在储丝筒上，可确保钼丝排列松紧均匀。尽量不采用手工张紧方式缠绕，因为手工缠绕很难保证钼丝在储丝筒上排列均匀及松紧一致。松紧不均匀会造成钼丝各处张力不一样，就会引起钼丝在工作中抖动，从而增大加工表面粗糙度。

（5）X向、Y向工作台运动的平稳性和进给均匀性也会影响到加工表面粗糙度。保证 X 向、Y 向工作台运动平稳的方法为先试切，在钼丝换向及走丝过程中变频均匀，且单独走 X 向、Y 向直线，步进电动机在钼丝正反向所走的步数应大致相等，说明变频调整合适，钼丝松紧程度一致，可确保工作台运动的平稳。

（6）对于有可调线架的机床，应把线架跨距尽可能调小。跨距过大，钼丝会震动，跨距过小，不利于冷却液进入加工区。如切割 40mm 的工件，线架跨距在 50~60mm 之间，上下线架的冷却液喷嘴离工件表面 6~10mm，这样可提高钼丝在加工区的刚性，避免钼丝震动，有利于加工稳定。

（7）工件的进给速度要适当。因为在线切割过程中，如工件的进给速度过大，则被腐蚀的金属微粒不易全部排出，易引起钼丝短路，加剧加工过程的不稳定。如工件的进给速度过小，则生产效率低。

（8）脉冲电源同样是影响加工表面粗糙度的重要因素。脉冲电源采用矩形波脉冲，因为它的脉冲宽度和脉冲间隔均连续可调，不易受各种因素干扰。减少单个脉冲能量，可改善表面粗糙度。影响单个脉冲能量的因素有脉冲宽度、功放管个数、功放管峰值电流，所以减小脉冲宽度和峰值电流，可改善加工表面粗糙度。然而，减小脉冲宽度，生产效率将大幅度下降，不可用；减小功放管峰值电流，生产效率也会下降，但影响程度比减小脉冲宽度小。因此，减小功放管峰值电流，适当增大脉冲宽度，调节合适的脉冲间隔，这样既可提高生产效率，又可获得较好的加工表面粗糙度。

（9）保持稳定的电源电压。因为电源电压不稳定，会造成钼丝与工件两端的电压不稳定，从而引起击穿放电过程不稳定，使表面粗糙度增大。

（10）线切割工作液要保持清洁。工作液使用时间过长，会使其中的金属微粒逐渐变大，使工作液的性质发生变化，降低工作液的作用，还会堵塞冷却系统，所以必须对工作液进行过滤，使用时间长，要更换工作液。最简单的过滤方法是，在冷却泵抽水孔处放一块海绵。工作液最好是按螺旋状形式包裹住钼丝，以提高工作液对钼丝震动的吸收作用，减少钼丝的震动，减小表面粗糙度。

总之，只要消除了加工过程中的不稳定性及保持工作液清洁，就能在较高生产效率下，获得较好的加工表面粗糙度。

二、知识与技能拓展：线切割加工中预防工件报废或质量差的方法

1．操作人员必须具备一定技术素质

正确地理解图样的各项技术要求，编程和穿纸带要正确。工作液要及时更换，保持一定清洁度，保证上、下喷嘴不阻塞，流量合适。电极丝校准垂直，工件装夹正确。合理选用脉冲电源参数，加工不稳定时及时调整变频进给速度。加工时每个工件都要记录起割坐标。

2．机床、控制器、脉冲电源工作要稳定

（1）保证导丝机构必要的精度，经常检查导丝轮、导电块、导丝块。导丝轮的底径应小于电极丝半径，支撑导丝轮的轴承间隙要严格控制，以免电极丝运转时破坏稳定的直线度，使工件精度下降，放电间隙变大，导致加工不稳定。

导电块应保持接触良好，磨损后要及时调整，不允许在钼丝和导电块间出现火花放电。应使脉冲能量全部送往工件与电极丝之间。导丝块的位置应调整合适，保证电极丝在丝筒上排列整齐，否则会出现叠丝或夹丝现象。

（2）控制器必须有较强的抗干扰能力。变频进给系统要有调整环节。步进电动机进给要平稳、不失步。

（3）脉冲电源的脉冲间隔、功率管个数及电压幅值要能调节。

3．工件材料选择要正确

（1）工件材料（如凸凹模）要尽量使用热处理淬透性好、变形小的合金钢，如 Cr12 及 Cr12MoV 等。

（2）毛坯需要锻造。热处理要严格按工艺要求进行，最好进行两次回火。回火后的硬度在 58～60HRC 为宜。

（3）在线切割加工前，必须将工件被加工区热处理后的残物和氧化物清理干净。因为这些残存氧化物不导电，会导致断丝、烧丝或使工件表面出现深痕，严重时会使电极丝离开加工轨迹，造成工件报废。

课题四　认识电火花成型加工的工艺规律

本课题将学习电火花成型加工的工艺规律，学习目标是：认识电火花成型加工的工艺指标、影响材料放电腐蚀的因素和电火花成型加工的工艺规律。

说明：在生产实践中，一般将"电火花成型加工"简称为"电火花加工"，本书以下也将把"电火花成型加工"简称为"电火花加工"。

一、电火花加工的工艺指标

电火花加工的工艺指标主要有加工精度、表面粗糙度、加工速度、电极损耗等。

1．加工精度

电加工精度包括尺寸精度和仿型精度（或形状精度）。

2．表面粗糙度

表面粗糙度是指加工表面上的微观几何形状误差。电火花加工表面粗糙度的形成与切削加工

不同，它是由若干电蚀小凹坑组成的，能存润滑油，其耐磨性比同样粗糙度的机加工表面要好。在相同表面粗糙度的情况下，电加工表面比机加工表面亮度低。

3．加工速度

电火花成型加工的加工速度，是指在一定电规准下，单位时间内工件被蚀除的体积 V 或质量 m。一般常用体积加工速度 $v_w = V/t$（单位为 mm^3/min）来表示，有时为了测量方便，也用质量加工速度 $v_m = m/t$（单位为 g/min）表示。

在规定的表面粗糙度和规定的相对电极损耗下的最大加工速度是电火花机床的重要工艺性能指标。一般电火花机床说明书上所指的最高加工速度是该机床在最佳状态下所达到的，在实际生产中的正常加工速度大大低于机床的最大加工速度。

4．电极损耗

电极损耗是电火花成型加工中的重要工艺指标。在生产中，衡量某种工具电极是否耐损耗，不只是看工具电极损耗速度 v_E 的绝对值大小，还要看同时达到的加工速度 v_w，即每蚀除单位重量金属工件时，工具相对损耗多少。因此，常用相对损耗或损耗比作为衡量工具电极耐损耗的指标。

电火花加工中，电极的相对损耗小于 1%，称为低损耗电火花加工。低损耗电火花加工能最大限度地保持加工精度，所需电极的数目也可减至最小，因而简化了电极的制造，加工工件的表面粗糙度 R_a 可达 $3.2\mu m$ 以下。除了充分利用电火花加工的极性效应、覆盖效应及选择合适的工具电极材料外，还可从改善工作液方面着手，实现电火花的低损耗加工。若采用加入各种添加剂的水基工作液，还可实现对紫铜或铸铁进行电极相对损耗小于 1% 的低损耗电火花加工。

二、影响材料放电腐蚀的因素

电火花加工过程中，材料被放电腐蚀的规律是十分复杂的综合性问题。研究影响材料放电腐蚀的因素，对于应用电火花加工方法，提高电火花加工的生产率，降低工具电极的损耗是极为重要的。这些主要因素如下。

1．极性效应

在电火花加工过程中，无论是正极还是负极，都会受到不同程度的电蚀。即使是相同材料，例如钢加工钢，正、负电极的电蚀量也是不同的。这种单纯由于正、负极性不同而彼此电蚀量不一样的现象叫做极性效应。如果两电极材料不同，则极性效应更加复杂。在生产中，我国通常把工件接脉冲电源的正极（工具电极接负极）时，称"正极性"加工；反之，工件接脉冲电源的负极（工具电极接正极）时，称"负极性"加工，又称"反极性"加工。

产生极性效应的原因很复杂，对这一问题的笼统解释是，在火花放电过程中，正、负电极表面分别受到负电子和正离子的轰击和瞬时热源的作用，在两极表面所分配到的能量不一样，因而熔化、汽化抛出的电蚀量也不一样。这是因为电子的质量和惯性均小，容易获得很高的加速度和速度，在击穿放电的初始阶段就有大量的电子奔向正极，把能量传递给阳极表面，使电极材料迅速熔化和汽化；而正离子则由于质量和惯性较大，起动和加速较慢，在击穿放电的初始阶段，大量的正离子来不及到达负极表面，而到达负极表面并传递能量的只有一小部分正离子。

所以在用短脉冲加工时，电子的轰击作用大于离子的轰击作用，正极的蚀除速度大于负极的蚀除速度，这时工件应接正极。当采用长脉冲（即放电持续时间较长）加工时，质量和惯性大的正离子将有足够的时间加速，到达并轰击负极表面的离子数将随放电时间的增长而增多；由于正离子的质量大，对负极表面的轰击破坏作用强，同时自由电子挣脱负极时要从负极获取逸出功，而正离子到达负极后与电子结合释放位能，故负极的蚀除速度将大于正极，这时工件应接负极。因此，当采用窄脉冲（例如纯铜电极加工钢时，$t_i < 10\mu s$）精加工时，应选用正极性加工；当采用长脉冲（例如纯铜加工钢时，$t_i > 80\mu s$）粗加工时，应采用负极性加工，可以得到较高的蚀除速度和较低的电极损耗。

能量在两极上的分配对两个电极电蚀量的影响是一个极为重要的因素，而电子和离子对电极表面的轰击则是影响能量分布的主要因素，因此，电子轰击和离子轰击无疑是影响极性效应的重要因素。但是，近年来的生产实践和研究结果表明，正的电极表面能吸附工作液中分解游离出来的碳微粒，形成碳黑膜减小电极损耗。例如，纯铜电极加工钢工件，当脉宽为 $8\mu s$ 时，通常的脉冲电源必须采用正极性加工，但在用分组脉冲进行加工时，虽然脉宽也为 $8\mu s$，却需采用负极性加工，这时在正极纯铜表面明显地存在着吸附的碳黑膜，保护了正极，因而使钢工件负极的蚀除速度大大超过了正极。在普通脉冲电源上的实验也证实了碳黑膜对极性效应的影响，当采用脉宽为 $12\mu s$，脉间为 $15\mu s$ 时，往往正极蚀除速度大于负极，应采用正极性加工。

当脉宽不变，逐步把脉间减少（应配之以抬刀，以防止拉弧），使有利于碳黑膜在正极上的形成，就会使负极蚀除速度大于正极而可以改用负极性加工。实际上是极性效应和正极吸附碳黑之后对正极的保护作用的综合效果。

由此可见，极性效应是一个较为复杂的问题。除了脉宽、脉间的影响外，脉冲峰值电流、放电电压、工作液以及电极对的材料等都会影响到极性效应。

从提高加工生产率和减少工具损耗的角度来看，极性效应愈显著愈好，故在电火花加工过程中必须充分利用。当用交变的脉冲电流加工时，单个脉冲的极性效应便相互抵消，增加了工具的损耗。因此，电火花加工一般都采用单向脉冲电源。

为了充分地利用极性效应，最大限度地降低工具电极的损耗，应合理选用工具电极的材料，根据电极对材料的物理性能、加工要求选用最佳的电参数，正确地选用极性，使工件的蚀除速度最高，工具损耗尽可能小。

2．电参数对电蚀量的影响

电火花加工过程中腐蚀金属的量（即电蚀量）与单个脉冲能量、脉冲效率等电参数密切相关。

单个脉冲能量与平均放电电压、平均放电电流和脉冲宽度成正比。在实际加工中，其中击穿后的放电电压与电极材料及工作液种类有关，而且在放电过程中变化很小，所以对单个脉冲能量的大小主要取决于平均放电电流和脉冲宽度的大小。

由上可见，要提高电蚀量，应增加平均放电电流、脉冲宽度及提高脉冲频率。

但在实际生产中，这些因素往往是相互制约的，并影响到其他工艺指标，应根据具体情况综合考虑。例如，增加平均放电电流，加工表面粗糙度值也随之增大。

3．金属材料对电蚀量的影响

正负电极表面电蚀量分配不均除了与电极极性有关外，还与电极的材料有很大关系。当脉冲放电能量相同时，金属工件的熔点、沸点、比热容、熔化热、汽化热等愈高，电蚀量将愈少，愈难加工；导热系数愈大的金属，因能把较多的热量传导、散失到其他部位，故降低了本身的蚀除量。因此，电极的蚀除量与电极材料的导热系数及其他热学常数等有密切的关系。

4．工作液对电蚀量的影响

在电火花加工过程中，工作液的作用是形成火花击穿放电通道，并在放电结束后迅速恢复间隙的绝缘状态；对放电通道产生压缩作用；帮助电蚀产物的抛出和排除；对工具、工件的冷却作用；因而对电蚀量也有较大的影响。介电性能好、密度和黏度大的工作液有利于压缩放电通道，提高放电的能量密度，强化电蚀产物的抛出效应，但黏度大不利于电蚀产物的排出，影响正常放电。目前电火花成型加工主要采用油类作为工作液，粗加工时采用的脉冲能量大、加工间隙也较大、爆炸排屑抛出能力强，往往选用介电性能、黏度较大的全损耗系统用油（即机油），且全损耗系统用油的燃点较高，大能量加工时着火燃烧的可能性小；而在中、精加工时放电间隙比较小，排屑比较困难，故一般均选用黏度小、流动性好、渗透性好的煤油作为工作液。

由于油类工作液有味、容易燃烧，尤其在大能量粗加工时工作液高温分解产生的烟气很大，故寻找一种像水那样的流动性好、不产生碳黑、不燃烧、无色无味、价廉的工作液介质一直是努力的目标。水的绝缘性能和黏度较低，在同样加工条件下，和煤油相比，水的放电间隙较大、对通道的压缩作用差、蚀除量较少、且易锈蚀机床，但经过采用各种添加剂，可以改善其性能，且最新的研究成果表明，水基工作液在粗加工时的加工速度可大大高于煤油，但在大面积精加工中取代煤油还有一段距离。

5. 影响电蚀量的一些其他因素

影响电蚀量的还有其他一些因素。首先是加工过程的稳定性。加工过程不稳定将干扰以致破坏正常的火花放电，使有效脉冲利用率降低。随着加工深度、加工面积的增加，或加工型面复杂程度的增加，都不利于电蚀产物的排出，影响加工稳定性；降低加工速度，严重时将造成结炭拉弧，使加工难以进行。为了改善排屑条件，提高加工速度和防止拉弧，常采用强迫冲油和工具电极定时抬刀等措施。

如果加工面积较小，而采用的加工电流较大，也会使局部电蚀产物浓度过高，放电点不能分散转移，放电后的余热来不及传播扩散而积累起来，造成过热，形成电弧，破坏加工的稳定性。

电极材料对加工稳定性也有影响。钢电极加工钢时不易稳定，纯铜、黄铜加工钢时则比较稳定。脉冲电源的波形及其前后沿陡度影响着输入能量的集中或分散程度，对电蚀量也有很大影响。

电火花加工过程中电极材料瞬时熔化或汽化而抛出，如果抛出速度很高，就会冲击另一电极表面而使其蚀除量增大；如果抛出速度较低，则当喷射到另一电极表面时，会反粘和涂覆在电极表面，减少其蚀除量。此外，正极上碳黑膜的形成将起"保护"作用，大大降低正电极的蚀除量。

三、电火花加工工艺指标的变化规律

1. 影响加工精度的主要因素

影响加工精度的因素很多，这里重点探讨与电火花加工工艺有关的因素。

（1）放电间隙。

电火花加工中，工具电极与工件间存在着放电间隙，因此工件的尺寸、形状与工具并不一致。如果加工过程中放电间隙是常数，根据工件加工表面的尺寸、形状可以预先对工具尺寸、形状进行修正。但放电间隙是随电参数、电极材料、工作液的绝缘性能等因素变化而变化的，从而影响了加工精度。

间隙大小对形状精度也有影响，间隙越大，则复制精度越差，特别是对复杂形状的加工表面。如电极为尖角时，而由于放电间隙的等距离，工件则为圆角。因此，为了减少加工尺寸误差，应该采用较弱的加工规准，缩小放电间隙，另外还必须尽可能使加工过程稳定。放电间隙在精加工时一般为 0.01～0.1 mm，粗加工时可达 0.5 mm 以上（单边）。

（2）加工斜度。

电火花加工时，产生斜度的情况如图 1-18 所示。由于工具电极下面部分加工时间长，损耗大，因此电极变小，而入口处由于电蚀产物的存在，易发生因电蚀产物的介入而再次进行的非正常放电（即"二次放电"），因而产生加工斜度。

（3）工具电极的损耗。

在电火花加工中，随着加工深度的不断增加，工具电极进入放电区域的时间是从端部向上逐渐减少的。实际上，工件侧壁主要是靠工具电极底部端面的周边加工出来的。因此，电极的损耗也必然从端面底部向上逐渐减少，从而形成了损耗锥度（如图1-19所示），工具电极的损耗锥度反映到工件上是加工斜度。

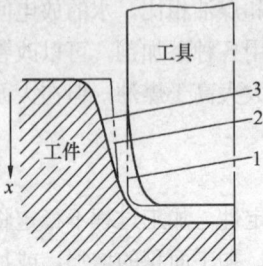

图 1-18 加工斜度对加工精度的影响　　　　图 1-19 工具锥度对加工精度的影响

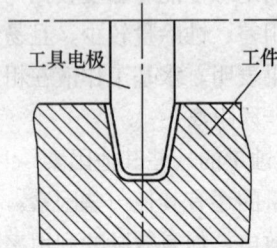

2．影响表面粗糙度的主要因素

电火花加工工件表面的凹坑大小与单个脉冲放电能量有关，单个脉冲能量越大，则凹坑越大。若把粗糙度值大小简单地看成与电蚀凹坑的深度成正比，则电火花加工表面粗糙度随单个脉冲能量的增加而增大。

在一定的脉冲能量下，不同的工件电极材料表面粗糙度值大小不同，熔点高的材料表面粗糙度值要比熔点低的材料小。

在脉冲宽度一定的条件下，随着峰值电流的增加，单个脉冲能量也增加，表面粗糙度就变差。

当峰值电流一定时，脉冲宽度越大，单个脉冲的能量就大，放电腐蚀的凹坑也越大、越深，所以表面粗糙度就越差。

工具电极表面的粗糙度值大小也影响工件的加工表面粗糙度值。例如，石墨电极表面比较粗糙，因此它加工出的工件表面粗糙度值也大。

由于电极的相对运动，工件侧边的表面粗糙度值比端面小。

干净的工作液有利于得到理想的表面粗糙度。因为工作液中含蚀除产物等杂质越多，越容易发生积炭等不利状况，从而影响表面粗糙度。

3．影响加工速度的主要因素

影响加工速度的因素分电参数和非电参数两大类。电参数主要是脉冲电源输出波形与参数；非电参数包括加工面积、深度、工作液种类、冲油方式、排屑条件及电极对的材料、形状等。

（1）电规准的影响。

所谓电规准，是指电火花加工时选用的电加工参数，主要有脉冲宽度 $t_i(\mu s)$、脉冲间隙 $t_o(\mu s)$ 及峰值电流 I_p 等参数。

① 脉冲宽度对加工速度的影响。

单个脉冲能量的大小是影响加工速度的重要因素。对于矩形波脉冲电源，当峰值电流一定时，脉冲能量与脉冲宽度成正比。脉冲宽度增加，加工速度随之增加，因为随着脉冲宽度的增加，单个脉冲能量增大，使加工速度提高。但若脉冲宽度过大，加工速度反而下降，如图1-20所示。这是因为单个脉冲能量虽然增大，但转换的热能有较大部分散失在电极与工件之中，不起蚀除作用。同时，在其他加工条件相同时，随着脉冲能量过分增大，蚀除产物增多，排气排屑条件恶化，间隙消电离时间不足，将会导致拉弧，加工稳定性变差等。因此加工速度反而降低。

② 脉冲间隔对加工速度的影响。

在脉冲宽度一定的条件下，若脉冲间隔减小，则加工速度提高，如图 1-21 所示。这是因为脉冲间隔减小导致单位时间内工作脉冲数目增多、加工电流增大，故加工速度提高；但若脉冲间隔过小，会因放电间隙来不及消电离引起加工稳定性变差，导致加工速度降低。

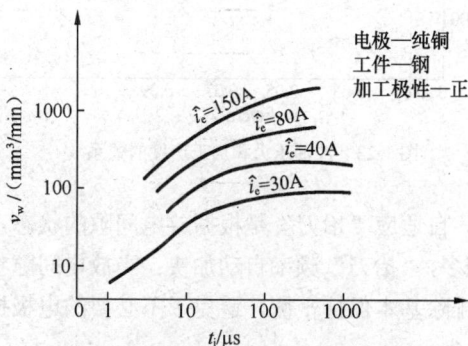

图 1-20 脉冲宽度与加工速度的关系

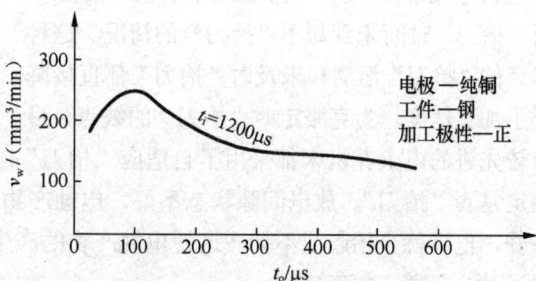

图 1-21 脉冲间隔与加工速度的关系

在脉冲宽度一定的条件下，为了最大限度地提高加工速度，应在保证稳定加工的同时，尽量缩短脉冲间隔时间。带有脉冲间隔自适应控制的脉冲电源，能够根据放电间隙的状态，在一定范围内调节脉冲间隔的大小，这样既能保证稳定加工，又可以获得较大的加工速度。

③ 峰值电流的影响。

当脉冲宽度和脉冲间隔一定时，随着峰值电流的增加，加工速度也增加，如图 1-22 所示。因为加大峰值电流，等于加大单个脉冲能量，所以加工速度也就提高了。但若峰值电流过大(即单个脉冲放电能量很大)，加工速度反而下降。

此外，峰值电流增大将降低工件表面粗糙度和增加电极损耗。在生产中，应根据不同的要求，选择合适的峰值电流。

（2）非电参数的影响。

① 排屑条件的影响。

在电火花加工过程中会不断产生气体、金属屑末和碳黑等，如不及时排除，则加工很难稳定地进行。加工稳定性不好，会使脉冲利用率降低，加工速度降低。为便于排屑，一般都采用冲油（或抽油）和电极抬起的办法。

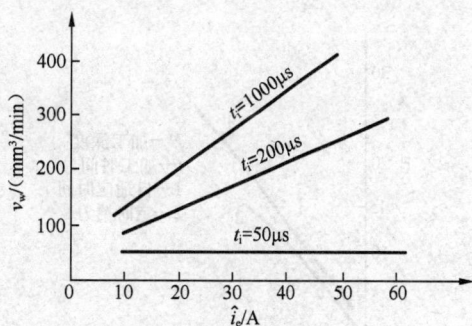

图 1-22 峰值电流与加工速度的关系

a. 冲（抽）油压力和加工速度的关系曲线。

在加工中对于工件型腔较浅或易于排屑的型腔，可以不采取任何辅助排屑措施。但对于较难排屑的加工，不冲（抽）油或冲（抽）油压力过小，则因排屑不良产生的二次放电的机会明显增多，从而导致加工速度下降；但若冲油压力过大，加工速度同样会降低。

这是因为冲油压力过大，产生干扰，使加工稳定性变差，故加工速度反而会降低。图 1-23 所示是冲油压力和加工速度关系曲线。

冲（抽）油的方式与冲油压力大小应根据实际加工情况来定。若型腔较深或加工面积较大，冲（抽）油压力要相应增大。

b."抬刀"对加工速度的影响。

为使放电间隙中的电蚀产物迅速排除，除采用冲（抽）油外，还需经常抬起电极以利于排屑。在定时"抬刀"状态，会发生放电间隙状况良好无需"抬刀"而电极却照样抬起的情况，也会出现当放电间隙的电蚀产物积聚较多急需"抬刀"，而"抬刀"时间未到却不"抬刀"的情况。这种多余的"抬刀"运动和未及时"抬刀"都直接降低了加工速度。为克服定时"抬刀"的缺点，目

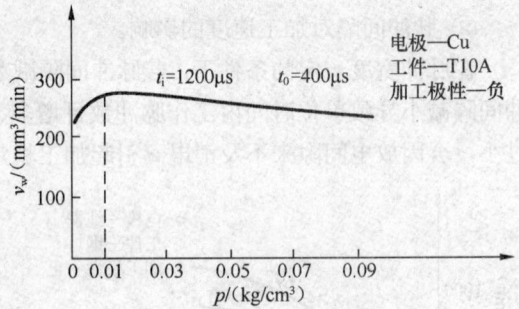

图1-23 冲油压力和加工速度的关系

前较先进的电火花机床都采用了自适应"抬刀"功能。自适应"抬刀"是根据放电间隙的状态，决定是否"抬刀"。放电间隙状态不好，电蚀产物堆积多，"抬刀"频率自动加快；当放电间隙状态好，电极就少抬起或不抬。这使电蚀产物的产生与排除基本保持平衡，避免了不必要的电极抬起运动，提高了加工速度。

图1-24所示为抬刀方式对加工速度的影响。由图可知，同样加工深度时，采用自适应"抬刀"比定时"抬刀"需要的加工时间短，即加工速度高。同时，采用自适应"抬刀"，加工工件质量好，不易出现拉弧烧伤。

② 加工面积的影响。

图1-25所示是加工面积和加工速度的关系曲线。由图可知，加工面积较大时，它对加工速度没有多大影响。但若加工面积小到某一临界面积时，加工速度会显著降低，这种现象叫做"面积效应"。因为加工面积小，在单位面积上脉冲放电过分集中，致使放电间隙的电蚀产物排除不畅，同时会产生气体排除液体的现象，造成放电加工在气体介质中进行，因而大大降低加工速度。

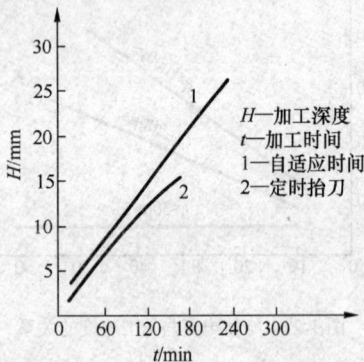

图1-24 抬刀方式对加工速度的影响

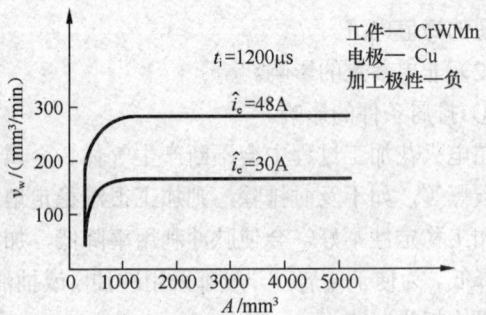

图1-25 加工面积和加工速度的关系

从图1-25可看出，峰值电流不同，最小临界加工面积也不同。因此，确定一个具体加工对象的电参数时，首先必须根据加工面积确定工作电流，并估算所需的峰值电流。

③ 电极材料和加工极性的影响。

图1-26所示为电极材料和加工极性对加工速度的影响，在电参数选定的条件下，采用不同的

电极材料与加工极性，加工速度也大不相同。由图 1-26 可知，采用石墨电极，在同样加工电流时，正极性比负极性加工速度高。

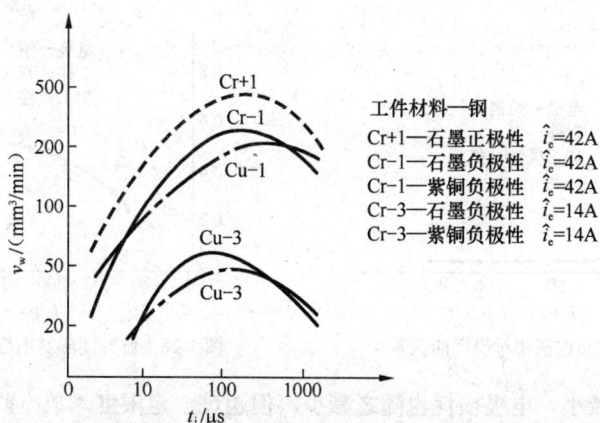

图 1-26 电极材料和加工极性对加工速度的影响

在加工中选择极性，不能只考虑加工速度，还必须考虑电极损耗。如用石墨做电极时，正极性加工比负极性加工速度高，但在粗加工中，电极损耗会很大。故在不计电极损耗的通孔加工、取折断工具等情况，用正极性加工；而在用石墨电极加工型腔的过程中，常采用负极性加工。

从图 1-26 还可看出，在同样加工条件和加工极性情况下，采用不同的电极材料，加工速度也不相同。例如，中等脉冲宽度、负极性加工时，石墨电极的加工速度高于铜电极的加工速度。在脉冲宽度较窄或很宽时，铜电极加工速度高于石墨电极。此外，采用石墨电极加工的最大加工速度，比用铜电极加工的最大加工速度的脉冲宽度要窄。

由上所述，电极材料对电火花加工非常重要，正确选择电极材料是电火花加工首要考虑的问题。

④ 工作液的影响。

在电火花加工中，工作液的种类、黏度、清洁度对加工速度有影响。就工作液的种类来说，加工速度的大致顺序是：高压水>（煤油＋机油）>煤油>酒精水溶液。在电火花成型加工中，应用最多的工作液是煤油。

⑤ 工件材料的影响。

在同样加工条件下，选用不同工件材料，加工速度也不同。这主要取决于工件材料的物理性能（熔点、沸点、比热、导热系数、熔化热和汽化热等）。

一般说来，工件材料的熔点、沸点越高，比热、熔化潜热和汽化潜热越大，加工速度越低，即越难加工。如加工硬质合金钢比加工碳素钢的速度要低 40%～60%。对于导热系数很高的工件，虽然熔点、沸点、熔化热和汽化热不高，但因热传导性好，热量散失快，加工速度也会降低。

4. 影响电极损耗的主要因素

（1）电参数对电极损耗的影响。

① 脉冲宽度的影响。

在峰值电流一定的情况下，随着脉冲宽度的减小，电极损耗增大。脉冲宽度越窄，电极损耗 θ 上升的趋势越明显，如图 1-27 所示。所以精加工时的电极损耗比粗加工时的电极损耗大。

② 脉冲间隔的影响。

在脉冲宽度不变时，随着脉冲间隔的增加，电极损耗增大，如图 1-28 所示。因为脉冲间隔加大，引起放电间隙中介质消电离状态的变化，使电极上的"覆盖效应"减少。

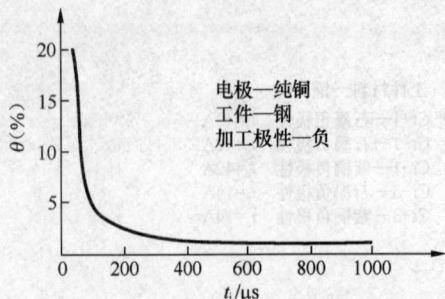

图 1-27　脉冲宽度与电极相对损耗的关系

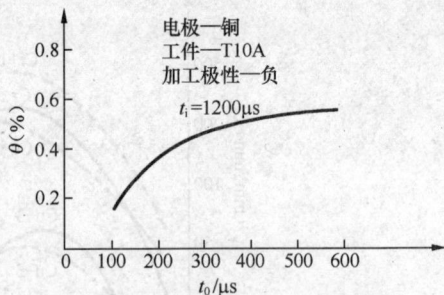

图 1-28　脉冲间隔对电极相对损耗的影响

随着脉冲间隔的减小，电极损耗也随之减少，但超过一定限度，放电间隙将来不及消电离而造成拉弧烧伤，反而影响正常加工的进行。尤其是粗规准、大电流加工时，更应注意。

③ 峰值电流的影响。

对于一定的脉冲宽度，加工时的峰值电流不同，电极损耗也不同。

用紫铜电极加工钢时，随着峰值电流的增加，电极损耗也增加。图 1-29 所示是峰值电流对电极相对损耗的影响。由图可知，要降低电极损耗，应减小峰值电流。因此，对一些不适宜用长脉冲宽度粗加工而又要求损耗小的工件，应使用窄脉冲宽度、低峰值电流的方法。

由上可见，脉冲宽度和峰值电流对电极损耗的影响效果是综合性的。只有脉冲宽度和峰值电流保持一定关系，才能实现低损耗加工。

④ 加工极性的影响。

在其他加工条件相同的情况下，加工极性不同对电极损耗影响很大，如图 1-30 所示。当脉冲宽度 t_i 小于某一数值时，正极性损耗小于负极性损耗；反之，当脉冲宽度 t_i 大于某一数值时，负极性损耗小于正极性损耗。一般情况下，采用石墨电极和铜电极加工钢时，粗加工用负极性，精加工用正极性。但在钢电极加工钢时，无论粗加工或精加工都要用负极性，否则电极损耗将大大增加。

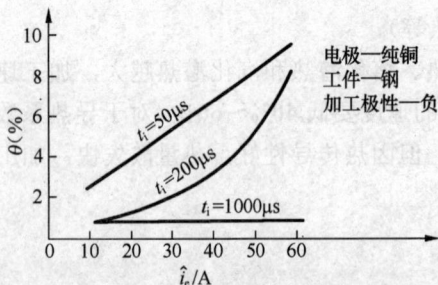

图 1-29　峰值电流对电极相对损耗的影响

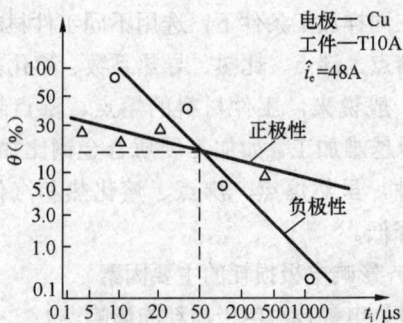

图 1-30　加工极性对电极相对损耗的影响

（2）非电参数对电极损耗的影响。

① 工具电极材料的影响。

工具电极损耗与其材料有关，损耗的大致顺序如下：银钨合金 < 铜钨合金 < 石墨（粗规准）

< 紫铜 < 钢 < 铸铁 < 黄铜 < 铝。

影响电极损耗的因素较多，现总结为表1-5。

表1-5   影响电极损耗的因素

因　　素	说　　明	减少损耗条件
脉冲宽度	脉宽愈大，损耗愈小，至一定数值后，损耗可降低至小于1%	脉宽足够大
峰值电流	峰值电流增大，电极损耗增加	减小峰值电流
极性	影响很大。应根据不同电源、不同电规准、不同工作液、不同电极材料、不同工件材料，选择合适的极性	一般脉宽大时用正极性，小时用负极性，钢电极用负极性
电极材料	常用电极材料中黄铜的损耗最大，紫铜、铸铁、钢次之，石墨和铜钨、银钨合金较小。紫铜在一定的电规准和工艺条件下，也可以得到低损耗加工	石墨做粗加工电极，紫铜做精加工电极
工件材料	加工硬质合金工件时电极损耗比钢工件大	用高压脉冲加工或用水作工作液，在一定条件下可降低损耗
加工面积	影响不大	大于最小加工面积
排屑条件和二次放电	在损耗较小的加工时，排屑条件愈好则损耗愈大，如紫铜，有些电极材料则对此不敏感，如石墨。损耗较大的规准加工时，二次放电会使损耗增加	在许可条件下，最好不采用强迫冲（抽）油
工作液	常用的煤油、机油获得低损耗加工需具备一定的工艺条件；水和水溶液比煤油容易实现低损耗加工（在一定条件下），如硬质合金工件的低损耗加工，黄铜和钢电极的低损耗加工	

② 电极的形状和尺寸的影响。

在电极材料、电参数和其他工艺条件完全相同的情况下，电极的形状和尺寸对电极损耗影响也很大（如电极的尖角、棱边、薄片等）。图1-31（a）所示的型腔，用整体电极加工较困难。在实际中首先加工主型腔，如图1-31（b）所示，再用小电极加工副型腔，如图1-31（c）所示。

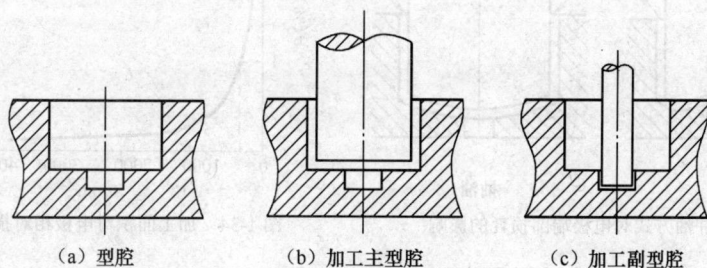

（a）型腔　　　　　　　（b）加工主型腔　　　　　　　（c）加工副型腔

图1-31　分解电极图

③ 冲油或抽油的影响（见图1-32）。

对形状复杂、深度较大的型孔或型腔进行加工时，若采用适当的冲油或抽油的方法进行排屑，有助于提高加工速度。但另一方面，冲油或抽油压力过大反而会加大电极的损耗。因为强迫冲油或抽油会使加工间隙的排屑和消电离速度加快，这样减弱了电极上的"覆盖效应"。当然，不同的工具电极材料对冲油、抽油的敏感性不同。如用石墨电极加工时，电极损耗受冲油压力的影响较小；而紫铜电极损耗受冲油压力的影响较大。

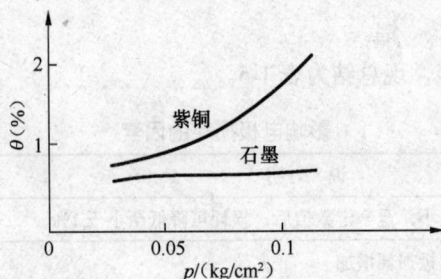

图 1-32 冲油压力对电极相对损耗的影响

由上可知，在电火花成型加工中，应谨慎使用冲、抽油。加工本身较易进行且稳定的电火花加工，不宜采用冲、抽油；若非采用冲、抽油不可的电火花加工，也应注意冲、抽油压力维持在较小的范围内。

冲、抽油方式对电极损耗无明显影响，但对电极端面损耗的均匀性的影响有较大区别。冲油时电极损耗呈凹形端面，抽油时则形成凸形端面，如图 1-33 所示。这主要是因为冲油进口处所含各种杂质较少，温度比较低，流速较快，使进口处"覆盖效应"减弱的缘故。

实践证明，当油孔的位置与电极的形状对称时用交替冲油和抽油的方法，可使冲油或抽油所造成的电极端面形状的缺陷互相抵消，得到较平整的端面。另外，采用脉动冲油（冲油不连续）或抽油比连续的冲油或抽油的效果好。

④ 加工面积的影响。

在脉冲宽度和峰值电流一定的条件下，加工面积对电极损耗影响不大，是非线性的，如图 1-34 所示。当电极相对损耗小于 1% 时，随着加工面积的继续增大，电极损耗减小的趋势越来越慢。当加工面积过小时，则随着加工面积的减小而电极损耗急剧增加。

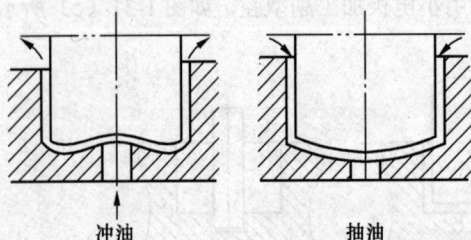

图 1-33 冲油方式对电极端部损耗的影响

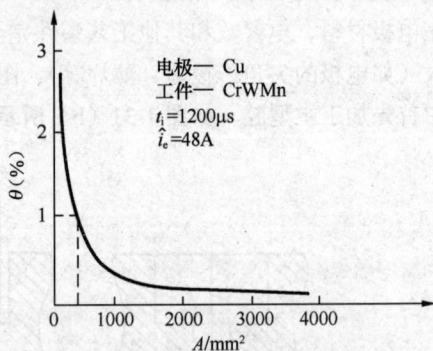

图 1-34 加工面积对电极相对损耗的影响

5．电火花加工的稳定性

在电火花加工中，加工的稳定性是一个很重要的概念。加工的稳定性不仅关系到加工的速度，而且关系到加工的质量。

（1）加工形状。

形状复杂（具有内外尖角、窄缝、深孔等）的工件加工不易稳定，其他如电极或工件松动、烧弧痕迹未清除、工件或电极带磁性等均会引起加工不稳定。

另外，随着加工深度的增加，加工变得不稳定。工作液中混入易燃微粒也会使加工难以进行。

（2）电极材料及工件材料。

对于钢工件，各种电极材料的加工稳定性好坏次序如下。

紫铜（铜钨合金、银钨合金）> 铜合金（包括黄铜）> 石墨 > 铸铁 > 不相同的钢 > 相同的钢；淬火钢比不淬火钢工件加工时稳定性好；硬质合金、铸铁、铁合金、磁钢等工件的加工稳定性差。

（3）电规准与加工稳定性。

一般来说，单个脉冲能量较大的规准，容易达到稳定加工。但是，当加工面积很小时，不能用很强的规准加工。另外，加工硬质合金不能用太强的规准加工。

脉冲间隔太小常易引起加工不稳。在微细加工、排屑条件很差、电极与工件材料不太合适时，可增加间隔来改善加工的不稳定性，但这样会引起生产率下降。t_i/I_p 很大的规准比 t_i/I_p 较小的规准加工稳定性差。当 t_i/I_p 大到一定数值后，加工很难进行。

对每种电极材料对，必须有合适的加工波形和适当的击穿电压，才能实现稳定加工。

当平均加工电流超过最大允许加工电流时，将出现不稳定现象。

（4）极性。

不合适的极性可能导致加工极不稳定。

（5）电极进给速度。

电极的进给速度与工件的蚀除速度应相适应，这样才能使加工稳定进行。进给速度大于蚀除速度时，加工不易稳定。

（6）蚀除物的排除情况。

良好的排屑是保证加工稳定的重要条件。单个脉冲能量大则放电爆炸力强，电火花间隙大，蚀除物容易从加工区域排出，加工就稳定。在用弱规准加工工件时必须采取各种方法保证排屑良好，实现稳定加工。冲油压力不合适也会造成加工不稳定。

6. 电火花加工中的工艺技巧

（1）影响模具表面质量的"波纹"问题。

用平动头修光侧面的型腔，在底部圆弧或斜面处易出现"细丝"及鱼鳞状的凸起，这就是"波纹"。"波纹"问题将严重影响模具加工的表面质量，一般"波纹"产生的原因如下。

① 电极材料的影响。如在用石墨做电极时，由于石墨材料颗粒粗、组织疏松、强度差，会引起粗加工后电极表面产生严重剥落现象（包括疏松性剥落、压层不均匀性剥落、热疲劳破坏剥落、机械性破坏剥落），因为电火花加工是精确"仿形"加工，故在电火花加工中石墨电极表面剥落现象经过平动修整后会反映到工件上，即产生了"波纹"。

② 中、粗加工电极损耗大。由于粗加工后电极表面粗糙度值很大，中、精加工时电极损耗较大，故在加工过程中工件上粗加工的表面不平度会反拷到电极上，电极表面产生的高低不平又反映到工件上，最终就产生了所谓的"波纹"。

③ 冲油、排屑的影响。电加工时，若冲油孔开设得不合理，排屑情况不良，则蚀除物会堆积在底部转角处，这样也会助长"波纹"的产生。

④ 电极运动方式的影响。"波纹"的产生并不是平动加工引起的，相反，平动运动能有利于底面"波纹"的消除，但它对不同角度的斜度或曲面"波纹"仅有不同程度的减少，却无法消除。这是因为平动加工时，电极与工件有一个相对错开位置，加工底面错位量大，加工斜面或圆弧错位量小，因而导致两种不同的加工效果。

"波纹"的产生既影响了工件表面粗糙度，又降低了加工精度，为此，在实际加工中应尽量设法减小或消除"波纹"。

（2）加工精度问题。

加工精度主要包括"仿形"精度和尺寸两个方面。所谓"仿形"精度，是指电加工后的型腔与加工前工具电极几何形状的相似程度。

影响"仿形"精度的因素有如下几点。

① 使用平动头造成的几何形状失真，如很难加工出清角，尖角变圆等。

② 工具电极损耗及"反粘"现象的影响。

③ 电极装夹校正装置的精度和平动头、主轴头的精度以及刚性影响。

④ 规准选择转换不当，造成电极损耗增大。

影响尺寸精度的因素有如下几点。

① 操作者选用的电规准与电极缩小量不匹配，以致加工完成以后，使尺寸精度超差。

② 在加工深型腔时，二次放电机会较多，使加工间隙增大，以致侧面不能修光，或者即使能修光，也超出了图纸尺寸。

③ 冲油管的放置和导线的架设存在问题，导线与油管产生阻力，使平动头不能正常进行平面圆周运动。

④ 电极制造误差。

⑤ 主轴头、平动头、深度测量装置等机械误差。

（3）表面粗糙度问题。

电火花加工型腔模，有时型腔表面会出现尺寸到位，但修不光的现象。造成这种现象的原因有以下几方面。

① 电极对工作台的垂直度没校正好，使电极的一个侧面成了倒斜度，这样相对应模具侧面的上部分就会修不光。

② 主轴进给时，出现扭曲现象，影响了模具侧表面的修光。

③ 在加工开始前，平动头没有调到零位，以致到了预定的偏心量时，有一面无法修出。

④ 各挡规准转换过快，或者跳规准进行修整，使端面或侧面留下粗加工的麻点痕迹，无法再修光。

⑤ 电极或工件没有装夹牢固，在加工过程中出现错位移动，影响模具侧面粗糙度的修整。

⑥ 平动量调节过大，加工过程出现大量碰撞短路，使主轴不断上下往返，造成有的面修出，有的面修不出。

7. 电火花加工工艺的制定

前面我们详细阐述了电火花加工的工艺规律，不难看到，加工精度、表面粗糙度、加工速度和电极损耗往往相互矛盾。表1-6简单列举了一些参数对工艺的影响。

表1-6 常用参数对工艺的影响

	加工速度	电极损耗	表面粗糙度值	备 注
峰值电流↑	↑	↑	↑	加工间隙↑，型腔加工锥度↑
脉冲宽度↑	↑	↓	↑	加工间隙↑，加工稳定性↑
脉冲间歇↑	↓	↑	○	加工稳定性↑
介质清洁度↑	中粗加工↓ 精加工↑	○	○	加工稳定性↑

注：○表示影响小，↓表示降低或减小，↑表示增大。

在电火花加工中，如何合理地制定电火花加工工艺呢？如何用最快的速度加工出最佳质量的产品呢？一般来说，主要采用两种方法来处理：第一，先主后次，如在用电火花加工去除断在工件中的钻头、丝锥时，应优先保证速度，因为此时工件的表面粗糙度、电极损耗已经不重要了；第二，采用各种手段，兼顾各方面。其中主要常见的方法有如下几种。

（1）先用机械加工去除大量的材料，再用电火花加工保证加工精度和加工质量。

电火花成型加工的材料去除率还不能与机械加工相比。因此，在工件型腔电火花加工中，有必要先用机械加工方法去除大部分加工量，使各部分余量均匀，从而大幅度提高工件的加工效率。

（2）粗、中、精逐挡过渡式加工方法。

粗加工用以蚀除大部分加工余量，使型腔按预留量接近尺寸要求；中加工用以提高工件表面粗糙度等级，并使型腔基本达到要求，一般加工量不大；精加工主要保证最后加工出的工件达到要求的尺寸与粗糙度。

在加工时，首先通过粗加工，高速去除大量金属，这是通过大功率、低损耗的粗加工规准解决的；其次，通过中、精加工保证加工的精度和表面质量。中、精加工虽然工具电极相对损耗大，但在一般情况下，中、精加工余量仅占全部加工量的极小部分，故工具电极的绝对损耗极小。

在粗、中、精加工中，注意转换加工规准。

（3）采用多电极。

在加工中及时更换电极，当电极绝对损耗量达到一定程度时，及时更换，以保证良好的加工质量。

模块总结

本模块通过两个电加工实例展示了电火花线切割加工和电火花成型加工的基本情况，介绍了电火花线切割加工和电火花成型加工的工艺规律。通过本模块的学习，读者应对电加工的工艺规律有了基本的认识。电加工的工艺规律比较复杂，读者在电加工实训中要注意运用这些工艺规律，准确设定工艺参数，才能加工出高质量的零件。

综合练习

一、判断题（正确的打"√"，错误的打"×"）

1．线切割机床允许超重或超行程工作。（　　）
2．增大峰值电流将使切割速度降低。（　　）
3．减小脉冲宽度能改善线切割加工工件的表面质量。（　　）
4．被加工金属材料的厚度会影响线切割加工速度。（　　）
5．在线切割机床上不可加工盲孔。（　　）
6．在电加工中的电压、电流、脉冲宽度、脉冲间隙、功率和能量等参数叫电参数。（　　）
7．电加工中加工液主要用于排出铁屑。（　　）
8．电火花线切割机床不能加工类似于硬质合金这类极硬的材料。（　　）
9．线切割加工时，材料越薄效率越高。（　　）

10．电火花加工时，峰值电压高，放电间隙大，生产效率高，但精度差。　　　（　　）

二、单项选择题

1．快走丝线切割机床通常用的电极丝是（　　）。

    A．铜丝　　　　　　B．钼丝　　　　　　C．钢丝　　　　　　D．镍丝

2．用线切割机床加工下列材料时，加工速度最低的是（　　）。

    A．钢　　　　　　　B．铜　　　　　　　C．铝　　　　　　　D．钼

3．电火花加工机床主要加工对象为（　　）。

    A．木材　　　　　　　　　　　　　B．陶瓷

    C．金属等导电材料　　　　　　　　D．PVC 橡胶等

4．电火花加工中，放电电源是（　　）形式的电源。

    A．直流电源　　　　　　　　　　　B．交流电源

    C．脉冲电源　　　　　　　　　　　D．低压电源

5．线切割加工厚件时，为了改善排屑条件，应选择（　　）的脉冲电压，较大的脉冲峰电流和脉宽。

    A．高　　　　　　　B．低　　　　　　　C．中　　　　　　　D．极低

6．脉冲间隔减小时，切割速度将（　　）。

    A．加快　　　　　　　　　　　　　B．减慢

    C．不变　　　　　　　　　　　　　D．可能加快，也可能减慢

7．峰值电流增大时，切割速度将（　　）。

    A．提高　　　　　　B．降低　　　　　　C．不变　　　　　　D．提高或降低

8．峰值电流增大时，线切割加工的表面粗糙度值将（　　）。

    A．增大　　　　　　B．减小　　　　　　C．不变　　　　　　D．增大或减小

9．目前我国主要生产的电火花线切割机床是（　　）

    A．普通的快走丝电火花线切割机床　　B．普通的慢走丝电火花线切割机床

    C．高档的快走丝电火花线切割机床　　D．高档的慢走丝电火花线切割机床

10．有关线切割加工对材料可加工性和结构工艺性的影响，下列说法中正确的是（　　）

    A．线切割加工提高了材料的可加工性，不管材料硬度、强度、韧性、脆性及其是否导电都可以加工

    B．线切割加工影响了零件的结构设计，不管什么形状的孔如方孔、小孔、阶梯孔、窄缝等，都可以加工

    C．线切割加工速度的提高为一些零件小批量加工提供了方法

    D．线切割加工改变了零件的典型加工工艺路线，工件必须先淬火然后才能进行电火花线切割加工

三、简答题

1．试述电火花的工作原理。

2．简述电火花加工的优缺点。

3．如何选择线切割加工的参数？

4．如何选择电火花机床的加工参数？

5．电火花加工中电参数对加工速度、电极损耗和工件表面质量有何影响？

模块二

2

电加工机床的操作

学习目标

◎ 掌握线切割机床的操作
◎ 掌握电火花成型机床的操作

前面学习了电加工的工艺规律，在本模块中将介绍线切割机床和电火花成型机床的操作方法。线切割机床和电火花成型机床的种类较多，但各种机型的操作方法大同小异。本模块将介绍在生产实践中常用的 DK7725 线切割机床和 DK7125NC 电火花成型机床的操作方法和操作注意事项。

课题一 DK7725 线切割机床的操作

本课题将介绍线切割机床的操作，通过本课题的学习，要求能学会线切割机床的操作方法。

数控线切割机床按电极度丝的走丝速度大小分为快走丝线切割机床（走丝速度 7～11m/s）、慢走丝线切割机床（走丝速度<0.25m/s）和混合式线切割机床（具有快、慢走丝系统）。快走丝线切割机床的电极丝作高速往复运动，常用直径为 0.10～0.30mm 的钼丝，电极丝可重复使用。慢走丝线切割机床的电极丝作单向运动，常用直径为 0.10～0.35mm 的铜丝，也有机床采用钼丝或钨丝作电极丝，电极丝不能重复使用。慢走丝线切割机加工过程平稳，加工精度高，但由于快走丝线切割机床结构简单、价格便宜、生产率较高，因而在我国得到广泛应用。下面以某机床厂生产的 DK7725 数控电火花线切割机床为例，介绍快走丝数控电火花线切割机床的操作及其注意事项。该电火花线切割机床采用的是立式编程控制一体化线切割（YH）控制系统。

一、机床工作原理、组成及加工流程

1. 电火花线切割加工的工作原理

电火花线切割加工是利用工具电极对工件进行脉冲放电时产生的电腐蚀现象来进行加工的。其工作原理如图 2-1 所示。

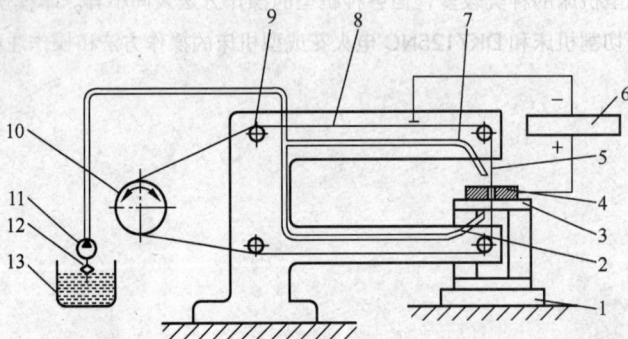

图 2-1　线切割加工的工作原理示意图

1—工作台　2—下喷嘴　3—夹具　4—工件　5—电极丝　6—脉冲电源　7—上喷嘴　8—丝架

9—导轮　10—导丝轮　11—泵　12—过滤网　13—工作液箱

脉冲电源的正极接工件，负极接电极丝。当脉冲电源发出一个电脉冲时，由于电极丝与工件之间的距离很小，电压击穿这一距离（通常称为放电间隙，一般在 0.01mm 左右）就产生一次电火花放电。在火花放电通道中心，瞬时温度可达上万摄氏度，使工件材料熔化甚至汽化。同时，喷到放电间隙中的工作液在高温作用下也急剧汽化膨胀，如同发生爆炸一样，冲击波将熔化和汽化的金属从放电部位抛出。脉冲电源不断地发出电脉冲，能将工件材料不断地去除。控制电极丝和工件的相对运动轨迹和速度，使它们之间发生脉冲放电，就能达到尺寸加工的目的。若使电极丝相对于工件进行有规律的倾斜运动，还可以切割出带锥度的工件。

为避免在同一部位发生连续放电而导致电弧产生。除使电极丝运动变换放电部位外，就是要向放电间隙注入充足的工作液，使电极丝得到充分冷却，由于快速移动的电极丝能将工作液不断带入、带出放电区域，既能将放电部位不断变换，又能将放电产生的热量及电蚀产物带走，从而使线切割加工稳定性和加工速度得到大幅度提高。

为获得较高的加工表面质量和尺寸精度，应选择适当的脉冲参数，以确保脉冲电源发出的电脉冲在电极丝和工件间产生一个个间断的火花放电，而不是连续的电弧放电。必须保证前后两个电脉冲之间有足够的间隙时间（通常称脉间），使放电间隙中的介质充分消除电离状态，恢复放电通道的绝缘性。由于线切割火花放电时阳极的蚀除量在大多数情况下远远大于阴极的蚀除量，所以线切割加工中，工件一律接脉冲电源的正极（阳极）。

2. 机床的组成

国产快走丝数控线切割机床一般分成机床主机、立式控制柜两大部分。DK7725 快走丝数控线切割机床外形如图 2-2 所示。DK7725 快走丝线切割机床主机结构如图 2-3 所示。

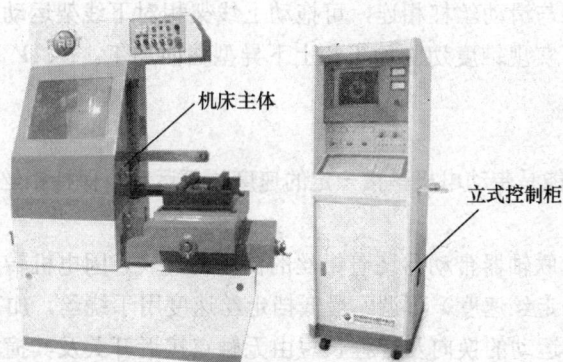

图 2-2　DK7725 快走丝线切割机床外形

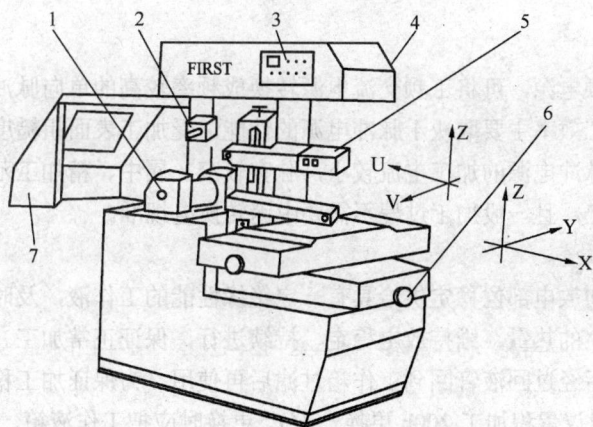

图 2-3　DK7725 快走丝线切割机床主机结构

1—运丝机构　2—上丝电机轴　3—机床操作面板　4—机床电气控制箱　5—丝架
6—工作台手轮　7—运丝系统封闭门

机床主机包含床身、工作台、线架、运丝机构、工作液循环系统等，控制系统包含 FST-X 控制器及脉冲电源。各部分结构及作用如下。

（1）床身。

床身是支撑和固定工作台、运丝机构等的基体，采用箱形铸铁件以保证足够的刚度和强度。

其上部支撑着上、下拖板、储丝筒、立柱、线架、机床电器控制箱等部件。床身下部安装有工作液循环系统。

（2）工作台。

工作台主要由工作台面，上、下拖板，滚珠丝杠副及齿轮箱等组成，拖板采用滚动导轨结构，分别由步进电机经无侧隙齿轮带动滚珠丝杠来实现工作台上、下拖板 X、Y 方向线性运动，X、Y 轴的坐标方向如图 2-3 所示。

（3）线架。

线架包括立柱、上线架和下线架等部分，其中上线架可上、下升降，从而调节上、下线架间的距离，以适应加工不同厚度的工件，为保证加工精度，两线架间距离应尽可能小。一般上喷嘴至工作表面距离为 10～20mm 为佳。调整上线架导轮轴承座位置可调节钼丝位置，以保证钼丝垂直。

由步进电动机直接与滑动丝杠相连，可拖动上线架相对下线架运动，以实现 U、V 坐标的移动，利用这种功能可实现锥度切割加工和上下异型曲面加工。U、V 轴的坐标方向如图 2-3 所示。

（4）运丝机构。

运丝机构的主要功能是带动电极丝按一定的速度往复运动，保持钼丝张力均匀一致，以完成工件切割。

直流电机通过弹性联轴器带动卷绕着钼丝的储丝筒旋转，因电机转速可调，卷绕在储丝筒表面的钼丝线速度（即走丝速度）可调，最低挡走丝速度用于绕丝，加工工件较厚时可选用较高的速度。储丝筒往复运动的换向及行程长短由无触点接近开关及其撞杆控制，调整撞杆的位置即可调节行程的长短。两个换向开关中间有一总停保护开关，用于丝筒过冲后总停保护，压上后机床不能启动。

（5）脉冲电源。

脉冲电源也称高频电源，可将工频交流电源转换成频率较高的单向脉冲电源。在一定条件下线切割加工机床的加工效率主要取决于脉冲电源的性能。受加工表面粗糙度和电极度丝允许承载的电压限制，线切割脉冲电源的加工电流较小，脉宽较窄，属中、精加工范畴，所以电火花线切割加工多用于成型加工，且一般加工过程不需要中途转换电规准。

（6）工作液循环系统。

工作液的作用是向放电部位稳定供给具有一定绝缘性能的工作液，及时地从加工区域中冲走电蚀产物及放电所产生的热量，维持放电稳定、持续进行，保证正常加工。工作液由水泵通过管道输送到加工区，然后经过回液管回到工作箱过滤后再使用，为保证加工稳定可靠，应及时更换已到寿命的工作液（建议累积加工 200h 更换一次）。更换时应把工作液箱、过滤器一并清洗干净。

工作液使用线切割机床专用工作液，可按加工需要及机床使用说明书配置。

（7）数控系统。

本机采用立式柜，YH 控制系统应用先进的计算机图形和数控技术，集编程、控制为一体，不仅能精确地控制电极丝相对于工件的运动轨迹，获得精确的加工零件形状和尺寸，而且能控制加工过程的电参数保持正常稳定。

3．加工流程

线切割加工首先要按工件图纸要求进行图纸分析，以确定加工工艺。通常线切割加工的基本操作流程可分为加工前的准备工作、线切割编程、加工、切割后工件的清理与检验四部分，如图 2-4

所示。加工前的准备工作主要包括电极丝选择、绕丝、电极丝垂直度校核、工件打穿丝孔、工件装夹和定位等；线切割编程；加工中主要电参数的选择、如何防止断丝等；加工结束后清理工件、检验加工尺寸精度和表面粗糙度。其中电极丝的准备、工件的装夹和定位等操作在主机上完成。

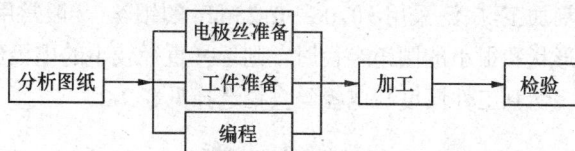

图 2-4 线切割加工流程

二、主机的基本操作

1．主机控制面板

DK7725 线切割机床主机控制面板如图 2-5 所示。位于工作台的上方，内为机床电器控制箱。具有走丝电机的柔性换向、断丝保护、加工结束总停等控制功能。同时向立式控制柜提供换向断高频、程序结束走丝自动停等信号。

图 2-5 DK7725 线切割机床主机控制面板

1—电源电压表 2—机床总电源指示灯 3—照明指示灯 4—运丝开关指示灯 5—丝速调节开关 6—断丝保护开关

7—上丝电机力矩旋钮 8—冷却泵控制开关 9—加工完总停开关 10—运丝开关 11—急停开关

机床接上保护接地线后，接通单相交流电源。合上电源总开关，电源电压表有 220V 电压指示。按绿色启动按钮，接触器吸合、励磁，主回路、控制回路通电，运丝开指示灯亮，走丝电机按设定转速运转。当换向挡板接近无触点接近开关时，提供一个换向信号。改变走丝电机励磁绕组电流的方向，走丝电机换向，运丝无触点柔性换向投入，控制直流电机的换向电流。换向信号为控制柜提供换向断高频信号，如此周而复始地运作使机床走丝系统正常运转。

"断丝保护"开关是用来监视加工过程中钼丝是否断损用的，把"断丝保护"开关合上，当加工中发生断丝时，机床电器控制主回路的接触器失磁，丝筒立即停止运转。当上丝时，必须把"断丝保护"开关断开，否则误认电极丝断开机床不能启动。

冷却泵控制开关控制工作液泵工作，为机床提供冷却液。

2．电极丝选择、绕丝、校正电极丝垂直度

（1）电极丝选择。

快走丝线切割的电极丝要反复使用，因此要有良好的导电性、一定的韧性、抗拉强度和抗腐蚀能

力。丝本身不得有弯折和打结现象。其材料通常有钼丝、钨丝、钨钼丝、黄铜丝、铜钨丝等。其中以钼丝和黄铜丝用得最多，因为它们耐损耗、抗拉强度高、丝质不易变脆且较少断丝。采用钨丝加工，可获得较高的加工速度，但放电后丝变脆，易断丝，应用较少。快走丝电极丝的材料性能见表2-1。

对于高速走丝线切割加工，广泛采用$\phi 0.06 \sim 0.25$mm 的钼丝，一般常用的在$\phi 0.12 \sim 0.18$mm的铜丝。需获得精细的形状和很小的圆角半径时，则选择直径较小的电极丝。电极丝选择得当，会大大减少断丝的发生。切割工件厚度与电极丝直径选择见表2-2。

表 2-1　　　　　　　　　　电极丝的材料性能

材　料	适 用 温 度		延伸率	抗 张 力	熔点	电阻率	备　注
	长期	短期	%	MPa	Tm(℃)	Ω（m/m mm^2）	
钨 W	2 000	2 500	0	1 200 $\sim$ 1 400	3 400	0.061 2	较脆
钼 Mo	2 000	2 300	30	700	2 600	0.047 2	较韧
钨钼 W50Mo	2 000	2 400	15	1 000 $\sim$ 1 100	3 000	0.053 2	韧性适中

表 2-2　　　　　　　　　　切割工件厚度与电极丝直径的选择

电极丝直径 D（mm）	可承受平均加工电流（A）	适切工件厚度（mm）
0.08 $\sim$ 0.10	1.5	30
0.10 $\sim$ 0.13	2 $\sim$ 3.5	40 $\sim$ 80
0.14 $\sim$ 0.16	4 $\sim$ 5	150 $\sim$ 250
0.18 $\sim$ 0.25	6 $\sim$ 10	300 $\sim$ 500

（2）绕丝（上丝）。

① 在机床控制面板上把运丝变速四挡开关旋至 3m/s 挡位。关掉"断丝保护"开关和"冷却泵控制"开关。

② 打开运丝系统封闭门，运丝系统如图 2-6 所示。将钼丝盘紧固于钼丝架的绕丝电机轴上，调正储丝筒滑板上行程挡杆，在整个储丝筒旋转移至右端时（从床身后看），左边行程挡杆盖住左边运丝筒换向接近开关，右边行程挡杆移至最右端。

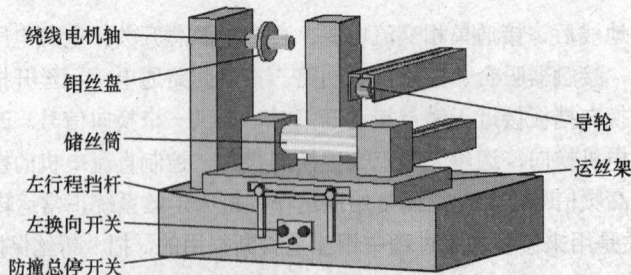

图 2-6　运丝系统示意图

③ 在钼丝盘上把钼丝的一个端头从导向轮引向储丝筒左边，并通过储丝筒外圆左端螺钉紧固钼丝端头。在机床控制面板上，调节上丝电机力距旋钮至中间位置，按动绿色运丝筒转动开关（床身后上方也有一对运丝筒启动和停止开关），使钼丝均匀地绕满储丝筒的外圆表面，上丝时，可调节上丝电机力距旋钮，可改变上丝速度和上丝张力。当上丝完毕后，应调整旋钮到最小。操作熟

练后，可用手拿布压住丝盘后，开机上丝，丝的张力靠工人压紧丝轮的松紧调节。

④ 钼丝绕到适当位置，按下红色停止开关，剪断钼丝，然后挂丝，上丝时无论在丝筒哪端，都应使丝筒上钼丝的绕丝端错开上两导轮公切线一段距离，一般为 3～5mm，把钼丝绕挂在排丝轮、导电块和导轮上，钼丝端头通过储丝筒外圆右端螺丝上固定。如图 2-7 所示。

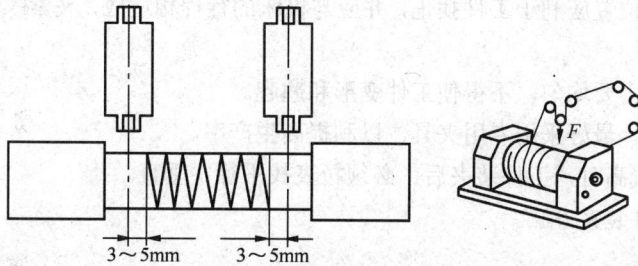

图 2-7　绕丝位置

⑤ 调整右边运丝筒行程挡杆，使之盖住换向接近开关，启动运丝筒，旋转移到右端，在换向时按动丝筒停止运行开关。左手握住紧丝轮，紧丝轮勾住钼丝，重新启动丝筒旋转（此时运丝筒速度挡位应取 6m/s 为宜），钼丝从左向右排丝，手握紧丝轮（用 1～2kg 力）慢慢向胸前拉动至钼丝排到丝筒右端，按动红色丝筒停止开关。

⑥ 调整运丝筒左右行程挡杆，使储丝筒左右往返排丝换向时，储丝筒排丝左右两端留有 3～5mm 钼丝余量。并同时保证 3～5mm 钼丝排丝间距，如图 2-8 所示。

（3）校正电极丝垂直度。

绕丝后必需校正电极丝垂直度，保证钼丝与工作台垂直，可用电极丝碰边产生火花目测或借助图 2-9 所示校正器，调节上、下导轮螺钉来校核电极丝垂直度。

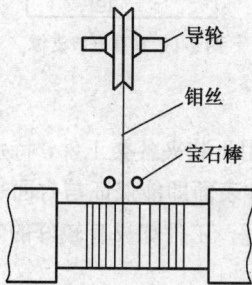

图 2-8　紧（排）丝间距

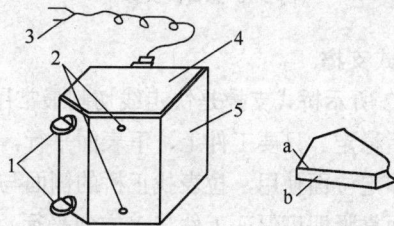

图 2-9　钼丝校正器
1—测量头　2—显示灯　3—鳄鱼夹及插头座　4—盖板　5--支座

校正器安放在台架表面上，将鳄鱼夹夹在导电块上，查头插入校正器的插座内，测量头 a、b 面分别与 X、Y 轴大致平行。移动 X、Y 轴使丝靠近测头，根据指示灯调 U、V 轴，使丝与 a-a'、b-b' 同时接触。如果只有一个指示灯亮，在调 U、V 轴时先要把对应 X、Y 轴向前或后移一点，反复调整，直至两显示灯同时闪烁。

3. 工件准备

（1）加工预孔（穿丝孔）。

为减少由残余应力引起的材料变形，须在毛坯的适应位置打穿丝孔。因机床启动后需一定时间才能进入稳定阶段，若机床尚未进入稳定时就进行工件加工就会影响加工精度，故穿丝孔距工件边缘应有一定的距离，且穿丝孔应在毛坯废料多的一边。

（2）工件装夹的一般要求。

① 工件的定位面要有良好的精度，一般以磨削加工过的面定位为好，棱边倒钝，孔口倒角。

② 切入点要导电，热处理件切入处要除去积盐及氧化皮。

③ 工件装夹的位置应利于工件找正，并应与机床的行程相适应，夹紧螺钉高度要合适，避免干涉到加工过程。

④ 工件的夹紧力要均匀，不得使工件变形和翘起。

⑤ 批量生产时，最好采用专用夹具，以利提高生产率。

加工精度要求较高时，工件装夹后，必须拉表找平行、垂直。

（3）常见的工件装夹方法。

① 悬臂式支撑。

工件精度要求不高时可采用悬臂式支撑，工件直接装夹在台面上或桥式夹具的一个刃口上，如图 2-10 所示。悬臂式支撑通用性强，装夹方便，但容易出现上仰或倾斜，如果由于加工部位所限只能采用此装夹方法而垂直度要求较高时，要拉表找正工件上表面。

② 垂直刃口支撑。

如图 2-11 所示，工件装在具有垂直刃口的夹具上，装夹精度和稳定性比悬臂式好，且悬伸出的二面便于加工，也便于拉表找正，装夹时夹紧点注意对准刃口。

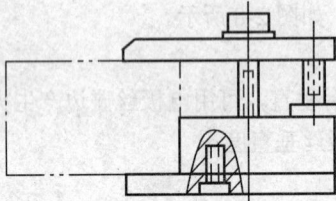

图 2-10 悬臂式支撑

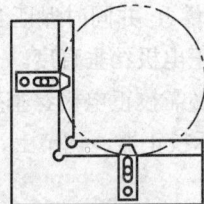

图 2-11 垂直刃口支撑

③ 桥式支撑。

图 2-12 所示桥式支撑是快走线切割最常用的装夹方法，适用于装夹各类工件，特别是方形工件，装夹后稳定。只要工件上、下表面平行，装夹力均匀，工件表面即能保证与台面平行。桥的侧面也可作定位面使用，拉表找正桥的侧面与工作台 X 方向平行，工件如果有较好的定位侧面，与桥的侧面靠紧即可保证工件与 X 方向平行。

④ V 型夹具装夹。

图 2-13 所示 V 型夹具装夹适合于圆形工件的装夹，工件母线要求与端面垂直，如果切割薄壁零件，注意装夹力要小，以防变形。V 型夹具拉开跨距，为了减小接触面，中间凹下，两端接触，可装夹轴类零件。

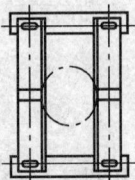

图 2-12 桥式支撑

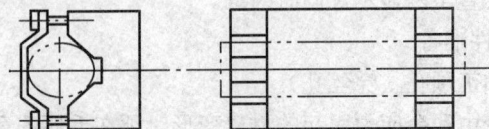

图 2-13 V 型夹具装夹

⑤ 板式支撑。

对某些外周边已无装夹余量或装夹余量很小，中间有孔的工件，可在底面加一托板，用胶粘固或螺栓压紧，使工件与托板连成一体，且保证导电良好，加工时连托板一块切割。如图 2-14 所示。

对于有多型孔的旋转型工件，可采用分度夹具；对于一些微小零件应采用特殊夹具。

工件装夹后，为保证加工精度应进行定位，使工件的定位基准面分别与机床的工件台面及工作台 X、Y 进给方向保持平行。可采用碰边或利用"定位"功能自动对中或定端面。

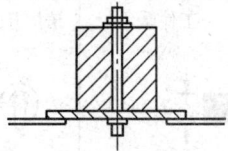
图 2-14　板式支撑

三、立式控制柜的基本操作

1．编程

编程是根据工件图纸尺寸、精度要求及电极丝的直径、放电间隙等，求出相应的数据，用 3B 或 G 代码程序格式表示出来，控制加工过程。除简单工件加工采用手工编程外，绘出工件图样后电脑自动编程，因篇幅所限对线切割编程不作详细介绍，如需要可查找 YH 系统使用手册。下面仅介绍线割编程中涉及的有关概念。

（1）放电间隙 δ。

放电间隙是指放电发生时电极丝与工件的距离。这个间隙存在于电极丝的周围，因此侧面的间隙会影响成型尺寸，确定加工尺寸时应予考虑。快走丝的放电间隙，钢件一般在 0.01mm 左右，硬质合金在 0.005mm 左右，紫铜在 0.02mm 左右。

（2）偏移。

线切割加工时电极丝中心的运动轨迹与零件的轮廓有一个平行位移量，也就是说电极丝中心相对于理论轨迹要偏在一边，这就是偏移。为了保证理论轨迹的正确，编程时需补偿该偏移，补偿偏移量等于电极丝半径与放电间隙之和。加工凸模时电极丝运动轨迹如图 2-15 所示。加工凹模时电极丝运动轨迹如图 2-16 所示。切割方向可自行选择。

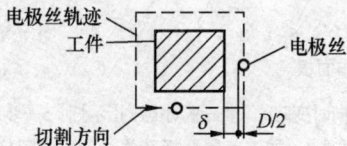
图 2-15　加工凸模电极丝运动轨迹

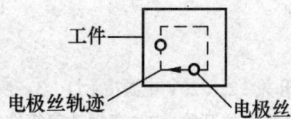
图 2-16　加工凹模时电极丝运动轨迹

2．加工参数的选择

线切割加工中的可选择的参数有：脉宽、脉间、平均加工电流（用功率管与占空比调节）、切割速度、走丝速度、工作液种类等。在特定的工艺条件下，脉宽增加，切割速度提高，表面粗糙度增大；脉间减小，切割速度增大，表面粗糙度增大不多。脉间取值主要考虑加工稳定、防短路及排屑，在满足要求的前提下，通常减小脉间以取得较高的加工速度，对于加工性能好、厚度不大的工件，可选脉间为脉宽的 3～5 倍，对于难加工、厚度大、排屑不顺的工件，脉间为脉宽的 5～8 倍比较适宜。

加工状态稳定时电流表针基本不动，加工电流越大切割速度越高，表面粗糙度增大，放电间隙变大，一般中厚度精加工为 3～4 只管子，中厚度中加工、大厚度精加工为 5～6 只管子，大厚度中粗加工为 6～9 只管子。

一般选择加工参数如表 2-3 所示。

表 2-3 　　　　　　　　　　　　　　加工参数参考表

工件厚	倍增开关（2 挡）	脉宽（μs）	脉间（μs）	功率管（A）	加工电流（A）
H(mm)	150～400 T_{OFF} 10～100	T_{ON}	T_{OFF}		A
<30	10～100	8,16		1.5,2	2
40～80	10～100	16,32	按面板所标工件高度设置	2,3	2
80～150	10～100	16,32		3,4	2
150～200	150～400	32		3,4	2
>200	150～400	32,64		4,5	2

● 加工时，须用线切割专用工作液南光系列、闪电系列或 DX-1。

3．立式控制柜操作面板

DK7725FZ 型线切割机床控制柜操作面板如图 2-17 所示。

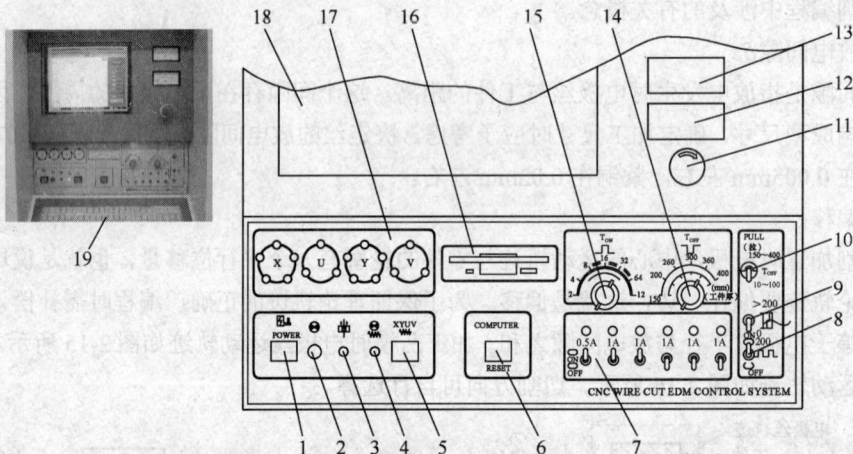

图 2-17　控制柜操作面板

1—控制柜电源开关　2—220V 电源指示灯　3—换向断高频指示灯（换向时变暗）　4—驱动电压指示灯　5—步进电机锁紧开关
6—计算机复位开关　7—高频功率管选择开关　8—高频开关　9—加工范围选择开关　10—脉间倍增开关
11—控制柜急停按钮　12—高频加工电流表　13—高频加工电压表　14—脉间调节开关
15—脉宽选择开关　16—计算机软盘驱动器　17—步进电动机相序指示灯
18—显示器　19—键盘

● 控制器电源开关：按下该开关，接通控制器的 220V 电源。

● 220V 电源指示灯：该灯亮表示外界有 220V 交流电压。

● 换向断高频指示灯：当有高频时该指示灯亮，丝筒换向时，关高频，该指示灯暗。

● 步进电机锁紧开关：当需要加工或锁住拖板时，需按下该开关。

● 计算机复位开关：在控制器电源处于接通状态时，按下复位开关可重新启动计算机。

● 高频功率管选择开关和高频开关:功率管选择开关，合上几个开关，就有几个功率管投入工作，投入功率从左到右为 0.5、1、1、1、1。最右边开关为开、关高频开关。

● 加工范围选择开关：可选择低厚度切割（0～200）和高厚度切割（＞200）

● 脉间增倍开关:放在 10～100 挡脉间为 3、4、5、6、7、8，放在 150～400 挡脉间为 6、8、10、12、14、16。

● 控制器急停按钮：需停机时，按下后停机。

● 高频加工电流表和电压表：电压表指示加工时施加在脉冲电源功率管上的电压，电流表指示加工过程中的平均电流。在加工过程中，如电流表指针经常向左摆动，说明跟踪太慢，需加快；如经常向右摆动，则说明跟踪太快，需减慢。正常加工时电流表指针应基本不动。也可通过示波器来判断加工的稳定性。

● 脉间调节开关：调节该开关，可调节脉冲间隔与脉宽之间的比例，共有六挡，其比例分别为 3、4、5、6、7、8，可通过直接选面板上的工件厚度调节脉间。

● 脉宽选择开关：可选择加工脉冲波形的脉冲宽度 T_i，从左到右的脉宽分别为 2、4、8、16、32、64、128μs，通常选用 16、32、64μs 挡。

4. YH 系统控制界面基本操作

接通控制柜电源后，按下键盘上回车键自动进入 YH 系统控制界面，YH 控制界面分三个窗口：加工（JOB DATA）、辅助（ASID.FUNC）、编辑（EDITOR），如图 2-18 所示。在当前显示窗内，需转换到其他窗口，则按下 F1 键或用鼠标点取相应其他窗的图标。如按 ESC 键，则由控制界面进入自动编程（绘图）界面。

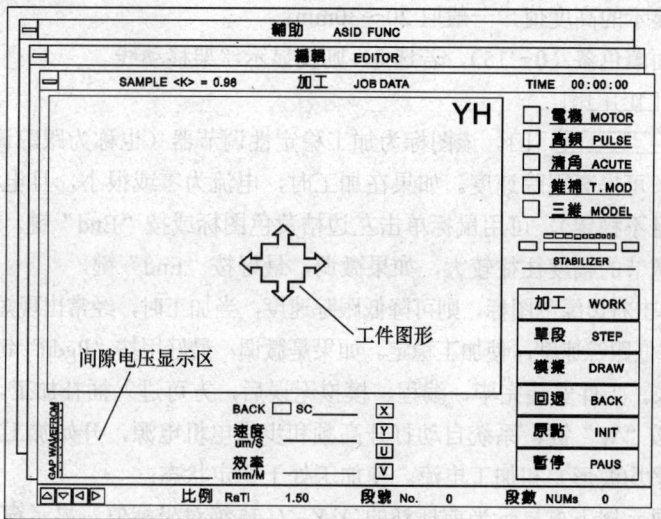

图 2-18　YH 系统控制界面

（1）加工状态窗。

加工状态窗口如图 2-18 所示，加工（JOB DATA）窗内显示加工状态，间隙电压波形及加工轨迹等信息。各个图标所表示的功能如下。

① 图形显示窗。该窗内显示当前控制器内加工程序所走的图形形状，在加工时，该窗内显示机床所走的轨迹（二维显示或三维显示）。该窗内右上角有一显示窗口切换标志 YH，用鼠标单击该图标，可以改变显示窗口的内容。系统进入时首先显示图形，以后每单击一次，依次为"相对坐标"、"图形"……其中相对坐标方式，以大号字体显示当前加工代码的相对坐标。

② □电机 MOTOR。该图标用来开或关步进电机电源。在按下图 2-18 所示控制柜操作面板

上步进电机锁紧开关的情况下，用鼠标单击该图标或按键盘上"HOME"键可锁住或松开电机。当该图标呈凸出的淡黄色小图标时，步进电机失电处于松开状态，当该图标为凹进的桔黄色状态时，步进电机上电，步进电机处于锁住状态。

在该系统中，凡是这样的类似淡黄色图标，定义其按下状态为桔黄色状态，松开状态为淡黄色状态，用鼠标单击该图标，可按下或松开相应的图标。

③ □高频 PULSE。该图标用来开或关高频电源。按下该图标或按键盘上"Page up"键可以开或关高频电源。当主机操作面板上运丝电机处于 ON 状态，控制柜操作面板上有功放管投入工作，且高频开关合上时，按下该图标，在屏幕左下角间隙电压波形显示窗内就有间隙电压显示。如果高频开关未合上，按下该图标，则在电压波形显示窗内只显示一很窄的红线（高度低于一格）。

④ □清角 ACUTE。对于工件轮廓边缘有清角要求的工件，可打开此功能。

⑤ □锥补 T.MOD。锥度加工时，导轮切点偏移的补偿开关设置。

⑥ □三维 MODEL。如果该图标处于放松状态，则在模拟或加工时，轨迹显示为二维。如果按下该图标，则轨迹显示为三维。当按下该图标时，会出现三维造型参数 Modelling 设置窗。

该窗内的参数含义为：

厚度——工件实际厚度（mm）；

基面——下导轮中心距工件底面的距离；

转角——X、Y、Z 方向的三个转角，坐标系显示在图形显示区左下角；

标高——实际显示的高度值，一般取 20～30mm；

色号——加工面填色条（0～15），若选 0，则仅显示丝架移动线。

⑦ □ □。该图标为加工稳定性调节器（也称为跟踪调节器），用鼠标单击左边桔黄色图标，可提高跟踪速度。如果在加工时，电流为零或很小，且电流表指针总是往左摆（加工电流过小且不稳定），可用鼠标单击左边桔黄色图标或按"End"键，以提高跟踪速度。用鼠标单击图标所调节的幅度往往较大，如果微调，最好按"End"键。

反之，用鼠标单击右边绿色图标，则可降低跟踪速度。当加工时，经常出现短路，则单击该图标或按"Pgdn"键以降低跟踪速度，使加工稳定。如果是微调，最好用按"Pgdn"键降低跟踪速度。

⑧ 加工 WORK。工件安装完毕、编程、模拟无误后，方可进入插补加工。

按下该图标或按"W"键，系统自动打开高频和步进电机电源，开始加工。此时应注意屏幕上间隙电压波形（平均波形）和加工电流。使加工处于稳定状态。

加工状态下，显示器下方显示当前插补的 X-Y、U-V 绝对坐标值，显示窗口绘出加工工件的二维插补轨迹或三维插补轨迹。

大厚度工件的切割。切割大厚度工件时，由于排屑困难，会造成加工不稳。此时，可以降低（限制）机床的最大速度，使得加工速度较为平稳。操作方法为加工时，需提高最大加工速度，按"＋"键（在键盘右边数字区内，键盘左边的"＋"不起作用）；按"－"键，降低最大速度。每次按键后，屏幕上显示"MAX：***"，数字表示当前最大加工速度（步数/s）。

注意

一般最大速度应设为实际最大加工速度的 1～1.5 倍。

在控制屏幕上方有一行提示"SAMPLE <K>=0.98"，其中 K=0.98 表示采样部分的放大系数，用键盘上的"<"、">"键可以调节该系数的大小，通过调节该系数，可适应不同的高频电源和厚度。若间隙电压波形在峰和谷之间跳动，一般可降低放大系数。

⑨ 单段 STEP。工件、程序准备就绪，模拟无误后。按下"单段"或"S"键，系统自动打开高频和步进电机电源，开始插补加工。跟踪调节器的使用以及间隙电压波形，加工坐标的显示都与加工状态相同，当前程序段加工结束，系统自动关闭高频，停止运行。再按"单段"，继续进行下段加工。

⑩ 模拟 DRAW。模拟检查功能可检验代码及插补的正确性。在电机失电状态下（OFF 状态），系统以每秒 2 500 步的速度快速插补，在屏幕上显示其轨迹及坐标。若在电机锁定态（ON 状态）下，机床空走插补，可检查机床控制联动的精度及正确性。

"模拟"操作的方法：a. 读入加工程序，b. 根据需要选择电机状态后，按"模拟"或"D"键，即进入模拟检查状态。

屏幕下方显示当前插补的 X-Y、U-V 坐标值（绝对坐标）。若需中止模拟过程，可按"暂停"，或按"P"或"INS"键。

⑪ 回退 BACK。系统具有自动/手动回退功能。在加工或单段加工中，一旦出现高频短路情况，系统即停止插补。若在设定的控制时间（参见机床参数设置）内短路达到设定的次数。系统将自动回退（回退的速度可由系统设定）。若在设定的控制时间内，仍不能消除短路现象，将自动切断高频，停机。

系统处在自动短路回退状态时，图形显示窗下面的回退标志 BACK 旁的小框将显示红色，插补轨迹也为红色。

在系统静止状态（非"加工"或"单段"状态），按下"回退"或"B"键，系统作回退运行。回退速度为系统设置的恒定值，回退至当前段结束，即每次回退一段程序，自动暂停，如需再退则需再按一次"回退"或"B"键。

⑫ 原点 INIT。用鼠标单击该图标或按"I"键，使系统从当前位置回原点，当步进电机处于失电状态时，该功能只是将 X、Y、U、V 坐标清零。当步进电机上电时，该功能将控制机床从当前位置沿最短路径（依次使 X、Y、U、V 轴回零）回到原点（包括 U、V 轴回原点）。该功能一般在断丝时使用，可以控制机床回到加工起点。

⑬ 暂停 PAUS。用鼠标单击该图标，或按"P"键或"INS"键，可中止当前的各项功能（如加工、单段加工、模拟、定位、回退等过程）。

⑭ 间隙电压显示。该显示区域位于加工窗的左下角，显示加工时的间隙电压波形，如图 2-19 所示，根据该波形，可以观察加工的状态。左边有一条分为 10 格的竖线，最下边一格为黄色，一般短路电压值不超过此格，空载时，波形显示为满幅或接近满幅（脉间加大时，空载的幅值也会降低）。加工时，波形幅值降低，在电压波形显示窗内，加工时，还会出现一条虚线，如果该虚线高出电压波形一大截，则说明处于欠跟踪状态，这时，应调节跟踪调节器，加快步进电机使该虚线与电压波形基本持平。

⑮ BACK□。BACK 旁边的黄色小矩形为回退标志显示，当系统处于回退状态时，该小矩形变红色，回退状态消失时，该标志变回黄色。

⑯ SC__。加工时，SC 旁边的横线上会显示一些数字，这些数字表示加工过程中出现短路的百分率，在正常加工时，该值应该比较小，如果短路比较频繁，该值就会变大。但在换向时，由于将高频切断，所以该值将上升到接近 100，这是正常的。

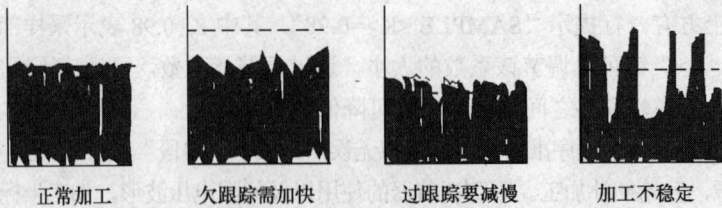

正常加工　　　欠跟踪需加快　　　过跟踪要减慢　　　加工不稳定

图 2-19　间隙电压波形示例

⑰ 速度（μm/s）＿＿和效率 mm/M＿＿。这 2 条横线上显示加工速度和加工效率，其中速度的单位为 μm/s，效率显示为每分钟机床走多少毫米，该值乘以工件厚度即为加工效率。

⑱ X、Y、U、V：该图标右边显示加工过程中绝对坐标 X，Y，U，V 的变化。

⑲ 在屏幕的最下方有一条黑色框，其各图标的含义如下。

● 左边的四个方向的三角形▲ ▼ ◀ ▶，用鼠标点取相应的三角形，图形就可以朝相应的方向移动一段距离，移动图形还可以用功能键 F4～F7，其相应功能为:按 F4 键，图形向左移动 20 个单位，按 F5 键，图形向右移动 20 个单位，按 F6 键，图形向上移动 20 个单位，按 F7 键，图形向下称动 20 个单位。

● 比例 RaTi。RaTi 后面的数表示图形显示的比例，用鼠标单击 RaTi 后面的小方框，系统会提示输入新的显示比例。要改变图形显示比例也可以用功能键 F2 和 F3，按 F2 键，图形放大到 1.2 倍，按 F3 键，图形缩小 1/5。

● 第三项段号 No.和段数 NUMs 分别显示当前正在加工的程序段号和被加工图形程序段的总数。

⑳ 在加工 JOB DATA 窗的右上方，有一计时器 TIME:00:00:00，系统在加工、模拟、单段等状态时，自动打开计时器开始计时。中止插补运行时，计时器停止工作。用鼠标单击计时器或按 F9 键，可将计时器清零。

（2）辅助功能窗（ASID FUNC）。

辅助窗如图 2-20 所示，辅助功能窗内所包含的功能主要为对中心或找边，机床拖板点动控制以及机床参数的设置，各图标所表示的功能如下。

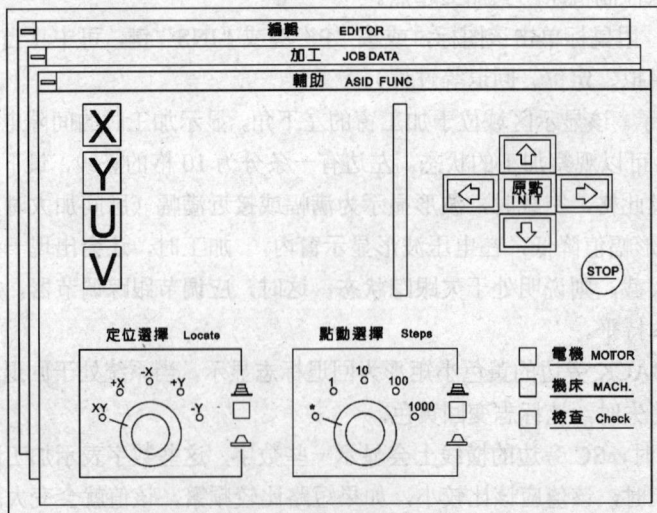

图 2-20　辅助功能窗

① 左上方的 X、Y、U、V 显示点动或定位时，绝对坐标的变化。

② 右上方的上、下、左、右四个箭头按钮，用鼠标单击这四个按钮可以控制机床拖板按相应的方向作点动或定长走步（在电机失电状态下，点取四个箭头按钮，仅用做坐标计数），中间原点 INIT 按钮控制机床拖板回到原点（步进电机上电时）或仅将坐标清零（步进电机失电时）。

③ 定位选择 Locate 盘可选择定中心，或找边的方向。当指针指向 XY，则为找型腔中心，指向+X，为+X 方向定位，指向-X，为-X 方向定位，指向+Y，为+Y 方向定位，指向-Y，为-Y 方向定位。当选择好定位方向后，按右边的黄色图标，此时，如果控制器操作面板上的定中心开关按下时，机床就开始自动找中心或找相应方向的边，直至找到为止。也可按 "P" 键或点取右边红色圆形 STOP 标志停止。

④ 右下方的点动选择 Steps 可选择点动方式及每次按下点动箭头时拖板移动的步长，用鼠标单击相应的位置，就可使指针指向相应的位置。每一个值所代表的意义如下。

* ——拖板移动直至松开鼠标按钮；

1——单步（1μm）；

10——走 10 步（10μm）；

100——走 100 步（100μm）；

1 000——走 1000 步（1000μm）。

右边的黄色按钮用于选择拖板，当该按钮松开时，点动控制 XY 拖板，按下时，控制 UV 拖板。

⑤ 红色 STOP 图标。用鼠标左键单击该图标，可中止定位过程或拖板点动过程。与按 "P" 键、"INS" 键的功能一样。

⑥ □电机 MOTOR。显示电机状态，该按钮松开时，电机失电，按下时，为上电状态，该图标显示的电机状态与加工窗内的电机状态一致。

⑦ □机床 MACH。按下该图标，可设置机床的有关参数，其有关参数可查机床说明书。机床参数设置值由厂方调整设定，不应随意更动。

开机时，应首先检查系统设置值是否与说明书中吻合，正确后方可开机床加工。若显示窗口出现 "Controller Coef ERROR" 表示控制器内保存的机床参数已丢失。此时须进行机床参数设置，否则机床不能正常的工作。

（3）编辑 EDITOR 窗口。

编辑窗口如图 2-21 所示。该窗口可进行加工程序的一些操作，亦可进行人工编程。中间为图形区，右边为菜单图标。该系统所使用的代码为国际标准的 ISO 代码，同时也可以读入 3B 代码并将其转换为 G 代码，并显示图形。另一方面，也可以将 G 代码转换为 3B 代码，作为其他用 3B 代码作为控制代码的控制器的编程机，因此本系统集编程控制于一体，还可以作为其他无编程功能的控制器的编程机用。各个图标所表示的功能如下。

① 文档 FILE。可读入 3B 程序并转换为该控制系统所使用的 G 代码，同时将图形显示在图形区。将装有 3B 代码的软盘插入 A 驱动器，用鼠标单击文档下的矩形框，按系统提示输入文件名（不需要输入文件的路径和后缀），键入回车后，系统从 A 盘读入相应的代码。

② 读盘 LOAD。可读入已编好 G 代码，将存有代码文件的数据盘插入 A 驱动器，按 "读盘" 或键入 "L"，屏幕上出现该数据盘内全部数据文件名的参数窗，将光标移至选定的文件名，单击鼠标左键，该文件名变黄色。然后按参数窗左上角的 "撤销" 图标 "■"，系统将读入该代码文件，并在屏幕上绘出其图形。

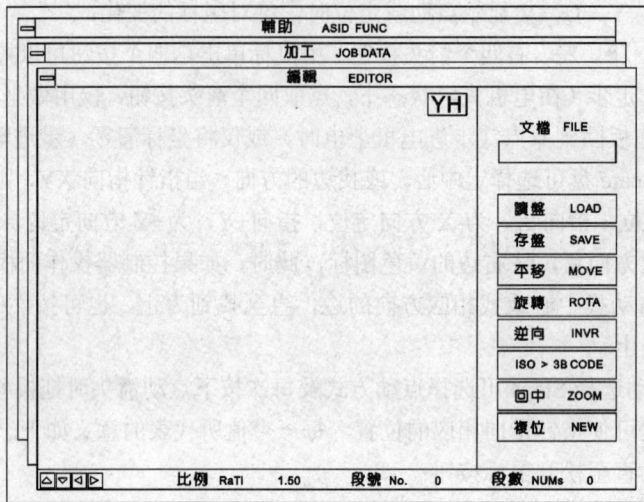

图 2-21　编辑窗口

③ 存盘 SAVE。可将内存中的代码存入 A 盘内，用光标点取该图标或键入"S"，系统提示输入文件名，按回车键，即将代码存入 A 盘中。

④ 平移 MOVE。如切割完当前图形后，想平移一个位置再割一个同样的图形，如图 2-22 所示，在坯料 A 上已割出圆柱 B，还想用当前内存中的程序在位置 C 割一个圆柱 C，则选用该功能，输入平移参数 $X=0$，$Y=20$ 后，加工代码变为先从 B 点走到 C 点，停机后，再从 C 点开始割一新的圆柱。

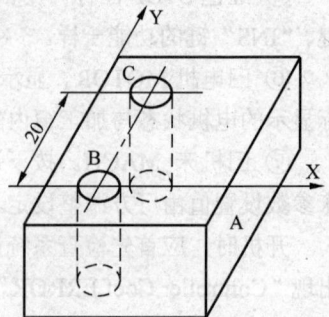

图 2-22　平移

平移前代码	平移后代码（X=0，Y=20）
G92 X0 Y0	G92 X0 Y0
G01 X5000 Y0	G01 X0 Y20000
G03 X0 Y0 I5000 JO	G01 X5000 Y0
M00	G03 X0 Y0 I5000 J0
M02	M00
	M02

⑤ 旋转 ROTA。与平移类似，如果下一个切割图形的位置是从当前位置旋转某一角度，则输入旋转角度后，代码就变为旋转后的加工代码。

⑥ 逆向 INVR。用鼠标单击该图标，或键入"I"键，则内存中的代码将倒置，从反方向切割图形，并且在图形显示区右上方有一倒置标志"V"。

⑦ ISO>3B CODE。该图标可将内存中的 ISO（G）代码转换为 3B 代码输出，供其他的控制器使用，可输出的方式有代码打印、代码显示、代码存盘、送控制台或退出等。其中，控制台为带有电报头接口的控制器。

⑧ 回中 BACK。该功能是当图形不在图形区内，如将其显示比例放大，或用移位键将其移出时，则单击该图标或按"B"键可使图形回到中间位置，且显示比例定为 1.0。

⑨ 复位 NEW。用鼠标单击该功能或按"N"键，将中止当前的一切操作，清除数据和代码，关闭高频和电机。在"加工"、"单段"等键按下时，不能进行复位操作。

⑩ 显示显示器最下面黑色条内的各项功能与加工窗的一致。

5．返回 DOS 系统

若需要返回 DOS 系统，可同时按下"Ctrl"键和"Q"键，此时，若控制器处于加工状态，则仍将继续控制机床加工，不受影响。若此时需要从 DOS 进入控制界面，则只需键入"CP"，回车，即可。

四、YH 自动编程系统介绍

1．概述

由苏州开拓电子技术有限公司开发的 YH 线切割编程控制系统，在国内拥有很高的知名度和市场占有率，它用于快走丝线切割机床，集控制和编程于一体，分别由各自的 CPU 来控制，使加工和编程能同时进行。下面将介绍其编程系统。

YH 线切割编程系统具有绘图和编程两大功能。它不仅可以方便地绘制由点、直线、圆弧组成的一般图形，而且还能绘制由一些特殊曲线组成的图形，例如：绘制椭圆、抛物线、双曲线、渐开线、摆线、螺线、列表曲线、函数方程曲线以及齿轮等。它具有多种编辑功能，使绘图更加快捷方便。当图形绘制完成后，YH 线切割编程系统能完成 ISO、3B、R3B 等多种代码程序的自动编程，在编程时还能设定多种加工参数，如锥度、补偿量、跳步等。另外，利用 YH 线切割编程系统的 4 轴合成功能，还能对上下同形或异形的工件进行自动编程合成。

2．YH 线切割编程系统界面

当启动 YH 线切割编程系统后，就可以进入如图 2-23 所示的系统主界面。

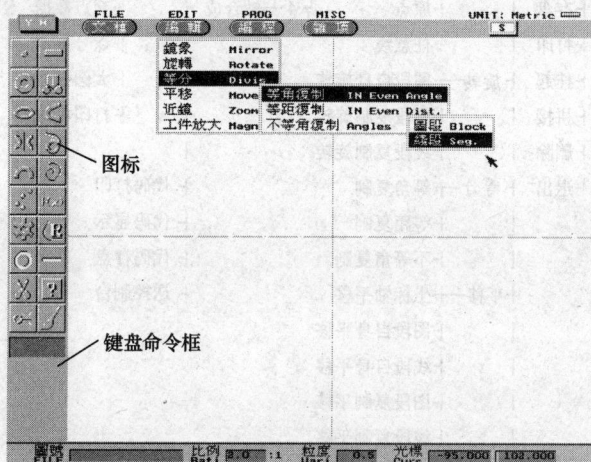

图 2-23　YH 线切割编程系统的主界面

主界面包括：绘图区、图标按钮、下拉菜单、键盘命令框、公制与英制切换按钮和状态栏。

（1）绘图区。

绘图区是用户进行绘图设计的主要工作区域。它位于屏幕的中心，并占据了屏幕的大部分面积。在绘图区的中央有一个二维十字直角坐标系，其十字交点即为原点（0，0）。

（2）图标按钮。

图标按钮位于屏幕的左侧，由 16 个绘图图标和 4 个编辑图标组成，如图 2-24 所示。

（3）下拉菜单。

下拉菜单位于屏幕的顶部，由一行主菜单及其下拉子菜单组成，有的子菜单还有二级子菜单。主菜单由文件、编辑、编程和杂项 4 个部分组成。在每个按钮下，均可弹出一个子功能菜单。各菜单的功能见图 2-25。

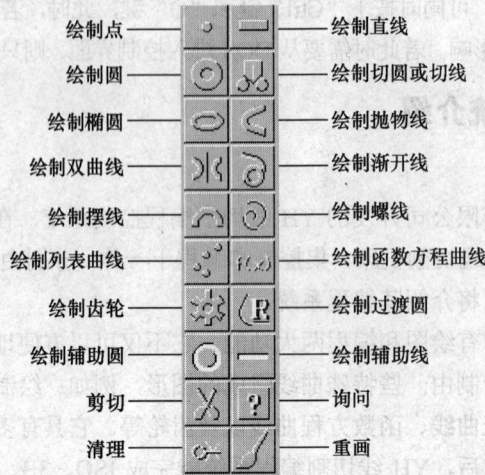

绘制点 ——	—— 绘制直线
绘制圆 ——	—— 绘制切圆或切线
绘制椭圆 ——	—— 绘制抛物线
绘制双曲线 ——	—— 绘制渐开线
绘制摆线 ——	—— 绘制螺线
绘制列表曲线 ——	—— 绘制函数方程曲线
绘制齿轮 ——	—— 绘制过渡圆
绘制辅助圆 ——	—— 绘制辅助线
剪切 ——	—— 询问
清理 ——	—— 重画

图 2-24 图标按钮

```
文件      编辑              编程          杂项

├新图   ├镜像  ├水平轴        │          ├有效区
├读盘   │     ├垂直轴   ├切割编程 ──      ├交点标记
├存盘   │     ├原点    ┤4─轴合成 ┤       ├交点数据
├打印   │     ├任意线        │          ├点号显示
├挂起   ├旋转─┬图段自身旋转                ├大圆弧设定
├拼接   │    ├图段复制旋转    │          ├打印机选择
├删除   │    ├线段复制旋转    │          └打印机选择
└退出   ├等分─┬等角复制                  ├代码打印
        │    ├等距复制        │          ├代码显示
        │    ├不等角复制                 ├代码存盘
        ├平移─┬坐标轴平移                 └送控制台
        │    ├图段自身平移    │
        │    ├线段自身平移    │
        │    ├图段复制平移    │
        │    ├线段复制平移
        ├近镜
        └工件放大
```

图 2-25 各级菜单功能

（4）键盘命令框。

键盘命令框位于图标按钮下方，用于采用键盘输入方式绘制点、线、圆等图形。

（5）公制与英制切换按钮。

公制与英制切换按钮位于屏幕右上角，如图 2-26 所示，用于将图形尺寸单位在公制（Metric）和英制（Inches）之间进行切换。

UNIT: Metric ▭

图 2-26 公制与英制切换按钮

（6）状态栏。

屏幕的底部为状态栏，用来显示输入图号、比例系数、粒度和光标位置，如图 2-27 所示。

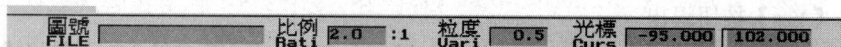

图 2-27 状态栏

3．YH 编程系统应用基础

（1）基本概念如下。

线段——指某一独立的直线或圆弧。

图段——指屏幕上相连通、有交点的线段。

粒度——指作图时参数窗内数值的最小变化量。

无效线段——指非工件轮廓线段。

元素——指点、线、圆。

单击或点选——指将鼠标移动到光标指定位置，然后按左键。

拖动——指按住左键不放的同时移动鼠标。

（2）鼠标键的含义。

左键为命令键，用于点取菜单或按钮、拾取选择。右键为调整键，用于调整图形位置、线段长度、按钮功能等。

（3）光标的变化。

在使用 YH 软件时，由于系统所处的状态不同，或光标拾取的位置不同，光标的形状会有多种变化，在绘图时一定要引起注意。例如：在绘图区输入命令前光标呈十字形，输入绘图命令后呈笔形，指向菜单时变为箭头形；选择点时光标呈叉形，选择直线或圆弧时光标呈手指形；输入不同的命令或在不同的绘图状态，光标还有多种不同的形状。

（4）数据的输入。

本系统数据输入的方法有鼠标拾取、鼠标输入和键盘输入 3 种。

① 鼠标拾取就是在屏幕上移动光标时，观察状态栏内坐标显示数字的变化及光标形状的变化，然后在合适的位置按命令键。

② 鼠标输入是指在绘图时用鼠标单击参数窗内的数据框，系统会弹出数据输入工具栏，用鼠标单击，即可输入数据。

③ 键盘输入是指用键盘在数据框内输入数据。有时，系统要求按切换按钮才能使用这种方式。

（5）保存和删除文件。

① 将当前图形保存到数据盘中

方法：单击图号输入框，待框内出现一黑色底线时，用键盘输入文件名（不超过 8 个字符），按回车键退出。系统将自动把屏幕图形存入当前的数据盘。若文件名已存在（文件多次存盘），可直接单击下拉菜单【文件】→【存盘】。

② 删除数据盘中的指定文件

方法：单击下拉菜单【文件】→【删除】，在弹出的参数窗内，选择需删除的文件，再按撤销按钮退出即可。

4．YH 编程系统常用的绘图和编辑功能

（1）绘制点。

方法一：单击绘制点图标按钮 ⊙，移动光标并观察状态栏内显示的坐标数值，移至或接近需要的位置时，单击命令键，系统弹出标有当前坐标位置的参数窗口。检查各参数并修改不符的参数后，单击【Yes】按钮退出。

方法二：单击绘制点图标按钮 ⊙，将光标移至键盘命令框，在出现的输入框中按格式"[X, Y]"输入点的坐标，然后回车。

（2）绘制直线。

① 已知一点和斜角

方法一：单击绘制直线图标按钮 ⊙，单击指定点位置，拖动，同时观察弹出的参数窗口（见图 2-28）内斜角数值，当其数值与标定角度一致或接近时，释放命令键。检查各参数并修改不符的参数后，单击【Yes】按钮退出。

方法二：单击绘制直线图标按钮 ⊐，将光标移至键盘命令框，在出现的输入框中按格式"[X, Y]，角度"输入已知点的坐标和直线斜角，然后回车。

② 已知两点

方法一：单击绘制直线图标按钮 ⊐，单击一指定点位置，拖动，移动到另一指定点，释放命令键。检查参数窗内各参数并修改不符的参数后，单击【Yes】按钮退出。

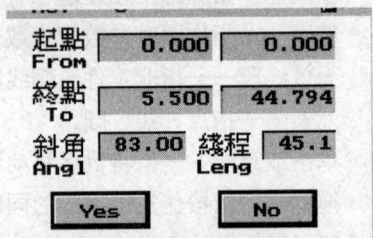

图 2-28 "绘制直线参数"窗口

方法二：单击绘制直线图标按钮 ⊐，将光标移至键盘命令框，在出现的输入框中按格式"[X_1, Y_1]，[X_2, Y_2]"输入两已知点的坐标，单击【Yes】按钮退出。

③ 已知一定圆和直线的斜角

先按已知斜角任意作一直线，然后单击下拉菜单【编辑】→【平移】→【线段自身平移】，在键盘命令框下方出现工具包图标，点选直线后拖动至指定圆，当该直线变为红色时，表示已与指定圆相切，释放命令键。单击【Yes】按钮关闭参数窗。若无其他线段需要移动，单击工具包图标，退出平移状态。

④ 已知两线距离作已知直线的平行线

单击下拉菜单【编辑】→【平移】→【线段复制平移】，在键盘命令框下方出现工具包图标，点选已知直线后拖动，观察参数窗内显示的平移距离，移至指定距离时，释放命令键。检查无误后，单击【Yes】按钮关闭参数窗。若无其他线段需要移动，单击工具包图标，退出。

⑤ 直线延伸

单击绘制直线图标按钮 ⊐，将光标移到需延伸的线段上，当光标变成手指形时右键单击，该直线即向两端延伸。

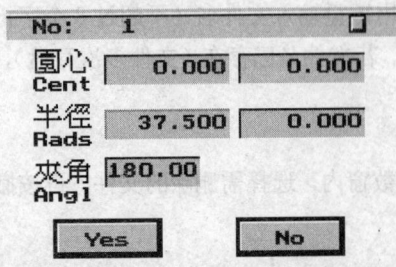

图 2-29 "绘制圆参数"窗口

（3）绘制圆。

① 已知圆心和半径

方法一：单击绘制圆图标按钮 ⊙，单击指定圆心位置，拖动，同时观察弹出的参数窗内半径数值，如图 2-29 所示，当其数值与已知半径一致或接近时，释放命令键。检查各参数并修改不符的参数后，单击【Yes】按钮退出。

方法二：单击绘制圆图标按钮 ⊙，将光标移至键盘命令框，在出现的输入框中按格式"[X，Y]，半径"输入圆心坐标和半径，单击【Yes】按钮退出。

② 已知圆心，并过一点

单击绘制圆图标按钮◯，单击指定圆心位置，拖动至另一指定点位置，释放命令键。检查无误后，单击【Yes】按钮关闭参数窗。

③ 已知圆心，并与另一圆或直线相切

单击绘制圆图标按钮◯，单击指定圆心位置，拖动至另一指定圆或指定线，当所画圆变成红色时，释放命令键。检查无误后，单击【Yes】按钮关闭参数窗。

④ 圆弧变圆

单击绘制圆图标按钮◯，移动光标到圆弧上，当光标变成手指形时，右键单击，该圆弧即变成整圆。

（4）绘制切线或切圆。

① 绘制两圆的公切线

单击绘制切线或切圆图标按钮，点选任一已知圆，拖动至另一圆周上，当光标呈手指形时释放命令键，在两圆之间出现一条深色连线，单击该连线，完成公切线绘制。

② 过一点作一圆的切线

单击绘制切线或切圆图标按钮，点选已知点，拖动至已知圆周上的任意处，当光标呈手指形时释放命令键，在相连的点和圆之间出现一条深色线，单击该连线，完成切线绘制。

③ 作一圆与两元素相切

单击绘制切线或切圆图标按钮，点选第一个元素，拖动到第二个元素上，释放命令键，在两个元素间，出现一条深色连线。拖动该连线，同时观察参数窗内半径变化值，当达到或接近需要的值时释放命令键，检查并修改不符的参数后，单击【Yes】按钮退出，完成切圆绘制。

④ 作一圆与两圆内切

单击绘制切线或切圆图标按钮，点选第一个圆，拖动到第二个圆上，释放命令键，在两个圆间，出现一条深色连线。分别点击两圆内任一点，该圆内出现一红色小圈，表示该圆将在生成的切圆内部。拖动深色连线，同时观察参数窗内半径变化值，当半径达到或接近需要的值时释放命令键，检查并修改不符的参数后，单击【Yes】按钮退出，完成切圆绘制。

⑤ 作一圆与三元素相切

单击绘制切线或切圆图标按钮，点选第一个元素，拖动到第二个元素上，释放命令键，在两个元素间，出现一条深色连线。拖动该连线至第三个元素，当该连线变为红色时，释放命令键，系统自动计算并生成三切圆。若无法生成，系统将提示。

（5）绘制椭圆。

单击绘制椭圆图标按钮，系统弹出专用窗，如图2-30所示。分别输入两半轴的参数，单击【认可】按钮确认，即在绘图窗内画出标准椭圆图形。输入椭

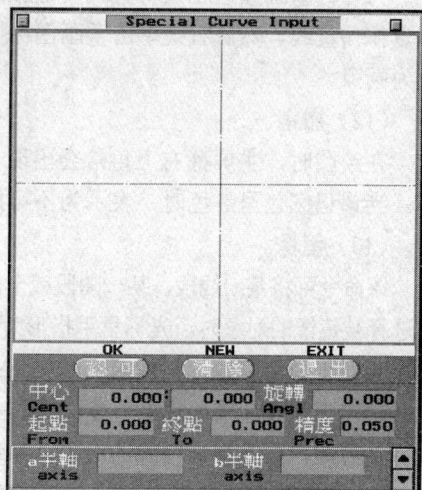

图2-30 "绘制椭圆专用"窗口

53

圆在实际图样上的中心位置和旋转角度，单击【退出】按钮，返回主窗口；若要撤销本次输入，单击【消除】按钮。

（6）绘制过渡圆。

单击绘制过渡圆图标按钮 ⌒，点选两线段交点处，沿需画过渡圆的方向，拖动至某一位置，释放命令键，屏幕上提示"$R=$"，键入需要的 R 值，系统随即绘出指定的过渡圆弧。

> **注意** 当过渡圆的半径超出该相交线段中任一线段的有效范围时，过渡圆无法生成。

（7）绘制辅助圆和辅助线。

辅助圆和辅助线起定位作用，不参与切割，在绘图时，对于非工件轮廓的圆弧和直线，都应以辅助圆和辅助线作出。单击绘制辅助圆按钮 ◯，可绘制辅助圆，单击绘制辅助线按钮 ——，可绘制辅助线。其绘制方法与普通圆和直线相同，颜色为深色，能被【清理】功能清除。

（8）剪切删除线段。

单击剪切图标按钮 ✄，在键盘命令框下方出现工具包图标，从中单击取出剪刀形光标，点选需删除的线段。按调整键可以间隔删除同一线上的各段。完成后，单击工具包图标，退出。

（9）询问。

单击询问图标按钮 ?，点选需查询的点或线段，系统弹出参数窗，显示该点的坐标及与之相关连的线号，或显示线段的起点和终点的坐标及斜角。单击【Yes】按钮退出，若单击【No】按钮将删除被查询的线段。

（10）清理。

单击清理图标按钮 ⌫，系统将删除辅助线、辅助圆和任何不闭合的线段。

右击清理图标按钮 ⌫，系统将删除辅助线和辅助圆，保留不闭合的线段。

（11）重画。

单击重画图标按钮 ╱，系统会重新绘出全部图形而不改变任何数据。

另外，重画按钮还具有直线变圆弧的功能，利用该功能可以画三点圆弧。具体操作是：先用两点作一直线，然后右键单击重画图标按钮 ╱，点选该直线，拖动至第三点，释放命令键，直线变为圆弧。

（12）撤销。

在绘图时，主屏幕右上角常会出现一房子形的黄色记忆包，单击该标志，系统将撤销前一动作。当该记忆包呈红色时，表示为不可撤销状态。

（13）镜像。

该命令可将某一线段、某一图段或全部图形相对于水平轴、垂直轴、原点或任意直线作对称复制。在选择被镜像的对象时，光标呈手指形为线段，光标呈叉形为图段，在屏幕空白区单击为全部图形。

相对于任意直线作镜像的方法如下：

单击下拉菜单【编辑】→【镜像】→【任意直线】，屏幕右上角将出现"镜像线"的提示，先选择镜像线，再选择被镜像的对象，系统自动完成镜像。

（14）旋转。

该命令可作【图段自身旋转】、【线段自身旋转】、【图段复制旋转】、【线段复制旋转】4 种方式的旋转处理。具体操作如下。

单击下拉菜单【编辑】→【旋转】，选择旋转方式，在键盘命令框下方出现工具包图标，屏幕右上角显示"中心"的提示。选定旋转中心位置后，提示变为"转体"，点选需旋转的对象，拖动，同时观察弹出的参数窗内角度数值，当其数值与指定角度一致或接近时，释放命令键。检查各参数并修改不符的参数后，单击【Yes】按钮退出，完成旋转。将光标放回工具包，退出旋转方式。

（15）等分。

该命令可对图段或线段作【等角复制】、【等距复制】或【非等角复制】。

【非等角复制】线段的操作是，单击下拉菜单【编辑】→【等分】→【非等角复制】→【线段】，系统弹出非等角参数窗，依次用键盘输入各处相对旋转角度（以逆时针方向，每次要回车确认）。输入完毕后，单击【OK】按钮退出参数窗，屏幕右上角显示"中心"的提示，选定等分中心位置后，系统弹出图2-31所示的等分参数窗，检查或输入【等分】数和【份数】（等分为图形在360°范围内的等分数；份数为实际图形的份数），单击【Yes】按钮退出后，提示变为"等分体"，点选需复制的线段，系统将自动完成等分处理。

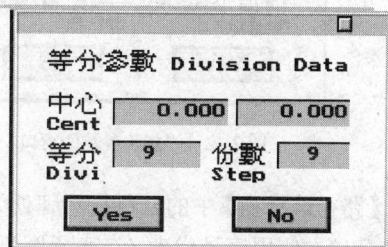

【等角复制】的操作与【非等角复制】类似，只是不用输入非等角参数，而直接在等分参数窗内输入【等分】数和【份数】即可。

图2-31   "等分参数"窗口

【等距复制】线段的操作是：单击下拉菜单【编辑】→【等分】→【等距复制】→【线段】，系统弹出与图2-31类似的等分参数窗（【中心】改为了【距离】），输入【距离】、【等分】数和【份数】，单击【Yes】按钮退出后，点选需复制的线段即可。

（16）平移。

该命令可变化图形在坐标系中的位置。系统不仅可以平移图形本身，还可以作复制平移；不仅可以平移图形，还可以平移坐标轴。平移图形的方法已在绘制直线时介绍过，这里介绍平移坐标轴的方法。

单击下拉菜单【编辑】→【平移】→【坐标轴平移】，在键盘命令框下方出现工具包图标，屏幕右上角提示"原点"，单击需要成为坐标中心处，系统自动完成坐标系的移动。将光标放回工具包，退出平移方式。

系统还可以平移显示图形中心，具体操作是：在需要作屏幕中心的位置上单击【调整】按钮，系统自动将该处移到屏幕中心。

（17）放大观察图形的局部。

单击下拉菜单【编辑】→【近镜】，屏幕右上角提示"放大区"，单击需观察局部的左上角，拖动至右下角，释放命令键，系统弹出一窗口，显示放大的局部图形。在状态栏内显示实际放大比例。单击近镜窗左上角的按钮，关闭窗口，恢复原图形。

（18）缩放图形。

单击下拉菜单【编辑】→【工件放大】，在弹出的参数窗内输入合适的缩放系数，系统自动缩放图形。

5. YH编程系统的编程功能

单击下拉菜单【编程】→【切割编程】，在键盘命令框下方出现工具包图标，屏幕右上方显示

"丝孔",提示用户选择穿孔位置。点选穿孔位置并拖动至切割的首条线段上（移到交点处光标呈叉形,在线段上为手指形）,释放命令键。该点处出现一指示箭头"▲",屏幕上弹出【加工参数】窗,如图 2-32 所示。此时,可对【孔位】、【起割点】、【补偿量】、【平滑】（尖角处过渡圆半径）作相应的修改及选择,代码统一为 ISO 格式。单击【Yes】按钮确认后,退出"加工参数"窗口,系统弹出【路径选择】窗,如图 2-33 所示。

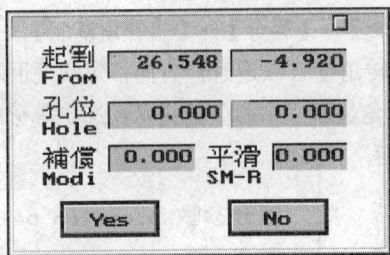

图 2-32　"加工参数"窗口

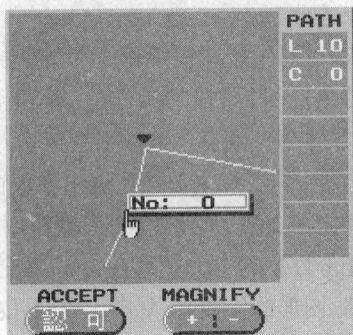

图 2-33　"路径选择"窗口

【路径选择窗】中的红色指示牌处为起割点,左右线段是工件图形上起割点处的相邻线段,分别在窗口右侧用序号代表（C 表示圆弧,L 表示直线,数字表示该线段作出时的序号）。窗口下部的【+】表示放大钮,【-】表示缩小钮,每单击一下就放大或缩小一次。选择路径时,可直接用光标在右边的序号上轻点命令键,使之变为黑色。若无法辨别序号表示哪一线段时,可用光标移到指示牌两端的线段上,光标呈手指形,同时显示该线段的序号,此时轻点命令键,它所对应的线段的序号自动变黑色,表明路径已选定。路径选定后,单击【认可】按钮,火花图符就沿着所选择的路径进行模拟切割,到终点时,显示"OK"结束。如工件图形轮廓上有叉道,火花自动停在叉道处,并再次弹出路径选择窗,选择正确的路径后,单击【认可】按钮,火花图符继续进行模拟切割直至出现"OK"。

火花图符走遍全路径后,屏幕右上方弹出【加工开关设定】窗,如图 2-34 所示,其中有五项设定:【加工方向】、【锥度设定】、【旋转跳步】、【平移跳步】和【特殊补偿】。

【加工方向】。用于设定切割方向,有左右两个方向的三角形按钮,分别表示逆时针和顺时针方向切割,红底黄色三角为系统自动判断的方向（特别注意:系统自动判断的方向一定要和模拟火花走的方向一致,否则得到的程序代码上所加的补偿量正负相反。若系统自动判断方向和火花模拟方向相反,进行锥度切割时,所加锥度的正负方向也相反）。若系统自动判断方向与火花模拟切割的方向相反,可单击三角形按钮来重新设定。

【锥度设定】。用于加工有锥度的工件时的锥度设定。单击【锥度设定】项的【ON】按钮,使之变蓝色,屏幕弹出【锥度参数】窗,如图 2-35 所示。参数窗中有【斜度】、【标度】、【基面】三项参数输入框,应分别输入相应的数据。【斜度】为钼丝的倾斜角度,有正负方向（正角度为上大下小的倒锥,负角度为正锥）。【标度】为上下导轮中心间的距离,单位为 mm。【基面】为下导轮中心到工件下平面间的距离。若以工件上平面为基准面,输入的基面数据应该是下导轮中心到工件下平面间的距离再加上工件的厚度。参数输入后单击【Yes】按钮退出。

【旋转跳步】。单击【旋转跳步】项的【ON】按钮,使之变蓝色,系统弹出【旋转跳步参数】窗,其中有【中心】、【等分】、【步数】三项选择。【中心】为旋转中心的坐标。【等分】为在 360°角度内的等分数。【步数】为以逆时针方向取的份数（包括本身一步）。选定后单击【Yes】按钮退出。

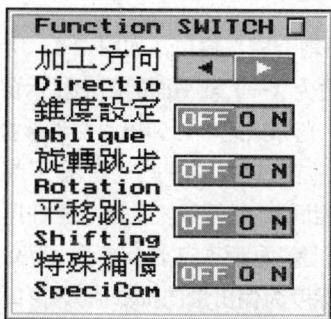

图 2-34　"加工开关设定"窗口　　　　　　图 2-35　"锥度参数"窗口

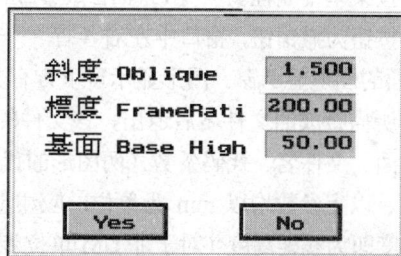

【平移跳步】。单击【平移跳步】项的【ON】按钮，使之变成蓝色，系统弹出【平移跳步参数】窗，其中有【距离】和【步数】两项选择。【距离】为以原图形为中心，平移图形与原图形在 X 轴和 Y 轴间的相对距离（有正负）。【步数】为共有几个相同的图形（包括原图形）。输入参数后，单击【Yes】按钮退出。

【特殊补偿】。在该功能下，可对工件轮廓上的任意部分设定不同的补偿量（最大不超过 30 种补偿量）。具体操作如下。

单击【特殊补偿】项的【ON】按钮，使之变成蓝色，在键盘命令框下方出现工具包图标，屏幕右上角提示"起始段"，单击需要特殊补偿的工件轮廓的首段，屏幕提示改为"终止段"，再单击相同补偿量的尾段，系统将提示输入该区段的补偿量，键入补偿量后，该特殊补偿段处理完毕。屏幕再次提示【起始段】，用同样的方法可依次处理其他的区段（注：起始段和结束段可在同一线段上，也可在不同的线段上，设定时必须按切割方向的顺序）。全部区段的补偿量设定完成后，单击工具包图标，退出【特殊补偿】状态。

加工设定完成后，在【加工开关设定】窗中，有设定的以蓝色【ON】表示，无设定的以灰色【OFF】表示。单击【加工开关设定】窗右上角的撤销按钮，关闭窗口。屏幕右上角提示"丝孔"，这时可对屏幕中的其他图形再次进行穿孔、切割编程，系统将以跳步的方式对两个以上的图形进行编程。

全部图形编程完成后，单击工具包图标，系统将把生成的输出代码反编译，绘制出切割轨迹图形，同时弹出【代码输出】菜单。

【代码输出】菜单有【代码打印】、【代码显示】、【代码存盘】、【三维造型】、【送控制台】、【送串行口】、【代码输出】、【退出】几项选择。

【代码打印】。通过打印机打印程序代码。

【代码显示】。在弹出的参数窗中显示生成的 ISO 代码，以便核对。

【代码存盘】。将生成的程序代码存入数据盘中。

【三维造型】。单击该项，屏幕上出现工件厚度输入框，提示用户输入工件的实际厚度。输入厚度数据后，屏幕上显示出图形的三维造型轮廓，同时显示加工长度和加工面积，以利于用户计算费用。单击工具包图标，退回菜单。

【送控制台】。单击该项，系统自动把当前编好程序的图形送入"YH 控制系统"，并转入控制界面。同时编程系统自动把当前屏幕上的图形"挂起"保存。

【送串行口】。系统将当前编制好的代码，从 RS-232 串行口中输出。

【代码输出】。将生成的 ISO 程序代码转变为 3B 代码或 RB 代码输出。

6. 四轴合成

单击下拉菜单【编程】→【4—轴合成】,屏幕出现"4—轴合成"窗口,如图 2-36 所示。窗口中左上角的按钮为撤销钮,窗口中左右各有一个显示窗,左边为 $X—Y$ 轴平面的图形显示窗,右边为 $U—V$ 轴平面的图形显示窗。图形显示窗下方有文件输入框,光标点此框,弹出"文件选择"窗口,用光标选择所需合成的文件名后退出,该文件的图形即显示在窗口中。在每个显示窗下都表明所合成的图形轴面、文件名、代码条数(两图形的代码条数必须相同)。设置线架高度、工件厚度、基面距离、标度。以上参数均以 mm 为单位,应注意工件厚度加上基面距离应小于等于线架高度;一般情况下,标度即为线架高度(对于非 UM 单位步距的机床,标度为偏出量的折算值)。窗口右下角有两个选择图标:⊡ 表示上下异形合成,▣ 表示上下同形合成(主要用于斜齿轮一类工件的合成),根据需要点取对应的图标后,在 $X—Y$ 轴面窗显示出合成后的图形(注:屏幕画出的合成图形是上下线架的运动轨迹,该图形与工件的实际形状相差很大,如要观察工件的实际形状,可到控制屏幕,用三维功能描绘)。合成后屏幕弹出输出菜单,可进行存盘、送控制台、打印等操作。

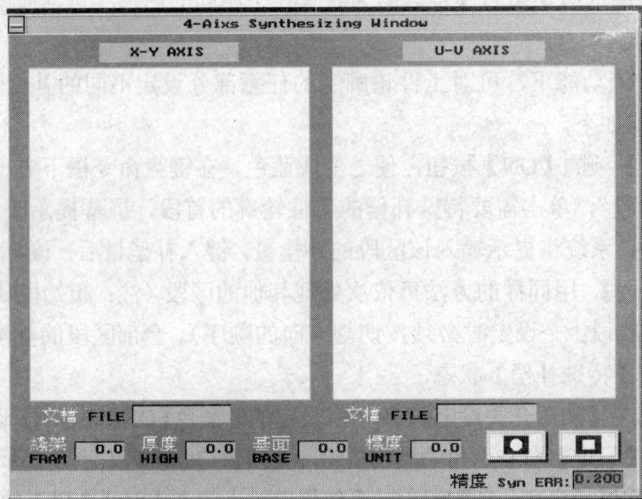

图 2-36 "4—轴合成"窗口

4—轴合成编程的必要条件:上下两面的程序条数相同、丝孔坐标相同、补偿量相同、加工走向相同。

例:$X—Y$ 轴面为圆形,$U—V$ 轴面为五角星形的四轴合成。

首先画出等角五角星(过程略)。然后,对图形进行【切割编程】,设定起割点为+Y 轴上的顶点,设置丝孔坐标、补偿量和切割方向。编程完成后"代码存盘",完成了 U/V 面图形的编程。

下面对 X/Y 平面的圆编程。选择"新图"清理屏幕,画一圆心在坐标原点的圆。由于五角星有10条线段,为能与五角星的每个端点协调,应将圆分成 10 段。以原点为起点作一条斜角为 90° 的辅助线(在 Y 轴上),该辅助线与圆有一交点。对辅助线 10 等分,得 10 条辅助线,这些辅助线将圆分成了 10 段。光标直接选择【切割编程】,起割点选在该圆在+Y 轴的交点上(光标成 X 形),丝孔坐标、补偿量、切割方向和五角星保持一致,编程后选择"代码存盘",再退出编程。

光标选择【编程】→【4—轴合成】,进入合成显示窗。光标在 $X—Y$ 轴面显示窗下的文件名输入框中轻点命令键,在文件名选择窗中用光标点亮圆的代码文件名,按退出钮即显示圆的代码图形和它的代码条数。同样把五角星显示在 U—V 轴面的显示窗中，它的代码条数应该与圆的代码数相同。设置线架、厚度、基面、标度后，点取"上下异形"图标，即自动完成 4 - 轴合成。

7. YH 编程系统的读盘功能

YH 编程系统可从当前系统设定的数据盘上读入文件。该功能下可以读入图形、3B 代码、AutoCAD 的 DXF 类型文件。

（1）图形文件的读入。

方法一：单击图号输入框，待框内出现一黑色底线时，用键盘输入文件名（不超过 8 个字符），按回车键退出。系统自动从磁盘上读入指定的图形文件。

方法二：单击下拉菜单【文件】→【读盘】→【图形】，系统将自动搜索当前磁盘上的数据文件，并将找到的文件名显示在弹出的数据窗内，单击所需要的文件名，然后关闭数据窗，文件即可自动读入。

（2）3B 代码文件的读入。

单击下拉菜单【文件】→【读盘】→【3B 代码】，在弹出的数据输入框中键入代码文件名。文件名应该用全称，如果该文件不在当前数据盘上，在键入的文件名前，还应加上相应的盘号。

代码文件读入后，选择是否要去除代码的引线段以及图形是否封闭。选择后退出即可。

（3）DXF 文件的读入。

单击下拉菜单【文件】→【读盘】→【AutoCAD-DXF】，在弹出的数据输入框中，键入代码文件名。文件名应该用全称，如果该文件不在当前数据盘上，在键入的文件名前，还应加上相应的盘号。本系统要求 DXF 文件中的平面轮廓应画在 0 层上。

五、电火花线切割机床操作规程和维护

1. 线切割机床的操作规程

（1）应对机床的性能、结构有较充分的了解，掌握操作规程并遵守安全生产制度。

（2）应在机床允许的范围内进行加工，不要超重或超行程工作。

（3）应经常检查机床的行程开关和换向装置是否安全可靠，不允许带故障工作。

（4）开机前按机床说明书要求，对各润滑点加油。

（5）加工前，应检查工作液箱中的工作液是否充足，水管和喷嘴是否畅通，不应有堵塞现象。

（6）装卸电极丝时，注意防止电极丝扎手。卸下的废丝应放在规定的容器内，防止造成电器短路等故障。

（7）用手摇柄转动储丝筒后，应及时取下手摇柄，防止储丝筒转动时将手摇柄甩出伤人。

（8）应消除工件的残余应力，防止切割过程中工件爆裂伤人。加工前应安装好防护罩。

（9）安装工件的位置，应防止电极丝切割到夹具；防止夹具与线架下臂碰撞；防止超出工作台的行程极限。

（10）按照线切割加工工艺正确选用加工参数，按规定的操作顺序操作机床加工工件。

（11）不能用手或手持导电工具同时接触工件与床身（脉冲电源的正极与地线）以防触电。

（12）禁止用湿手按开关或接触电器部分。防止工作液及导电物进入电器部分。如果发生因电器短路起火时，应先切断电源，用四氯化碳等合适的灭火器灭火。不准用水灭火。

（13）停机时，要在储丝筒刚换向后尽快按下停止按钮，以防止储丝筒启动时冲出行程引起断丝。

（14）加工结束后应断开总电源，擦净工作台及夹具并上油。

（15）在检修时，应先断开电源，防止触电。

（16）应定期检查机床电气设备是否受潮和性能是否可靠，并清除尘埃，防止金属物落入。

（17）导轮槽及导轮轴承应经常清除污物等，如发现声音加大、跳动加大，则应及时更换轴承。轴承外套的绝缘强度也应充分重视，防止因电蚀产物等污染而导致绝缘损坏。如发现绝缘强度不够，应及时处理，以免影响加工的正常进行。

（18）进电块的表面不得有氧化皮等异物，当进电块表面出现较深的沟槽时，应更换其与电极丝的接触部位，防止夹丝和导致断丝。

（19）遵守定人定机制度，定期维护保养。

2．线切割机床的维护

线切割机床维护保养的目的是为了保持机床正常、可靠地工作，延长其使用寿命。维护保养是指定期润滑，定期调整机件，定期更换磨损较严重的配件。主要的易损件为导向器、导电块、排丝轮、挡丝棒、轴承等。定期润滑可按机床的润滑表2-4规定进行。

表2-4　　　　　　　　　　　　机床润滑表

序号	润滑部位	加油方式	油类	加油期	换油期
1	座标工作台 a．各导轨副、精密丝杠螺母、各轴承部位 b．X、Y拖板，减速箱各级齿轮副及滚动轴承	油枪	HJ—30机械油（GB443—64）、ZG—2钙基润滑脂（GB491—66）	每周一次	半年
2	运丝机构 a．导轨副 b．丝杠螺母副 c．各滚动轴承	油枪	HJ—30机械油（GB443—64）、ZG—2钙基润滑脂（GB491—66）	每班拉压二次 每班一次	半年
3	丝架机构 a．导向器滚动轴承（以下适用于e型机床） b．U、V拖板导轨 c．U、V轴轴承 d．U、V轴丝杠 e．斜度丝架各级齿轮副 f．升降丝杠副	油枪	ZG—2或HJ—5高速机械油（GB485—66） ZG—2 ZG—2 ZG—2或40号机油 ZG—2或40号机油 ZG—2或40号机油	每班一次 每升降前后加一次	三个月
4	紧丝装置 滚动轴承	油枪	ZG—2		一年

3．线切割机床常见故障及排除

（1）断丝处理。

断丝是线切割操作中是经常出现的，轻则增加工作量，重则造成工件报废，所以应减少断丝，表2-5列举了常见的断丝原因及排除方法。

表2-5　　　　　　　　　　　常见的断丝原因及排除方法

断丝现象	原因	排除方法
有规律断丝，多在一边或两边换向时断丝	丝筒换向时，未能及时切断高频电源，使钼丝烧断	调整渐进开关到两个挡位的距离，如还无效，则需检测电路部分，要保证先关闭高频再换向，也可每一班调整一两次换向挡块位置

续表

断丝现象	原因	排除方法
刚开始切割时即断丝	1. 加工电流过大，进给不稳 2. 钼丝抖动得厉害 3. 工件表面有毛刺，或有不导电氧化皮或锐边	1. 调整电参数，减小电流；（注意：刚切入时电流应适当调小，等切入工件，工件侧壁面无火花时再增大电流） 2. 检查走丝系统部分，如导轮、轴承、丝筒是否有异常跳动、振动 3. 清除氧化皮，毛刺
切割过程中突然断丝	1. 选择电参数不当，电流过大 2. 进给调节不当，忽快忽慢，开路短路频繁 3. 工作液使用不当，如错误使用普通机床乳化液，乳化液太稀，使用时间过长太脏 4. 管道堵塞，工作液流量大减 5. 导电块未能与钼丝接触或已被钼丝拉出凹痕，造成接触不良 6. 切割厚件时，间歇过小或使用DX-1 等不适合切厚件工作液 7. 脉冲电源削波二极管性能变差，加工中负波较大，使钼丝短时间内损耗加大 8. 钼丝质量差或保管不善，产生氧化，或上丝时用小铁棒等不恰当工具，使丝产生损伤 9. 丝筒转速太慢，使钼丝在工作区停留时间过长 10. 切厚工件时钼丝直径选择不当	1. 将脉宽挡调小，将间歇挡调大，或减少功率管个数； 2. 提高操作水平，按照进给速度调整原则，调节进给电位器使进给稳定 3. 使用线切割专用工作液 4. 清洗管道 5. 更换或将导电块移动一个位置 6. 选择合适的占空比并使用南光-I、DX-4 等适合厚件切割的工作液 7. 更换削波二极管 8. 更换钼丝，使用上丝轮上丝 9. 合理选择丝速挡 10. 选择合适的钼丝
工件接近切完时断丝	工作材料变形，夹断钼丝，（断丝前多会出现短路） 工件跌落时，撞断钼丝	选择合适切割路线和材料及热处理工艺，使变形尽量小，快切割完时，用小磁铁吸住工件或用工具托住工件不致下落
空转时断丝	1. 钼丝排列时叠丝 2. 丝筒转动不灵活 3. 电极丝卡在导电块槽中	1. 检查钼丝是否在导轮槽中，检查排丝机构的螺杆是否间隙过大，检查丝筒轴线是否与线臂相垂直 2. 检查丝筒夹缝中是否进入杂物 3. 更换或调整导电块位置

（2）断丝后原地穿丝处理。

断丝后步进电机仍保持着"吸合"状态。不要摇动手柄，关掉高频，不要按数控台上的其他键。去掉较少一边的废丝，把剩余钼丝调整到储丝筒上的适当位置继续使用。抽出联接上导轮的一头，在距离头 200～300mm 处用小磁铁吸在丝架上，因为工件的切缝中充满了乳化液杂质和电蚀物，所以一定要把工件擦干净，并在切缝中先用毛刷滴入煤油，使其润湿切缝，然后再在断点处滴一点润滑油。

选一段比较平直的钼丝，其余剪掉，并用打火机火焰烧烤这段钼丝，使其发硬，开头留出 2～3mm，用手捏着钼丝上部，在断丝点顺着切缝慢慢地每次 2～3mm 地往下送，直至穿过工件。如果钼丝好像被什么挡住送不下去时，切记不可硬来，可将钼丝抽上来一点再往下送。如果仍不行的话，就要把丝抽上来，剪掉已穿过的那段钼丝，擦干净工件，滴上油按上述方法重新往下穿。这时钼丝的弹力须自然地指向工件加工的前进方向。穿丝时尽可能地靠近断丝点，离断丝点越远，工件变形越大，丝越不容易穿，甚至根本穿不过去。如果原来的钼丝实在不能再用的话，可更换新丝。新丝在断丝点往下穿，要看原丝的损耗程度，（注意不能损耗太大）如果损耗较大，切缝也随之变小，新丝则穿不过去，这时可用一小片细纱纸把要穿过工件的那部分丝打磨光滑，再穿就可以了。这对工件的精度当然会有一些影响，但对一般工件不影响使用。当丝从工件下端穿出后，拿掉小磁铁，把丝整理好就可开机继续切割了。使用该方法可使机床的使用效率大为提高。

（3）线切割加工中短路处理。

在线切割机床加工过程中，常常会因为排屑不畅、工件变形、变频速度及电参数调节不佳等原因引起短路现象，而因排屑不畅造成短路的现象又占多数，特别加工较厚工件时更为突出。

在操作中，可用溶剂渗透清洗的方法消除短路（当然也可用短路回退功能），效果很好，表面粗糙度、精度均不受到影响。具体方法是，当短路发生时，先关掉自动、高频开关，再关掉工作液泵，用刷子蘸上渗透性较强的汽油、煤油、乙醇等溶剂，反复在工件两面随着运动的钼丝向切缝中渗透（要注意钼丝运动的方向），直至改用锥等工具在工件下端轻轻地沿着加工的反方向触动钼丝，工件上端的钼丝能随着移动即可。然后，开启工作水泵和高频电源，依靠钼丝自身的颤动，蚀掉过给部分，待电流表上指示针回到零位，再继续加工。

（4）切割条纹的处理。

线切割表面有两种条纹，一种为黑白交叉条纹，其不影响粗糙度，只需调整脉间和乳化液供液量或选用闪电、南光系列工作液，即可得到缓解。但如出现贯穿整个加工表面的条纹，并且可用手触摸感觉到，从工件端面看有凹凸痕则为走丝系统有问题（导轮有串动、跳动、轴承间隙过大、钼丝张力不均等），此时就必须调整走丝系统，否则将会大大影响加工表面粗糙度。

六、慢走丝线切割机床简介

同快走丝线切割机床一样，慢走丝线切割机床也是由机床本体、脉冲电源、数控系统等部分组成的。但慢走丝线切割机床的性能大大优于快走丝线切割机床，其结构具有以下特点：

1. 主体结构

（1）机头结构。

机床和锥度切割装置（U、V 轴部分）实现了一体化，并采用了桁架铸造结构，从而大幅度地强化了刚度。

（2）主要部件。

精密陶瓷材料大量用于工作臂、工作台固定板、工件固定架、导丝装置等主要部件，实现了高刚度和不易变形的结构。

（3）工作液循环系统。

慢走丝线切割机床大多数采用去离子水作为工作液，所以有的机床（如北京阿奇牌）带有去离子系统。在较精密加工时，慢走丝线切割机床采用绝缘性能较好的煤油作为工作液。

2. 走丝系统

慢走丝线切割机床的电极丝在加工中是单方向运动（即电极丝是一次性使用）的。在走丝过程中，电极丝由送丝轮出丝，由收丝轮收丝。

如图 2-37 所示为某慢走丝线切割机床电极丝走丝系统的结构图。

走丝系统自上而下，丝由送丝轮经张力轮到上导向轮、上电极销、上导向器、工件孔、下导向器、下电极销、下导向轮，再到速度轮、排丝轮，最后到达收丝轮。和高速走丝系统明显的不同就是该系统采用一次性走丝机构，走丝速度慢而连续可调（0.5～8m/min）。走丝速度由速度轮后面的 DC 电机控制，调节机床面板上的"丝速调节"旋钮即可，顺时针转动为加速，逆时针转动为降速。

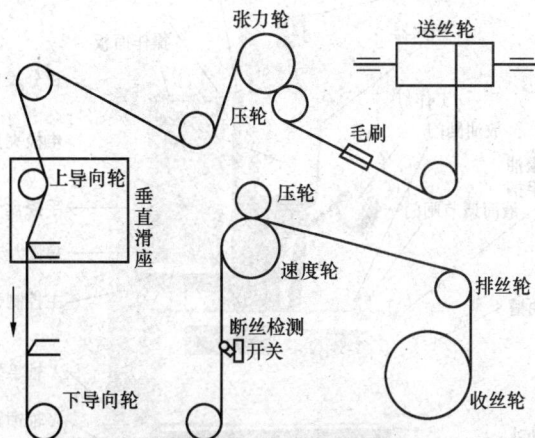

图 2-37　机床走丝系统结构图

金属丝的张紧力由张力轮后面的磁粉离合器控制，调节机械操作面板上的张力拨挡开关，可控制改变丝张力。其张力值以张力表上的电流值表示，工作时张力一般不可变动。

收丝轮用于缠绕经过加工区放电后的废铜丝，由 AC 软特性电机驱动，收丝速度自动跟随走丝速度。废丝先通过排丝轮。排丝轮在 AC 伺服电机及凸轮传动下实现前后往复运动，均匀地改变丝在收丝轮上的位置，从而使丝在收丝轮上均匀地排列。

整个走丝机构在丝张紧的一段范围内安装了一个断丝检测开关。当丝断时，断丝检测开关释放，断丝指示灯亮，加工电源即自动切断。

课题二　电火花成型机床的操作

本课题将介绍电火花成型机床的操作，通过本课题的学习，要求能学会电火花成型机床的操作方法。

电火花成型加工简称电火花加工，电火花加工与电火花线切割加工的工作原理相似，都是通过火花放电产生的热量来蚀除金属的。但电火花加工必须制作成型电极（一般用铜或石墨制作），并将电极形状复制到工件上。可进行通孔或盲孔（成型）加工，特别适宜加工形状复杂的模具等零件的型腔。

本节以某机床厂生产的 DK7125NC 型电火花机床为例，介绍电火花机床的结构与操作方法。

一、DK7125NC 型电火花机床结构及操作面板

1. 机床结构

电火花机床主要由机床主体、脉冲电源、自动进给调节系统、工作液系统和数控系统组成。电火花成型机床均用 DK71 加上机床工作台面宽度的 1/10 表示（DK 为数控电加工机床）。DK7125NC 型电火花机床结构，如图 2-38 所示。

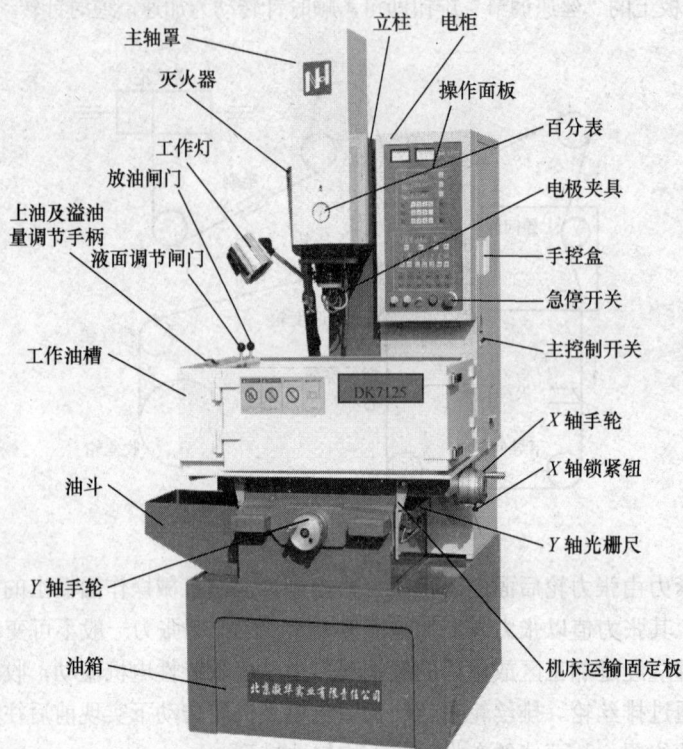

图 2-38 DK7125NC 型电火花机床结构

（1）机床主体：由床身、立柱、主轴及附件、工作台等组成了电火花机床的骨架，是用以实现工件、工具电极的装夹、固定和运动的机械系统。

（2）脉冲电源：其作用与电火花线切割机床类似。脉冲电源的性能直接关系到加工的加工速度、表面质量、加工精度、工具电极损耗等工艺指标。

（3）自动进给调节系统：电火花成型加工的自动进给调节系统主要包含伺服进给系统和参数控制系统。伺服进给系统主要用于控制放电间隙的大小，参数控制系统主要用于控制加工中的各种参数，以保证获得最佳的加工工艺指标。

（4）工作液系统：其作用与电火花线切割机床类似，但电火花成型机床可采用冲油或浸油加工方式。

（5）数控系统：电参数及加工过程的控制。

2．机床主要技术参数

主机采用"C"型结构 X、Y、Z 行程为 250mm×150mm×200mm，工作台尺寸 280mm×450mm，工作台到电极接板最大距离为 360～560mm，最大可加工工件重量 250kg，最大电极重量 25kg。

工作液槽容积为 115L，工作液槽门数为 2。

脉冲电源类型为 V-MOS 低损耗电源，加工电流 30A，脉宽 1～2 000μs，停歇 1～999μs。

3．操作面板及使用

DK7125NC 型电火花机床操作面板如图 2-39 所示。

（1）电压表：用于显示空载或加工时的间隙电压。

（2）电流表：用于显示加工时的平均电流。

（3）平动速度调节旋钮：安装平动头后，用于调节平动的快慢。

（4）平动方向转换开关：安装平动头后，用于转换平动的方向。

（5）蜂鸣器：用于发出报警声音。

（6）电源启动按钮：用于接通脉冲电源。

（7）急停开关：发生紧急情况需马上停机时，按下按钮可切断脉冲电源。该按钮有自锁功能，下次启动时，需顺时针旋转使其弹出。

● 坐标显示区：用于显示 X、Y、Z 三坐标位置。以 mm 为单位显示。

● 坐标设定区：中间为数字键盘，左右各有 3 个按键。其功能如下。

定深——深度设定键。用于设定加工的目标深度。操作时，在 EDM 显示模式下，按【定深】→【X】→输入目标深度值后，按【确认】键即在 X 坐标位置显示深度值。

EDM——深度显示和轴位显示切换键。用于切换坐标显示方式。当按下此键时，X、Y、Z 依次显示目标深度、Z 轴最深值、Z 轴瞬时位置。此时按键下面的指示灯亮。当再次按下此键时，又恢复到 X、Y、Z 三坐标显示模式，此时按键下面的指示灯熄灭。

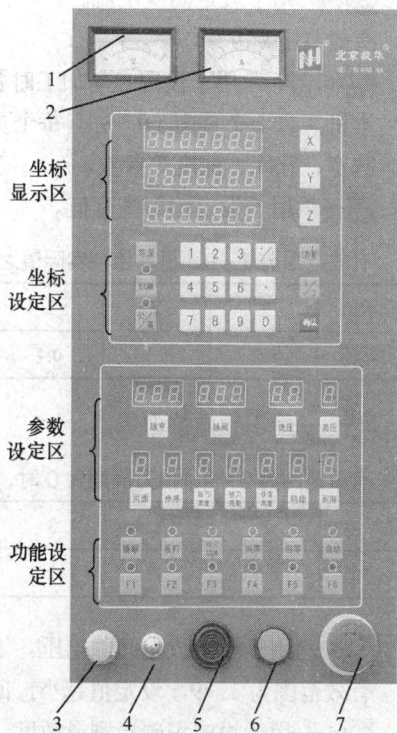

图 2-39 DK7125NC 型电火花机床操作面板

公/英——公/英制单位切换键。按下此键时，坐标显示单位在公制和英制之间转换。

清零——非加工状态时，用于对坐标轴位清零。如 X 轴清零时操作：按 X→清零，则 X 轴坐标显示为 000.000。

1/2——坐标分中键。用于找中心时坐标分中，操作时，先找到某一轴基准，然后把该轴坐标清零，再移动该轴坐标至另一基准位置时，按下此键，即可显示两基准位置的中点坐标。

确认——用于写入所设定的参数值，使其生效。

● 注意：对某一参数值进行设定时，该值闪烁，必须完成或取消对该值的设定才可以设定其它值；所有参数的设定必须确认后才能有效！

● 参数设定区。用于设定脉冲源参数，其功能和使用如下。

脉宽——用于设定脉冲持续的时间（脉宽）。

有效范围为 1～999μs，设定值为 990～999 时，显示值与输出值之间对应关系如下（单位 μs）。

显示值	990	991	992	993	994	995	996	997	998	999
输出值	1 100	1 200	1 300	1 400	1 500	1 600	1 700	1 800	1 900	2 000

脉间——用于设定脉冲时间间隔（脉间）。

有效范围为 0～999μs。

低压——用于设定低压电流。

有效范围为 0～30A，实际输出的峰值电流约为显示数值的 2 倍。如设定值为 5，则输出的峰值电流约为 10A。

高压——用于设定高压电流。

有效范围为 0～3V。

页面 和 步序——用于设定自动加工时各阶段的规准参数。

本机共有十个页面（0～9），每个页面包括十组步序，每个步序都可以存储一组参数，包括电流、脉宽、脉间、深度等参数。

抬刀高度——用于设定抬刀高度值。

有效范围为 1～9，显示值与实际值之间对应关系如下（实际值单位 mm）。

显示值	1	2	3	4	5	6	7	8	9
实际值	0.2	0.3	0.4	0.5	0.6	0.8	1.1	1.5	2.0

抬刀周期——用于设定抬刀周期。

有效范围为 0～9，抬刀周期为 0 时，不抬刀。显示值与实际抬刀周期对应关系如下。

显示值	1	2	3	4	5	6	7	8	9
实际值	0.5	1	2	4	6	8	10	15	20

间隙——用于设定放电间隙电压。

有效范围为 1～9，设定值越小，间隙电压越高。

防敏——用于设定积碳检测灵敏度。

有效范围为 0～9，设定值为零时，不进行积炭检测。设定值越小，检测越灵敏。

快落高度——当打开抬刀切换时（指示灯亮），主轴快速抬起，达到抬刀高度时，快速落下，当落到某一高度时，转为正常伺服速度，此高度即为快落高度。

有效范围为 1～9，显示值与实际值之间对应关系如下（实际值单位 mm）。

显示值	1	2	3	4	5	6	7	8	9
实际值	0.2	0.25	0.3	0.4	0.5	0.6	0.8	1.1	1.5

● 功能设定区。

画感——用于设定自动加工结束状态。

按下此键，指示灯亮时，加工结束后，自动关机。再次按下此键，指示灯灭时，加工结束不停机。

反打——用于设定加工方向。

按下此键，指示灯亮时，反向（向上）加工，再次按此键，指示灯灭时，为正常加工。该键在加工时无效。

抬刀切换——用于设定是否启用快落功能。

按下此键，指示灯亮时，表示抬刀时有快速落下；再次按下指示灯灭时，抬刀时以伺服速度下落。

消声——用于关闭/打开报警声音。

在以下三种情况时，使用如下。

① 对刀短路，消声灯灭时蜂鸣报警，按下该键，灯亮，取消报警。

② 加工时，液面未达到设定位置，消声灯灭时蜂鸣报警，按下该键，灯亮，取消报警。（注意：此时液面保护不起作用，加工时应特别留心。）

③ 如果是设定有误，分段调用，结束加工，感光报警或积炭引起的报警，不论消声灯亮否，均报警蜂鸣。按下该键可以取消报警，并改变灯的状态。

[回锁]——用于设定自动加工结束状态。

按下该键，指示灯亮时，加工结束后自动回到起始位置。再次按此键，指示灯灭，加工结束后自动回到上限位。

[自动]——用于设定加工状态。

按下此键灯亮时，可以进行分段加工。该键在加工时无效。

[F1]——慢抬刀功能键。

按下此键，灯亮时，启用慢抬刀功能，适合于大面积加工。

[F2]——分组脉冲功能键。

按下此键，灯亮时，输出分组脉冲，适合于石墨电极加工。

[F3]——用于提高加工间隙电压。

按下此键，灯亮时，间隙电压加倍，其设定值为 1，1.5，2，…9.5，共 18 组参数。

[F6]——自动对刀功能键。

在对零状态时，按下此键，主轴自动进给至电极与工件接触时，发出报警。

[F4]…[F5]——备用键。

4. 手持盒面板及使用

手持盒面板如图 2-40 所示，共有 9 个按键和 1 个旋钮，各使用功能如下。

[加工]——在对刀或拉表状态，加工条件满足的情况下，按下该键，加工指示灯亮，开始放电加工，同时启动油泵；条件不满足时，发出报警。若工件加工到位，则切断加工电压，关闭油泵，主轴回退到原位，切换到对刀状态，发出报警。

[对零]——加工灯亮时（加工状态），按此键，则切断加工电压，关油泵，对零灯亮，系统转换到对零状态。拉表状态下（拉表灯亮），按此键，则对零灯亮，系统转换到对零状态。

[拉表]——加工灯亮时，按此键，则切断加工电压，关闭油泵，同时拉表灯亮，系统转换到拉表状态。对零灯亮时，按此键，则拉表灯亮，系统转换到拉表状态。

[油泵]——按此键，指示灯亮，油泵启动，开始供应加工液。再按此键，关闭油泵。

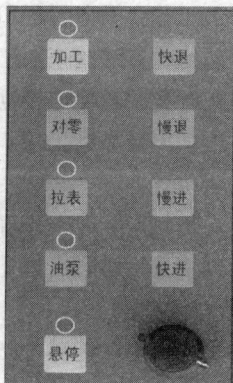

图 2-40　手持盒面板

[悬停]——按此键，指示灯亮，主轴悬停，此时【快退/慢退】，【快进/慢进】键无效。再按此键，指示灯灭，【快退/慢退】，【快进/慢进】键有效。

[快进]…[快退]——按【快进】键，主轴快速进给。按【快退】键，主轴快速回退。

[慢进]…[慢退]——按【快退】键，主轴慢速进给；按【慢退】键，主轴慢速回退。

● 注意：对刀短路时，【快进】、【慢进】键无效

伺服旋钮（灵敏度调节旋钮）——该旋钮用于调节伺服灵敏度。顺时针方向转动，灵敏度增高，伺服速度亦增加；逆时针方向转动，灵敏度降低，伺服速度亦降低。

二、基本操作

1. 电极和工件装夹

电极装夹在主轴头的电极夹具上，装夹电极工件时，一定要处于对零状态，以防触电。DK7125NC 有三种装夹接柄，分别装夹不同电极，钻夹用于装夹小直径圆电极，方形夹头用于装夹平面和方形电极，如在电极上作好螺纹孔，接柄连接后用钻夹装夹。

工件装夹后应用百分表校正，以保证工件基准面水平。

2. 拉表

在装夹电极后，需进行拉表操作，以使电极轴心与主轴运动方向平行。其操作步骤如下。

（1）按下手持盒上【拉表】键，使其指示灯变亮。

（2）将百分表表座固定在工作台上，表头指向电极的基准面。

（3）转动手轮使工作台进给，直至百分表有一定压缩量（一般 0.3～0.6mm）。

（4）按【快进】键或【快进】键，使主轴上下运动，并观察百分表指针的摆动。

（5）根据偏摆情况，适当调节校正电极夹具上的调节螺钉，直至百分表指针摆动为零。

（6）换另一个方向，重复以上操作。

3. 电极夹具装夹调节

电极夹具结构如图 2-41 所示，各调节螺钉作用如下。

（1）用螺钉 3 装卸电极。

（2）用螺钉 1 调整电极角度位置。

（3）用螺钉 2 调整电极垂直与工作台。

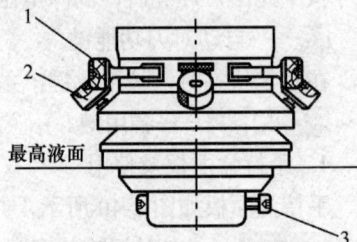

图 2-41　电极夹具结构

4. 对刀（对零）

工作台横向行程和纵向行程上分别装有数显尺，可以用碰边定位方法找正加工位置。在机床处于对零状态（按下手持盒上【对零】键）时，摇动横向或纵向行程手轮使电极位于工件外面，控制主轴向下运动使电极停在低于工件加工面的位置，摇动行程使电极靠近工件，当蜂鸣器响时记下此时位置。摇动行程手轮，从尺上读出移动值，而定出加工位置。

Z 轴对零时，先将规准参数设定为加工终了参数，然后在对零状态按【快进】键，当电极与工件快要接触时，按【慢进】键使用权转为慢进。电极与工件接触报警时，按下 Z 轴清零键即完成对零操作。

也可用功能键【F6】自动对刀。

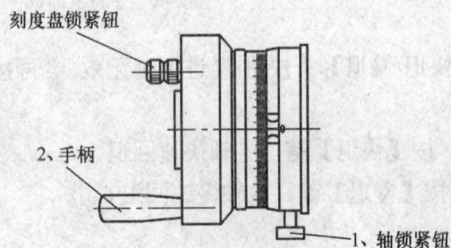

图 2-42 工作台移动手轮

5. 坐标分中

需在工件的中心位置进行加工时，可以先从一边找到对刀位，把此点清零后，再从对边依此方法对出另一边位置，按下【1/2】键，然后移动手轮，使其轴位数显值为零，即可定出加工工件的中心位置。

6. 工作台 X 与 Y 轴移动

工作台移动手轮如图 2-42 所示。转动手轮可使工作台作 X 与 Y 轴移动，以定位工件。松开轴锁紧钮，用手柄 2 摇动手轮，移动工作台。工件定位后，再锁紧轴锁紧钮 1。

　　7. 浸油加工时上油、液面调节

　　（1）检查工作液槽门是否已关闭并锁紧。

　　（2）放油闸门已落至最底（回油管封闭）。

　　（3）调节液面闸门达到适当高度，工件必须浸没在工作液面下至少 40mm。

　　（4）完全打开上油阀。

　　（5）按面板上的油泵启动按钮，开泵。

　　（6）在达到要求液面后，调节上油阀控制溢流量，液面应高出闸板 10mm。

> **提示** 液面浸没线不能超过电极夹具规定极限。

三、数控系统操作

　　1. 非自动加工

　　当自动加工指示灯灭，不论 EDM 灯亮否，均转到非 EDM 状态（EDM 灯灭）。加工结束时按【对刀】键，切换到对刀状态，按【快退】键，主轴回退到启动位置。

　　2. 自动加工

　　（1）加工深度、步序选择。

　　本系统自动加工可以从 0～9 任一段开始，但最后一段必须是第 9 段。中间若有不需要的段，则将其深度设为小于或等于上一段的值。

　　以 6 段自动加工为例（正打，设定总深度为 6mm，各段深度依次为 2.0、3.0、4.0、5.0、5.5、6.0），以下三种设定均正确。

　　① 从第 0 步序开始加工

	深度	加工段
步序 0:	2.0	（1）
步序 1:	3.0	（2）
步序 2:	4.0	（3）
步序 3:	0.5	（深度≤4.0 即可，该段不需要）
步序 4:	0.5	（深度≤4.0 即可，该段不需要）
步序 5:	5.0	（4）
步序 6:	5.0	（深度≤5.0 即可，该段不需要）
步序 7:	5.0	（深度≤5.0 即可，该段不需要）
步序 8:	5.5	（5）
步序 9:	6.0	（6）

　　② 从第 0 步序开始加工

	深度	加工段
步序 0:	2.0	（1）
步序 1:	3.0	（2）

```
步序2：  4.0       （3）
步序3：  5.0       （4）
步序4：  5.5       （5）
步序5：  5.8       （6）
步序6：  5.8       （深度＜6.0 即可，该段不需要）
步序7：  5.8       （深度＜6.0 即可，该段不需要）
步序8：  5.8       （深度＜6.0 即可，该段不需要）
步序9：  6.0       （必须大于前任意步序）
```

③ 从第 4 步序开始加工（优先选择）

```
           深度     加工段
步序0：  任意
步序1：  任意
步序2：  任意
步序3：  任意
步序4：  2.0       （1）
步序5：  3.0       （2）
步序6：  4.0       （3）
步序7：  5.0       （4）
步序8：  5.5       （5）
步序9：  6.0       （6）
```

（2）目标深度值的修改。

在加工过程中，目标深度值是可以任意修改的。正打工件加工时目标深度值修改方法如下。

① 如果修改后的深度值小于当前实际深度，则调用下一段。

② 如果修改后的深度值大于当前实际深度，但小于下一段的深度值，则依当前规准值加工到修改后新的目标深度值后，调用下一段。

③ 如果修改后的深度值大于下 n 段，则依当前值加工到修改后新的目标深度值后，调用 $n+1$ 段。

④ 如果修改后的深度值大于总深度值，则一直依当前规准值加工到修改后新的目标深度值，结束加工，主轴回退。

（3）结束加工。

加工到目标深度后，会自动切断加工电压，主轴回退，回退到位后，若睡眠灯亮，关机，或切换到对刀状态，报警。

> 提示　后面步序的深度值包括前面步序的深度。

四、加工参数说明

加工参数（亦称加工规准），主要指电流、脉宽、脉间、抬刀等参数。加工参数主要根据实际情况选择，常规加工规准如下。

（1）粗加工主要是为获得较快的加工速度，可选择较大的脉冲宽度和电流，一般脉冲宽度可选 300μs～800μs。选择电流时应考虑电极尺寸，可根据电极面积选择，以免单位面积电流太大，一般单位面积电流不超过 10A/cm²。从加工速度角度考虑脉冲间隔可尽量小，只要不拉弧就可，但小脉冲间隔易造成加工条件恶化，间接造成电极损耗增大，选择应留有余量。脉冲间隔可选 80μs～250μs。对于紫铜电极，脉冲宽度选择 300μs～800μs，对于石墨电极，脉冲宽度可选 300μs～500μs。

当排屑条件较好时，可选择较长的抬刀时间和较大的抬刀高度。

（2）中加工主要为获得较好的表面粗糙度和尺寸精度，为精加工打基础。选择规准应比粗加工小一些，脉冲宽度可选 80μs～300μs，脉冲间隔相应为 100μs 以上，电流比粗加工要小些。

（3）精加工以获得良好的表面粗糙度和尺寸精度为主要目的，脉冲宽度要小，电流也要小；脉冲宽度选择 80μs 以下，脉冲间隔选择放电稳定就可。由于排屑条件恶劣，脉冲间隔应选大一些，抬刀要频繁而低，以保证加工稳定。

> **提示** 电火花加工时要将工件浸在工作液中，以防着火。

五、电火花加工中的技巧

电火花加工时，放电间隙内每一脉冲放电的基本状态称为放电状态。放电状态有开路、火花放电、过渡电弧放电、电弧放电、短路五种。各种放电状态在实际加工中是交替、概率性地出现的。为了实现稳定的电火花加工，必须减少脉冲放电中异常的放电状态，使单脉冲放电过程良性循环。

电火花加工中伴随有一系列派生现象，通过加工过程中的外在表现，可以了解加工的稳定性，发现加工的异常放电状态。正常加工中，观察到的火花颜色通常为蓝白色夹火红颜色，火花细小均匀。加工液面冒无烟小气泡，听到的火花声音清脆、连续。机床的电流、电压表呈有规律的摆动，伺服百分表匀速进给。加工中每次放电时间、抬刀动作有规律地持续。机床深度检测值呈稳定的递进。反之，加工中放电集中于一处，火花颜色偏红亮，液面冒白烟大气泡，火花爆炸声音低、沉闷，电流、电压表指针急剧摆动，伺服机构急剧跳动的放电不稳定现象可判断是电弧放电的可能，这种现象常使电极、工件结炭、烧伤。加工中较正常火花放电状态稍差的是过渡电弧放电，其表现为放电声音不均匀，产生的气泡较正常放电时大一些，电流、电压表有明显波动，加工中短时放电，频繁抬刀。深度检测值来回变化较大，呈回退往返。过渡电弧放电常发生于精加工中，其破坏性相对较轻，但很容易转变成电弧放电。加工中偶尔出现空载放电（开路）和短路是允许的。空载放电时，火花间隙上有大于 50V 的电压，但没有电流流过，电流表无显示。短路是放电间隙直接短路相接，间隙短路时电流较大，但间隙两端的电压很小，短路很容易损坏电极，频繁的短路会使工件和电极局部形成缺陷。空载放电和短路都没有对工件起到蚀除加工作用，影响加工速度。根据加工中的稳定状况可以判定加工的放电状态。

放电不稳定的现象破坏了正常的火花放电，易转变成异常放电状态。不稳定的放电也使加工速度明显降低，使加工表面粗糙度不均匀，甚至产生严重的表面质量问题，使电极出现表面缺陷。不稳定放电状态下无规律的火花间隙使加工尺寸无法准确控制，影响加工精度。可见，保证加工中稳定的放电对加工具有重要的意义。

监视观察加工全过程，主要是防止发生拉弧现象，一旦发现出现拉弧倾向，应及时采取补救措施。粗加工中，由于放电能量大、火花间隙大、排屑效果好，往往能实现较稳定的加工；精加工则恰恰相反，容易出现放电不稳定现象和拉弧倾向，所以对精加工应特别加以监控。下面介绍出现拉弧倾向加工现象时的一些处理方法。

（1）调整电规准主参数。

使用过大的电流、过大的脉冲宽度、过小的脉冲间隙是出现拉弧倾向的原因。三者应根据加工的稳定性和加工的工艺指标要求来具体设定选择。在放电不稳定的情况下，首先考虑增大脉冲间隙，可以使加工保证消电离，改善排屑状况，对工艺指标影响也不大。其次考虑减小脉冲宽度，过大的脉冲宽度使加工中短时内放电次数过多，加工中来不及消电离，易产生拉弧。另外，还可以调大伺服参考电压（加工间隙）。加工的极性应正确，如果在通常加工中误使用负极性（电极为负极）加工，也会发生拉弧现象，根本无法加工下去，应将加工极性改过来。

（2）修改抬刀参数。

加工中出现放电不稳定现象，有拉弧倾向时，首先应想到修改抬刀参数。应该减小放电时间，加大抬刀高度，加快抬刀速度，减小伺服速度。具体参数值的修改以调整到放电状态稳定为准。

（3）清理电极和工件。

如果通过修改抬刀参数不能解决问题，发现难以进行加工，可以考虑加工部位是否有过多的电蚀产物。如果有则应暂停加工，清理电极和工件（例如用细砂纸轻轻研磨）后再重新加工。如果已经出现了积炭表面，这一步操作就非常重要，只有把拉弧产物清除干净，才能继续进行加工，否则根本无法加工下去。也可以试用反极性加工（短时间），使积炭表面加速损耗掉。

六、电火花机床的操作规程

电火花加工是利用电能产生的热来蚀除在工作液中的金属工件，在加工中存在的主要危害有以下几种。

（1）用电危害。电火花加工时工具电极等裸露部分有 $100 \sim 300V$ 的高电压，可能对机床操作人员造成电击等事故，另外高频脉冲电源工作时向周围发射一定强度的高频电磁波，若人体离得过近，或受辐射时间过长，会影响人体健康。

（2）环境污染。放电加工过程中，可能会产生有毒气体或烟雾，污染机床周围的空气，危害操作者等机床附近员工的身体健康，同时放电加工过程所产生的废物（如用过的工作液、沉积在工作液中的金属等）都属于特种废物，若直接倒入地下水道，则会污染土壤及地下水。

（3）火灾。电火花机床所用的工作液为易燃品，在放电加工中会产生爆炸性气体或烟雾，故存在发生火灾或爆炸的可能性。

为了人身、设备安全，保护环境，在使用电火花机床中，必须严格按照机床使用手册操作机床，在通常情况下必须遵守电火花机床安全规程和操作规程。

1. 电火花机床的操作规程

（1）安装电火花加工机床前，应选择好合适的安装和工作环境，要有抽风排油雾、烟气的条件。安装电火花机床的电源线，应符合表 2-6 的规定。

表 2-6　　　　　　　　　　安装电火花加工机床的电线截面

机床电容量/(kV·A)	2~9	9~12	12~15	15~21	21~28	28~34
电线截面尺寸/mm²	5.5	8.0	14.0	22.0	30	38

（2）坚决执行岗位责任制，做好室内外环境安全卫生，保证通道畅通，设备物品要安全放置，认真搞好文明生产。

（3）熟悉所操作机床的结构、原理、性能及用途等方面的知识，按照工艺规程做好加工前的一切准备工作，严格检查工具电极与工件是否都已校正和固定好。

（4）调节好工具电极与工件之间的距离，锁紧工作台面，启动工作液油泵。使工作液面高于工件加工表面一定距离后，才能启动脉冲电源进行加工。

（5）加工过程中，操作人员不能对系统进行维修或更换电极，也不能一手触摸工具电极，另一只手触碰机床（因为机床是连通大地的），这样将有触电危险，严重时会危及生命。如果操作人员脚下没有铺垫橡胶、塑料等绝缘垫，则加工中不能触摸工具电极。

（6）为了防止触电事故的发生，必须采取如下的安全措施。

① 应建立各种电气设备的经常与定期的检查制度，如出现故障或与有关规定不符合时，应及时加以处理。

② 维修机床电器时，应拉开电闸，切断电源，尽量不要带电工作，特别是在危险场所（如工作地点很狭窄，工作场地周围有对地电压在 250V 以上的裸露导体等）应禁止带电工作。如果必须带电工作时，应采取必要的安全措施（如站在橡胶垫上或穿绝缘胶靴，附近的其他导体或接地处都应用橡胶布遮盖，并需有专人监护等）。

（7）操作人员应坚守岗位，思想集中，经常采用看、听、闻等方法注意机床的运转情况，发现问题要及时处理或向有关人员报告。不得允许闲散人员擅自进入电加工室。

（8）加工完毕后，随即切断电源，收拾好工、夹、测、卡等工具，并将场地清扫干净。

（9）在电火花加工场所，应确定安全防火人员，实行定人、定岗负责制，并定期检查消防灭火设备是否符合要求，加工场所不准吸烟，并要严禁其他明火。

（10）定期做好机床的维修保养工作，使机床经常处于良好状态。

2．电火花机床的安全规程

（1）电火花机床应设置专用地线，使电源箱外壳、床身及其他设备可靠接地，防止电气设备绝缘损坏而发生触电。

（2）经常保持机床电气设备清洁，防止受潮，以免降低绝缘强度而影响机床的正常工作。

（3）操作人员必须站在耐压 20kV 以上的绝缘物上进行工作，加工过程中不可碰触电极工具。操作人员不得离开工作时的电火花机床。

（4）加添工作介质煤油时，不得混入类似汽油之类的易燃物，防止火花引起火灾。油箱要有足够的循环油量，使油温限制在安全范围内。

（5）放电加工时，工作液面要高于工件一定距离（30~100mm），但必须避免浸入电极夹头。如果液面过低，加工电流较大，则很容易引起火灾。为此，操作人员应经常检查工作液面是否合适。图 2-43 所示为操作不当、易发生火灾的情况，要避免出现图中的错误。还应注意，在火花放电转成电弧放电时，电弧放电点局部会因为温度过高而造成工件表面向上积炭结焦，愈长愈高，主轴跟着向上回退，直至在空气中放火花而引起火灾。对这种情况，即使液面保护装置也无法抵御。为此，除非电火花机床上装有烟火自动监测和自动灭火装置，否则，操作人员不能较长时间离开。

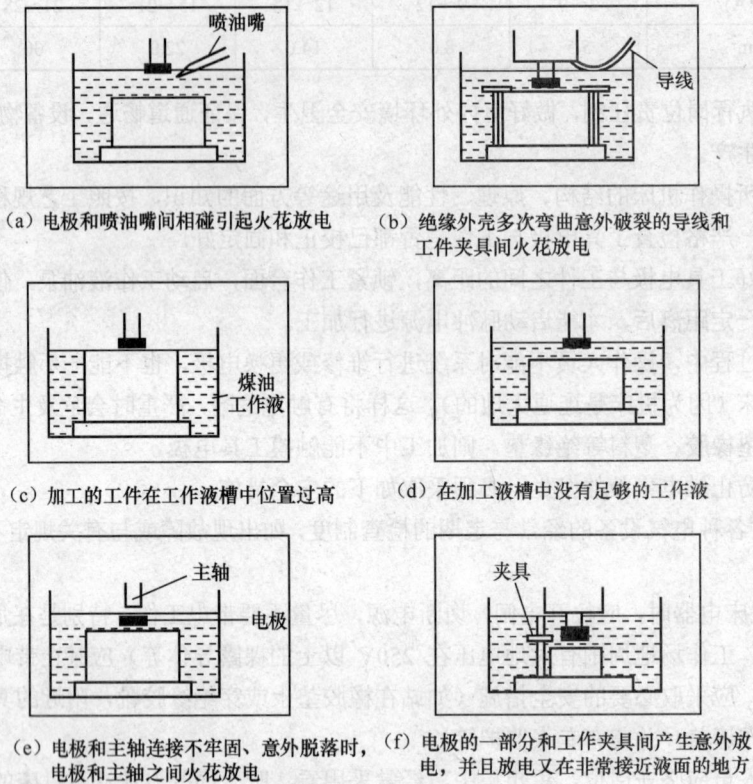

（a）电极和喷油嘴间相碰引起火花放电　　（b）绝缘外壳多次弯曲意外破裂的导线和工件夹具间火花放电

（c）加工的工件在工作液槽中位置过高　　（d）在加工液槽中没有足够的工作液

（e）电极和主轴连接不牢固、意外脱落时，　（f）电极的一部分和工作夹具间产生意外放电极和主轴之间火花放电　　　　　　　　电，并且放电又在非常接近液面的地方

图 2-43　意外发生火灾的情况

（6）根据煤油的浑浊程度，要及时更换过滤介质，并保持油路畅通。

（7）电火花加工车间内，应有抽油雾、烟气的排风换气装置，保持室内空气良好而不被污染。

（8）电火花机床的电气设备应设置专人负责，其他人员不得擅自乱动。

（9）机床周围严禁烟火，并配备适用于油类的灭火器，最好配备自动灭火器。好的自动灭火器具有烟雾、火光、温度感应报警装置，并能自动灭火，比较安全可靠。若发生火灾，应立即切断电源，并用四氯化碳或二氧化碳灭火器吹灭火苗，防止事故扩大化。

（10）下班前应切断总电源，关好门窗。

七、电火花加工结束后的自检及清理

1. 加工后的自检

数控电火花机床执行完成加工程序以后，就完成了工件的加工。这时候，我们应该对工件进行自检。可以进行以下一些自检。

（1）观察电极尖角、棱边的损耗及电极端面的损耗情况。

（2）目测检查加工部位形状是否正确，是否与要求的 3D 形状相吻合。比如有些加工部位是要接平的，应检查是否存在断差。

（3）采用电火花加工表面粗糙度等级比较样板目测或手感，检验加工部位的底面和壁的表面粗糙度。

（4）使用简单的测量工具进行检测，检查是否达到加工要求，一般用游标卡尺、深度尺等检查加工深度尺寸、型腔尺寸和型腔位置。

加工自检如发现存在一些问题，应及时处理。这也就发挥了自检的作用，避免了不合格工件未自检后的重复装夹、定位操作、重复加工，节省了大量的加工时间。经过在线检查，可以修正一些问题。如一旦发现电极损耗过大，加工形状不够清角，就可以通过换用电极来弥补损耗。加工尺寸没有加工到位时，可以通过加大平动量等方法来修正尺寸，以满足加工要求等。有时候由于人为的疏忽大意，造成了加工错误，在自检过程中就可以被发现。这时应该及时与相关人员进行沟通，采取相应的处理办法。一般可采用氩弧焊来修补普通模具的缺陷，对于精密模具应采用激光焊，有些加工部位要采用镶拼等处理办法。

经过加工后自检判断符合加工要求，就可以将工件从机床上拆下来。如果工件的加工要求非常严格，还要送测量室进行具体的精密测量，如采用轮廓表面测量仪或显微镜检测等手段检查电火花加工表面粗糙度，采用三坐标测量仪进行复杂部位尺寸的测量。

2．加工后的清理

所有工件加工完成以后，要进行及时的清理工作。应养成这种做事有条理、干净利索的工作习惯。

（1）清理工作台，刷洗工作液槽，擦拭机床外观脏污部位。

（2）从机床上拆下电极，按指定地点归放。

（3）工具应及时归位，整理好加工图样。

（4）填写好相关的工作记录文件。

八、电火花加工中常见问题及处理方法

在进行电火花加工时，有可能会碰到多种不同的问题，下面就一些常见的问题进行介绍，并讲述其处理办法。

1．电脑画面出现数据丢失

出现这种问题大多数情况是由于电网电压波动时关机引起的，出现这种情况时，需重新设置有关参数。

2．机头上下不动

对于这种问题有可能是熔断丝被烧坏或者机头被卡住，解决的办法是首先检查电柜左侧下部的熔断丝是否被烧坏，然后再检查一下机头是否被卡住。

3．机头走到上限位不下来

当机头走到上限位不下来时，主要是由于防积炭灵敏度变大引起的，只要关机重新启动即可。

九、电火花成型机床的附件：平动头和油杯

1．平动头

平动头是一个使装在其上的工具电极能在水平面内产生向外机械补偿动作的工艺附件。它在电火花成型加工采用单电极加工型腔时，可以补偿上一个加工规准和下一个加工规准之间的放电间隙差和表面粗糙度之差，主要是为解决修光侧壁和提高其尺寸精度而设计的。

平动头动作原理是利用偏心机构将伺服电机的旋转运动通过平动轨迹保持机构，转化成电极上每一个质点都能围绕其原始位置在水平面内作平面小圆周运动，许多小圆的外包线就形成加工表面。其运动半径Δ通过调节可由零逐步扩大，以补偿粗、中、精加工的火花放电间隙之差，从

而达到修光型腔的目的。其中每个质点运动轨迹的半径Δ就成为平动量。图 2-44 所示为用平动头修光底面、侧壁、加工内槽、加工内螺纹、修光侧型面的示意图。

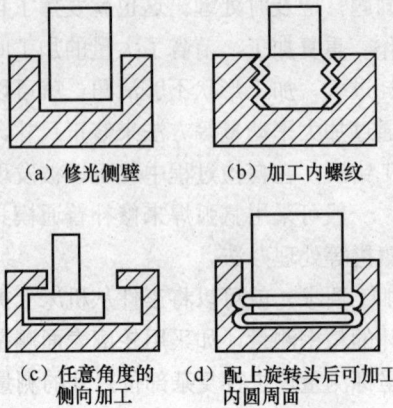

(a) 修光侧壁　　　(b) 加工内螺纹

(c) 任意角度的　　(d) 配上旋转头后可加工
　　侧向加工　　　　　内圆周面

图 2-44　平动加工过程示意图

目前，机床上安装的平动头有机械式平动头和数控平动头，其外形如图 2-45 所示。机械式平动头由于有平动轨迹半径的存在，无法加工有清角要求的型腔；而数控平动头可以两轴联动，能加工出清棱、清角的型孔和型腔。

（1）机械式平动头的结构。

一般机械式平动头都由两部分组成，即电动机驱动的偏心机构和平动轨迹保持机构。图 2-46 为不停机调偏心量平动头结构示意图。

① 偏心机构。早期生产的平动头，其偏心机构大都采用双偏心（偏心轴、偏心套）机构。后来生产的 DPDT 型平动头采用 45°斜滑轨机构，比原来的双偏心机构结构简单，动作可靠，可作三向伺服平动。一旦短路时，工具电极不是垂直回退，而是斜向中心回退，很快就可消除短路，加工型腔有较好的效果。

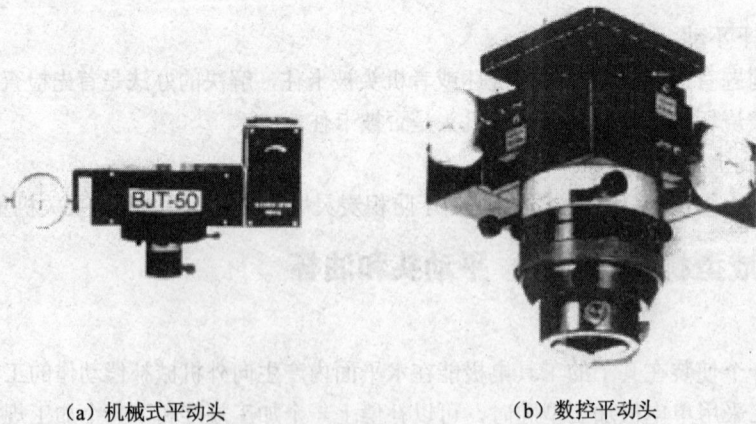

(a) 机械式平动头　　　　　　　(b) 数控平动头

图 2-45　平动头外形

② 平动导轨保持机构。平动头的形式基本上决定于平动保持机构。目前以四连杆、十字滚动溜板等组成的平动轨迹保持机构，分别被称之为四连杆式平动头及十字滚动溜板平动头。

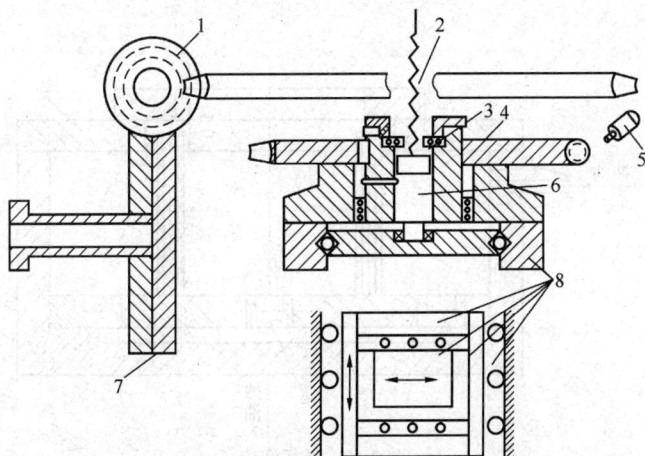

图 2-46　不停机调偏心量平动头结构示意图

1—调偏心蜗轮付　2—丝杠螺母　3—偏心轴　4—偏心套　5—电机　6—螺旋槽
7—计数蜗轮　8—V 形十字滚动导轨

（2）对平动头的技术要求。

① 精度要高，刚性要好。在最大偏心量平动时，椭圆度允差要求小于 0.01mm，其回转平面与主轴头进给轴线的不垂直度要求小于 0.01/100mm，其扭摆允差要求小于 0.01/100mm，最小偏心量（即回零精度）要求小于 0.02mm。平动头承受一定的电极质量和油压等外力作用下，变形要小，还要保证各项精度要求。

② 调整偏心量方便，最好能够调节扩大量，能在加工过程中不停机调节。

③ 平动回转速度可调，方向可辨，中规准 $n=10\sim100$r/min，精规准 $n=30\sim220$r/min。

（3）平动加工的特点。

① 通过改变轨迹半径来调整电极的作用尺寸，因此尺寸加工不再受放电间隙的限制。

② 用同一尺寸的工具电极，通过轨迹半径的改变，可以实现换规准修整。即采用一个电极就能由粗至精直接加工出一副型腔。

③ 在加工过程中，工具电极的轴线与工件的轴线相偏移，除了电极处于放电区域的部分外，工具电极与工件的加工间隙都大于放电间隙，减小了实际放电面积。有利于电蚀产物的排出，提高加工稳定性。

④ 工具电极移动方式的改变，可使加工的表面粗糙度大有改善，特别是侧壁和底平面处。

⑤ 由于有平动轨迹半径的存在，它无法加工有清角的型腔。只有采用数控平动头或数控机床，两轴或三轴联动进行摆动加工，才能加工出清棱清角的型腔。

2．油杯

图 2-47 所示为一种油杯结构。在电火花加工中，油杯是实现工作液冲油或抽油强迫循环的一个主要附件，其侧壁和底边上开有冲油和抽油孔。在放电加工时，可使电蚀产物及时排出，因此油杯的结构好坏，对加工效果有很大影响。放电加工时，工件也会分解产生气体，这种气体如不及时排出，就会积存在油杯里，当被电火花放电引燃时，将会产生放炮现象，造成电极与工件位移，给加工带来很大麻烦，影响被加工工件的尺寸精度，所以对油杯的应用要注意以下几点。

（1）油杯要有合适的高度，应具备冲、抽油的条件，但不能在顶部积聚气泡。

（2）油杯的刚度和精度要好，油杯的两端面不平度小于 0.01mm，同时密封性好，防止有漏油的现象。

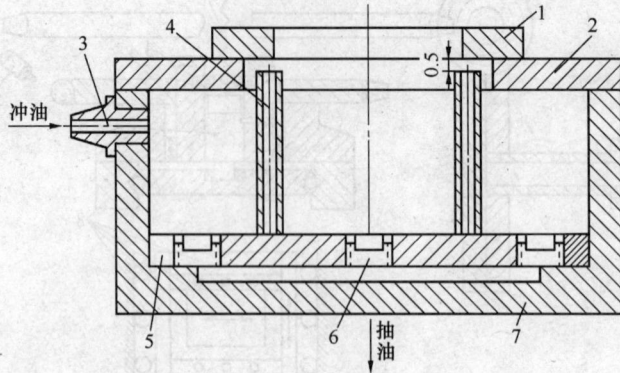

图 2-47　油杯结构

1—工件　2—油杯盖　3—管接头　4—抽油抽气管　5—底板　6—油塞　7—油杯体

十、进口电火花成型机床简介

1. 日本沙迪克（Sodick）公司产品特点简介

日本沙迪克公司是目前世界上产量最大的电加工机床生产商。它从事电加工机床生产的历史虽不是很久，但发展速度非常快，近年来不断推出新开发的产品，并销往国外。我国进口的电火花机床中，日本沙迪克公司的产品占了大部分。该公司产品系列、品种齐全。其 AP 系列超精密 NC 放电加工机床采用亚微米当量的特殊交叉滚子导轨和全闭环技术，广泛用于 IC 引线框架模具为主的超精密加工中，加工目标精度为 $2\sim5\mu m$；其 PGM 高级系列高精度大面积镜面 NC 放电加工机床的目标精度也是 $2\sim5\mu m$，该系列产品将特制的导电粉末加入工作液中，从而使精加工速度提高数倍乃至数十倍，并可获得大面积、无需抛光的镜面加工表面。此外，该公司还有高速、高精度的 A 高级系列 NC 放电加工机床，以及 A 高级大型系列和 A 标准系列的放电加工机床。

A 高速、高精度高级系列 NC 放电加工机床采用垂直升降的加工液槽和高刚度箱形结构的床身，带有分度与旋转功能一体化的"R 头"。适用于各种创成加工和多轴联动三维图形加工，其加工目标精度可达 $2\sim5\mu m$。

A 高级大型系列最大规格机床可加工重达 30t 的大型模具。最适合于汽车、大型家电制品等成型模具及锻造模具的加工。加工的目标精度为 $4\sim8\mu m$，其操作性能与小型机床相同。

A 标准系列产品为通用型电火花机床，广泛用于小型模具加工，并可配置多种功能附件，如 C 轴、回转分度工作台、带温度控制的工作液装置等。

2. 日本三菱公司电火花机床简介

日本三菱电机公司是日本较早从事电加工机床生产的公司。该公司技术力量雄厚，近年来不断有新产品问世。该公司产品种类繁多，电加工机床只是其中很小一个分支，因此其产品在中国市场上并不多见。由于该公司电加工机床产品比较典型，具备日本及欧洲发达国家机械产品的优良品质，故简介如下。

（1）电火花成型机床的精度是加工精度的基础，而机床自身精度是在设计阶段就已确定的。三菱公司系列电火花成型机床采用先进的计算机辅助设计技术，通过对机床主体结构进行应力分析及对温度场的详细分析，为机床结构提供了最佳设计方案，确保了机床主体在高刚度、高精度及尽可能节约空间三方面取得综合平衡，获得最佳组合方案。

（2）机床的各主要铸件均采用优质铸铁制作，确保机床精度长期不变，经久耐用。国产机床在这方面就存在极大差距，由于铸铁成分不稳定，使得同一台机床的结构件的成分彼此不同，精度自然难以长期保持不变。

（3）采用沿高刚度立柱导轨作垂直运动的主轴头结构，主轴在侧向载荷作用下总变形量仅为日本工业标准（JIS）规定变形量的 1/10。极高的 Z 轴刚性不仅使 Z 轴能稳定加工，也有利于侧向及平动时的稳定加工。

滑板和工作台均采用高刚度特殊导轨导向，即使工作台上安装很重的工件，也能保证高精度加工。此外，机床配备了自动润滑装置，供导轨润滑，使机床能长期保持很高的运行精度。

（4）机床的全闭环系统引入了运用最新控制逻辑的 DS 双向状态伺服。该系统直接读取 X、Y 和 Z 轴坐标，光栅尺读数为每脉冲 0.1 μm，大大提高了机床的定位精度。由于双向状态系统对机床有灵敏的减振作用，DS 伺服采用光栅反馈作精密加工时，可保证高速加工。

（5）为了防止热变形，利用先进的计算机技术进行主要结构件的温度分析，开发最佳通风系统，使电极和工件间的相对位置在环境温度发生变化时，可将热漂移控制在极小的幅度内。为尽量减小热变形，机床的标准配置中还配备有工作液温度换热控制装置，用换热器控制工作液槽中的温度，相对室温变化量在 $\pm 0.5°C$ 左右，有效地防止了由于液温波动而引起的热变形。

（6）为提高加工速度和精加工性能，该公司的电火花成型机床均配置了新开发的 FP 电源。FP 电源是世界上首次为控制蚀除产物屑而设计的脉冲电源，它具有减少二次放电和降低二次放电影响的功能，因此可大大提高加工速度，减少了二次放电对电极和工件表面的伤害，且有利于复杂型面的稳定精加工。

（7）采用人工智能技术选择加工条件。建立在三菱公司加工经验基础上的加工条件专家系统，利用人工智能技术来选择加工条件，用户可以通过加工速度、精度、损耗等设置不同的优先级来修正加工条件，以满足不同的要求。

3. 瑞士夏米尔（CHARMILLES）公司电火花成型机床简介

瑞士夏米尔公司也是世界知名的电火花成型加工机床生产商之一。其生产历史悠久，技术力量雄厚，主要生产中、高档电火花成型机床。

该公司生产的 ROBOFORM 系列电火花成型机床各轴均配有光栅尺，以确保持久的高精度；NC 显示屏连续显示电极实际位置，并按国际标准 VDI3441 要求，对出厂的每一台机床进行严格的质量检查，用激光干涉仪检测移动轴的运动精度。同时，X、Y、Z 各轴实际位置检测与显示分辨率均达到亚微米数量级。该公司产品强调机床精度的良好保持性而无需定期校正。其产品工作精度通常是确保十年不变，这是其他生产厂家产品无法相比的。

机床配备的旋转轴可在大负荷情况下保证加工精度。例如距轴心 300mm 处电极重量允许达到 2kg，而在距轴心 100mm 处允许达 13kg。除此之外，该公司产品还有以下特点。

（1）能量控制专家系统（POWER CONTROL EXPERT）。随放电时加工面积的不断变化，该能量控制专家系统有 11 种不同的加工循环和专用工艺，可连续地修正加工参数，以适应加工面积的变化，抑制电极损耗，确保加工几何精度，使复杂型面的电火花精加工难题迎刃而解。

（2）自适应放电专家系统（PILOT-EXPERT）。该系统自动监控和优化整个放电过程，检测每一次火花放电、间隙污染程度、短路次数和拉弧电压，自动优化加工效率并保证工件完美无缺，即使是没有经验的操作者也能圆满地完成加工任务。在无人操作情况下，可确保完美加工的重复性，并缩短加工时间。

（3）SPAC 电源短路排除系统。为确保稳定良好的放电加工状态，SPAC 系统连续向放电间隙输出防短路脉冲，防患于未然，消除可能发生的短路现象。

（4）微精加工系统（MICRO-MACHINING）。主要是控制微精加工时细小电极的损耗，既能保证微细部分的加工精度，又能实现高效率加工。在接插件和 IC 加工领域的应用具有显著的优势。

（5）PROGRAM-EXPERT 程编语言，不用编程代码，而仅仅用几个屏幕指令就能得到从粗加工到精加工完整的加工程序。

（6）该公司在产品设计时，首先考虑的是使用方便。其机床遥控盒上所有工件定位与找中心的功能齐备，操作非常方便。同时，在加工过程中，用户可使用 SECTORING 功能（分区功能），可在屏幕上显示加工进度并且连续监视火花放电状况、自动循环找工件中心、测量 X、Y、Z 轴向电极的偏移量等。

模块总结

本模块介绍了数控线切割机床和电火花成型机床的操作方法。在操作电加工机床时，要遵循正确的工作流程，掌握操作要领，加工质量的关键是加工参数的选择。初学者应作好加工纪录，在实训时要反复训练，掌握规律，总结经验，才能提高学习、训练效果。在操作时务必遵守操作规程，初学者在未经指导教师允许，不要随意启动程序进行加工。在操作机床过程中，如果发生意外情况，请尽快按下【急停】按钮，这样可以避免机床损坏。

综合练习

一、判断题（正确的打"√"，错误的打"×"）

1. 线切割机床停机时，应先停工作液，后停高频脉冲电源。　　　　　　　　　（　　）
2. 合上线切割机床的加工电源后，不可用手或手持导电工具同时接触床身与工件。（　　）
3. 用校正器校正电极丝垂直度时不要关掉脉冲电源。　　　　　　　　　　　　（　　）
4. 为合理使用设备，粗、精加工应由不同的线切割机床完成。　　　　　　　　（　　）
5. 线切割加工中，工件总是与脉冲电源的正极相接。　　　　　　　　　　　　（　　）
6. 脉冲宽度增大时，加工速度和表面粗糙度值都将增大。　　　　　　　　　　（　　）
7. 在刚切入或大厚度加工时，应取较大的脉冲间隙值。　　　　　　　　　　　（　　）
8. 电极丝的垂直校正应该在 X、Y 方向进行。　　　　　　　　　　　　　　（　　）
9. 电火花成型加工效率很高，一般不需粗加工而直接加工成型。　　　　　　　（　　）
10. 电火花成型加工中，一般可分为粗加工和精加工两个工序。　　　　　　　（　　）

二、选择题（下面各题中有 1 项或多项正确答案）

1. 刚开始切割加工时即断丝，通常是因为加工（　　　）。
   A. 电压过大　　　　B. 电压过小　　　　C. 电流过大　　　　D. 电流过小

2. 电火花线切割快走丝的工具电极钼丝可用（　　）。

    A. 1 次　　　　　　　　B. 2 次　　　　　　　　C. 10 次　　　　　　　　D. 很多次

3. 在线切割加工过程中，调整变频进给旋钮，在调整到最佳状态时，其电压、电源表指针摆动比较小，甚至不动，这时加工最（　　）。

    A. 大　　　　　　　　　B. 小　　　　　　　　　C. 稳定　　　　　　　　D. 不稳定

4. 国产快走丝线切割的加工精度范围大约为（　　）。

    A. ±（0.002～0.005）mm　　　　　　　　B. ±（0.005～0.01）mm

    C. ±（0.01～0.02）mm　　　　　　　　　D. ±（0.02～0.03）mm

5. 线切割加工时，工件接脉冲电源的（　　）。

    A. 正极　　　　　　　　B. 负极　　　　　　　　C. 正极或负极　　　　　　　　D. 地

6. 在快走丝线切割加工中，电极丝张紧力的大小应根据（　　）的情况来确定。

    A. 电极丝的直径　　　　　　　　　　B. 加工工件的厚度

    C. 电极丝的材料　　　　　　　　　　D. 加工工件的精度要求

7. 在快走丝线切割加工过程中，如果电极丝的位置精度较低，电极丝就会发生抖动，从而导致（　　）

    A. 电极丝与工件间瞬时短路，开路次数增多

    B. 切缝变宽

    C. 切割速度降低

    D. 提高了加工精度

8. 快走丝线切割加工厚度较大工件时，对于工作液的使用下列说法正确的是（　　）

    A. 工作液的浓度要大些，流量要略小

    B. 工作液的浓度要大些，流量也要大些

    C. 工作液的浓度要小些，流量也要略小

    D. 工作液的浓度要小些，流量要大些

9. 电火花线切割加工的主要工艺指标有（　　）

    A. 切割速度　　　　　　　　　　　　B. 加工工件的表面粗糙度

    C. 电极丝损耗量　　　　　　　　　　D. 加工工件的精度

10. 快走丝线切割加工中，常用的导电块材料为（　　）。

    A. 高速钢　　　　　B. 硬质合金　　　　　C. 金刚石　　　　　　　　D. 陶瓷

三、简答题

1. 简述线切割机床的操作规程。

2. 线切割机床维护保养的目的是什么？主要需做哪些工作？

3. 简述电火花成型机床的操作规程。

4. 电火花加工中会出现哪些常见故障？应如何处理？

3 应用 3B 代码编程
并加工零件

学习目标

◎ 掌握直线和圆弧的 3B 代码编程方法

◎ 熟练掌握线切割机床穿丝、电极丝较直的方法

◎ 能用线切割机床加工由直线和圆弧构成的零件

前面学习了线切割机床的工作原理和基本操作方法。在企业生产实践中，线切割机床常用来加工凸、凹模和样板零件等。3B 代码编程是一种较常用的线切割机床手工编程方法，在本模块将介绍线切割机床 3B 代码编程的方法，并运用 3B 代码编程并加工凸模和样板。

课题一　加工方形冷冲凸模

本课题要求运用线切割机床加工如图 3-1 所示方形冷冲凸模，工件厚度为 15mm，加工表面粗糙度为 $R_a3.2mm$，其双边配合间隙为 0.02mm，电极丝为 $\phi0.18mm$ 的钼丝，双面放电间隙为 0.02mm，采用 3B 代码编程。

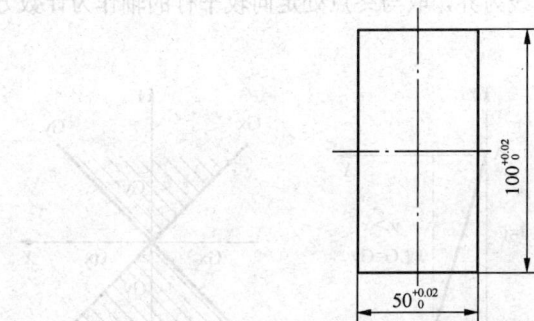

图 3-1　方形冷冲凸模

本课题的学习目标是：掌握直线的 3B 代码编程，能用线切割机床加工由直线构成的零件。

一、基础知识

1．直线的 3B 代码编程

3B 代码编程格式是数控线切割机床上最常用的程序格式，具体格式见表 3-1。

表 3-1　　　　　　　　　　　　　　　3B 程序格式

B	X	B	Y	B	J	G	Z
分隔符	X坐标值	分隔符	Y坐标值	分隔符	计数长度	计数方向	加工指令

其中　B——分隔符，它的作用是将 X、Y、J 数码区分开来；

　　　X、Y——增量（相对）坐标值；

　　　J——加工线段的计数长度；

　　　G——加工线段计数方向；

　　　Z——加工指令。

（1）平面坐标系的规定。

面对机床操作台，工作平台面为坐标系平面，左右方向为 X 轴，且右方向为正；前后方向为 Y 轴，前方为正，具体参见图 2-3。编程时，采用相对坐标系，即坐标系的原点随程序段的不同而变化。

（2）X 和 Y 值的确定。

① 以直线的起点为原点，建立正常的直角坐标系，X 和 Y 表示直线终点的坐标绝对值，单位为 μm。

② 在直线 3B 代码中，X 和 Y 值主要是确定该直线的斜率，所以可将直线终点坐标的绝对值除以它们的最大公约数作为 X 和 Y 的值，以简化数值。

③ 若直线与 X 或 Y 轴重合，为区别一般直线，X 和 Y 均可写作 0，也可以不写。

（3）G 的确定。

G 用来确定加工时的计数方向，分 Gx 和 Gy。直线编程的计数方向的选取方法是：以要加工的直线的起点为原点，建立直角坐标系，取该直线终点坐标绝对值大的坐标轴为计数方向。具体确定方法为：若终点坐标为 (x_e, y_e)，令 X=$|x_e|$，Y=$|y_e|$，若 Y<X，则 G=Gx，如图 3-2（a）所示；若 Y>X，则 G=Gy，如图 3-2（b）所示；若 Y=X，则在一、三象限取 G=Gy，在二、四象限取 G=Gx。

由上可见，计数方向的确定以 45° 线为界，取与终点处走向较平行的轴作为计数方向，具体可参见图 3-2（c）。

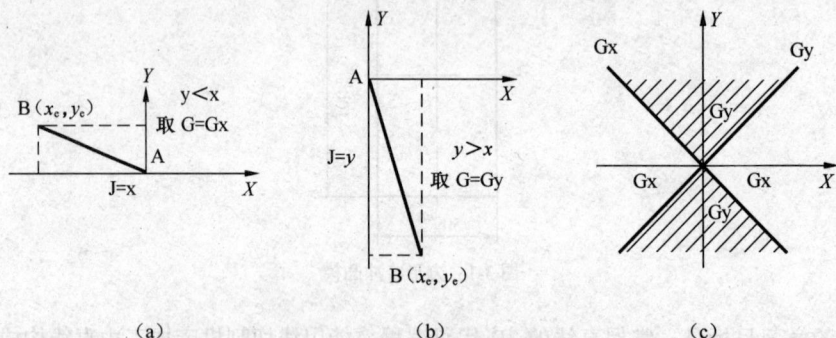

（a）　　　　　　　（b）　　　　　　　（c）

图 3-2　直线 3B 代码编程时 G 的确定

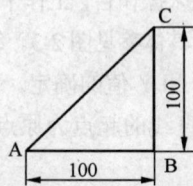

（4）J 的确定。

J 为计数长度，以 μm 为单位。以前编程应写满六位数，不足六位前面补零，现在的机床基本上可以不用补零。

J 的取值方法为：由计数方向 G 确定投影方向，若 G=Gx，则将直线向 X 轴投影得到长度的绝对值即为 J 的值；若 G=G_y，则将直线向 Y 轴投影得到长度的绝对值即为 J 的值。

（5）Z 的确定。

加工指令 Z 按照直线走向和终点的坐标不同可分为 L1、L2、L3、L4，其中与+X 轴重合的直线算作 L1，与–X 轴重合的直线算作 L3，与+Y 轴重合的直线算作 L2，与–Y 轴重合的直线算作 L4，具体可参考图 3-3。

2．直线 3B 代码编程举例

应用 3B 代码编制如图 3-4 所示图形的线切割程序（不考虑间隙补偿）。

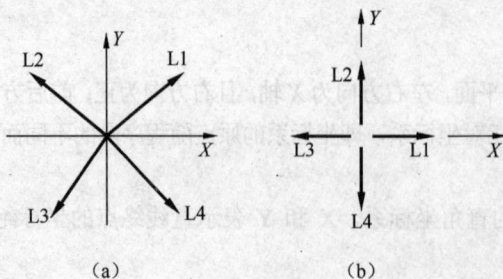

（a）　　　　　　　（b）

图 3-3　直线 3B 代码编程时 Z 的确定　　　图 3-4　直线 3B 代码编程举例

设定加工路线为 $A{\to}B{\to}C{\to}A$，程序为：

B0	B0	B100000	Gx	L1	$A{\to}B$
B0	B0	B100000	G_Y	L2	$B{\to}C$
B1	B1	B100000	G_Y	L3	$C{\to}A$

3．间隙补偿问题

在实际加工中，电火花线切割数控机床是通过控制电极丝的中心轨迹来加工的，图 3-5 中电极丝中心轨迹用虚线表示。在线切割机床上，电极丝的中心轨迹和图纸上工件轮廓之间差别的补偿称为间隙补偿，间隙补偿分编程补偿和自动补偿两种形式。

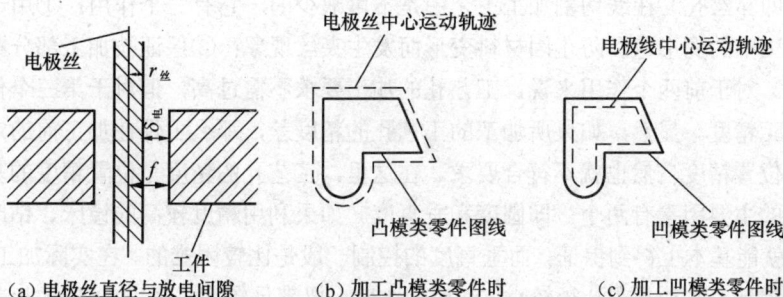

（a）电极丝直径与放电间隙　　　（b）加工凸模类零件时　　　（c）加工凹模类零件时

图 3-5　电极丝中心轨迹

（1）编程补偿法。

加工凸模时，电极丝中心轨迹应在所加工的图形的外面；加工凹模时，电极丝中心轨迹应在所加工图形的里面。所加工工件图形与电极丝中心轨迹间的距离，在圆弧的半径方向和线段垂直方向都等于间隙补偿量 f。

确定间隙补偿量正负的方法如图 3-6 所示。间隙补偿量的正负，可根据在电极丝中心轨迹图形中圆弧半径及直线段法线长度的变化情况来确定，对圆弧是用于修正圆弧半径 r，对直线段是用于修正其法线长度 P。对于圆弧，当考虑电极丝中心轨迹后，其圆弧半径比原图形半径增大时取 $+f$，减小时则取 $-f$。

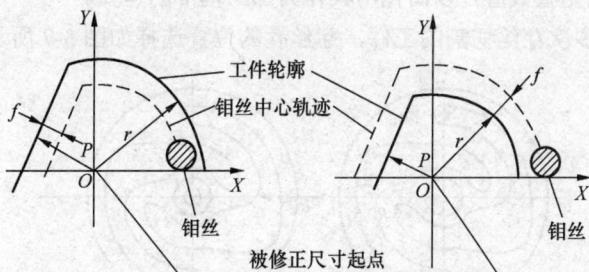

图 3-6　间隙补偿量的符号判别

间隙补偿量的算法：加工冲模的凸、凹模形时，应考虑电极丝半径 $r_丝$、电极丝和工件之间的单边放电间隙 $\delta_电$ 及凸模和凹模间的单边配合间隙 $\delta_配$，当加工冲孔模具时（即冲后要求工件保证孔的尺寸），凸模尺寸由孔的尺寸确定，因 $\delta_配$ 在凹模上扣除，故凸模的间隙补量 $f_凸=r_丝+\delta_电$，凹模的间隙补偿量 $f_凹=r_丝+\delta_电-\delta_配$；当加工落料模时（即冲后要求保证冲下的工件尺寸），凹模尺寸由工件的尺寸确定，因 $\delta_配$ 在凸模上扣除，故凸模的间隙补偿量 $f_凸=r_丝+\delta_电-\delta_配$，凹模的间隙补偿量

$f_凹 = r_丝 + \delta_电$。

（2）自动补偿法。

加工前，将间隙补偿量 f 输入到机床的数控装置。编程时，按图样的名义尺寸编制线切割程序，间隙补偿量 f 不在程序段尺寸中，图形上所有非光滑连接处应加过渡圆弧修饰，使图形中不出现尖角，过渡圆弧的半径必须大于补偿量。这样在加工时，数控装置能自动将过渡圆弧处增大或减小一个 f 的距离实行补偿，而直线段保持不变。

4．穿丝孔的加工

（1）穿丝孔的作用。

工艺孔（即穿丝孔）在线切割加工工艺中是不可缺少的。它有三个作用：①用于加工凹模；②减小凸模加工中的变形量和防止因材料变形而发生夹丝现象；③保证被加工部分跟其他有关部位的位置精度。对于前两个作用来说，工艺孔的加工要求不需过高，但对于第三个作用来说，就需要考虑其加工精度。显然，如果所加工的工艺孔的精度差，那么工件在加工前的定位也不准，被加工部分的位置精度自然也就不符合要求。在这里，工艺孔的精度是位置精度的基础。通常影响工艺孔精度的主要因素有两个，即圆度和垂直度。如果利用精度较高的镗床、钻床或铣床加工工艺孔，圆度就能基本上得到保证，而垂直度的控制一般是比较困难的。在实际加工中，孔越深，垂直度越不好保证。尤其是在孔径较小、深度较大时，要满足较高垂直度的要求非常困难。因此，在较厚工件上加工工艺孔，其垂直度如何就成为工件加工前定位准确与否的重要因素。

（2）穿丝孔的位置和直径。

在切割凹模类工件时，穿丝孔位于凹型的中心位置，操作最为方便。因为这既能准确穿丝孔加工位置，又便于控制坐标轨迹的计算。但是这种方法切割的无用行程较长，因此不适合大孔形凹形工件的加工。

在切割凸形工件或大孔形凹型工件时，穿丝孔加工在起切点附近为好。这样，可以大大缩短无用切割行程。穿丝孔的位置最好选在已知坐标点或便于运算的坐标点上，以简化有关轨迹控制的运算。

穿丝孔的直径不宜太小或太大，以钻或镗孔工艺简便为宜，一般选在 3～10mm 范围内。孔径最好选取整数值或较完整数值，以简化用其作为加工基准的运算。

对于对称加工，多次穿丝切割的工件，穿丝孔的位置选择如图 3-7 所示。

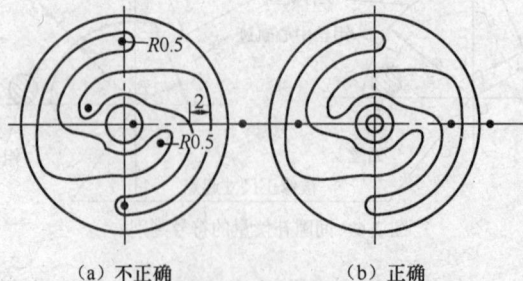

（a）不正确　　　　　　　（b）正确

图 3-7　多孔穿丝

（3）穿丝孔的加工。

由于许多穿丝孔都要作加工基准，因此，在加工时必须确保其位置精度和尺寸精度。这就要求穿丝孔在具有较精密坐标工作台的机床上进行加工。为了保证孔径尺寸精度，穿丝孔可采用钻绞、钻镗或钻车等较精密的机械加工方法。

> **提示**
>
> 穿丝孔的位置精度和尺寸精度，一般要等于或高于工件要求的精度。

二、课题实施

1. 工艺分析

加工任务见图 3-1。由于坯件材料被割离，会在很大程度上破坏材料内应力平衡状态，使材料变形，而夹断钼丝。从加工工艺上考虑，应制作合理的工艺孔以便于应力对称、均匀、分散的释放；凸模及凹模应采用封闭切割。

图 3-8 三种切割方案分析：图 3-8（a）从坯料端面开始加工，会引起变形，故切割起点不合适，图 3-8（b）的安排可以采用，但仍存在着变形；图 3-8（c）预制穿丝孔，切割的起始点取在坯件预制的穿丝孔中，桥式支撑，逆时针方向加工即从离开夹具的方向开始加工，最后再转向工件夹具方向，这是较好的切割方案。

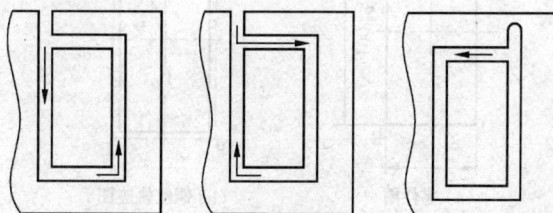

（a）切割起点不合适　　　（b）存在变形　　　（c）较好方案

图 3-8　切割起始点和切割路线分析

2. 工艺实施

加工任务见图 3-1，工艺实施过程如下。

（1）加工穿丝孔。

（2）装夹，穿丝，电极丝较直，定位。

装夹后可用基准面或拉表找正。穿丝后应检查电极丝是否在导轮内并测试张力。电极丝校直后可用机床的自动找中功能定位。

（3）乳化液的配制及流量的确定。

乳化液一般是以体积比配制的，即以一定比例的乳化液加水配制而成，一般浓度要求如下。

① 加工表面粗糙度和精度要求较高，工件较薄或中厚，配比较浓些，为 8%～15%。

② 要求切割速度高或大厚度工件，浓度淡些，为 5%～8%，以便于排屑。

根据加工使用经验，新配制的工作液切割效果并不是最好，在使用 20h 左右时，其切割速度、表面质量最好。

快走丝线切割是靠高速运行的丝把工作液带入切缝的，因此工作液不需多大压力，只要能充分包住电极丝，浇到切割面上即可。

上述工作完成后，检查、清理工作台面放好摇把等工具。开电源，将机床控制面板上运丝筒转速挡位调到 8m/s 挡位，启动运丝开关，合上断丝停机开关和水泵开关，检查运丝筒运转换向是否良好，水泵抽水和上下线架喷水板喷水是否良好，如一切正常，即初步完成机床主机切割准备。

> **注意** 运丝速度调定后，加工中不得变换。

（4）开控制箱电源，开计算机，机床功能检查。

（5）编程。

如图 3-9（a）所示为加工零件图，实际加工中由于钼丝半径和放电间隙的影响，钼丝中心运行的轨迹形状如图 3-9（b）中虚线所示，即加工轨迹与零件图相差一个补偿量。补偿量的大小为

$$f = 钼丝半径 + 单边放电间隙 = 0.09 + 0.01 = 0.1mm$$

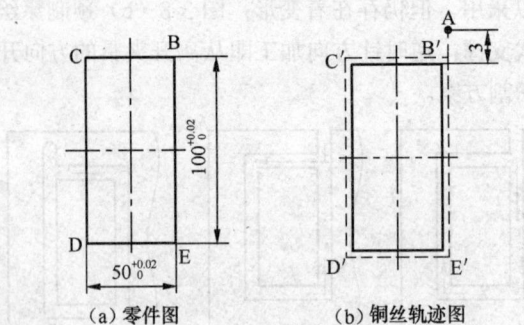

图 3-9 线切割图形

因加工方形零件边缘（棱边）要求较高，应采用系统提供的清角功能。

图 3-9（b）中 A 点为穿丝孔，加工轨迹为：$A \rightarrow B' \rightarrow C' \rightarrow D' \rightarrow E' \rightarrow A$。程序如下。

B0	B0	B2900	G_Y	L4	$A \rightarrow B'$
B0	B0	B50200	G_X	L3	$B' \rightarrow C'$
B0	B0	B100200	G_Y	L4	$C' \rightarrow D'$
B0	B0	B50200	G_X	L1	$D' \rightarrow E'$
B0	B0	B103100	G_Y	L2	$E' \rightarrow A$

（6）模拟加工校验代码。

编程完成后送控制台，将控制界面转到加工窗，模拟加工校验代码的正确性。

（7）加工。

工件准备、编程完毕后，按加工厚度、精度要求，在控制台面板上选择加工参数，按下加工按钮进行加工。加工过程中注意观察间隙电压波形各加工电流表，利用跟踪调节器，保持加工过程的稳定。

（8）关机。

加工完成后，应首先关掉加工电源，之后关掉工作液，让丝运转一段时间后再停机。若先关工作液，会造成空气中放电，形成烧丝；若先关走丝的话，因丝速太慢甚至停止运行，丝冷却不良，间歇中缺少工作液，也会造成烧丝。

电机运行一段时间并等储丝筒反向后，再停走丝，工作结束后必须关掉总电源，擦拭工作台面及夹具，并润滑机床。

三、作业测评

1．测评内容

用 3B 代码编程并加工如图 3-10 所示的矩形样板，工件厚度为 2mm，加工表面粗糙度为 $R_a3.2\mu m$。

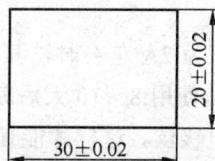

图 3-10　矩形样板

2．测评标准

矩形样板加工实训评分表，如表 3-2 所示。

表 3-2　　　　　　　　　　矩形样板加工实训评分表

考核内容	评分项目	配分	评分标准	扣分记录及备注	得分
加工前的准备工作	1．熟练穿丝	5			
	2．钼丝垂直度的校核	3			
	3．钼丝的张紧	2			
编写加工程序	1．熟练编写加工程序	6			
	2．应有工艺分析过程	4			
工件的定位与夹紧	1．工件定位合理	6			
	2．工件正确装夹	4			
机床操作	1．开机顺序正确	3			
	2．正确将代码送入控制箱	5			
	3．控制柜面板按钮操作正确	5			
	4．选择合理的工艺参数	5			
	5．合理调整工作液流量	2			
工件的尺寸	1.30mm	15	超差 0.01mm 扣 2 分		
	2.20mm	15	超差 0.01mm 扣 2 分		
工件的表面质量	$R_a3.2\mu m$	10			
加工后的工作	1.加工后应清理机床	3			
	2.填写记录	2			
安全文明生产	整个操作过程中应安全文明	5			
额定时间	60min		每超时 1min 扣 1 分		
开始时间		结束时间		实际时间		成绩	

四、知识与技能拓展：工作液的使用方法

（1）对加工表面粗糙度和精度要求比较高的工件，工作液的浓度可高些，为 10%～20%，可使加工表面洁白均匀。加工后的工件可轻松地从废料中取出，或靠自重落下。

（2）对要求切割速度高或厚度大的工件，工作液的浓度可小些，为 5%～8%，这样加工比较稳定，且不易断丝。

（3）对材料为 Crl2 的工件，工作液用蒸馏水配制，工作液的浓度低些，可减轻工件表面的黑白交叉条纹，使工件表面洁白均匀。

（4）新配制的工作液，当加工电流为 2A 左右时，其切割速度为 $40\text{mm}^2/\text{min}$ 左右，若每天工作 8h，使用约两天后效果最好，继续使用 8～10 天后就易断丝，需更换新的工作液。加工时供液一定要充分，并且工作液要包住电极丝，这样才能使工作液顺利进入加工区，达到稳定加工的效果。

课题二 加工样板零件

本课题要求运用线切割机床加工如图 3-11 所示样板零件，工件厚度为 2mm，加工表面粗糙度为 $R_a3.2\mu\text{m}$，电极丝为 $\phi0.18\text{mm}$ 的钼丝，单边放电间隙为 0.01mm，采用 3B 代码编程。

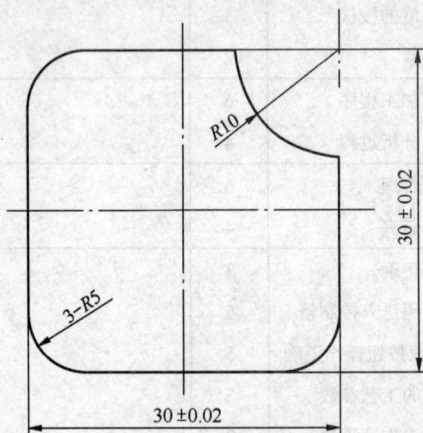

图 3-11　样板零件

本课题的学习目标是：掌握圆弧的 3B 代码编程，能用线切割机床加工由直线和圆弧构成的零件。

一、基础知识

1. 圆弧的 3B 代码编程

圆弧的 3B 代码编程格式和直线相同，见表 3-1。

（1）X 和 Y 值的确定。

以圆弧的圆心为原点，建立正常的直角坐标系，X 和 Y 表示圆弧起点坐标的绝对值，单位为 μm。如在图 3-12（a）中，X=30 000，Y=40 000；在图 3-12（b）中，X=40 000，Y=30 000。

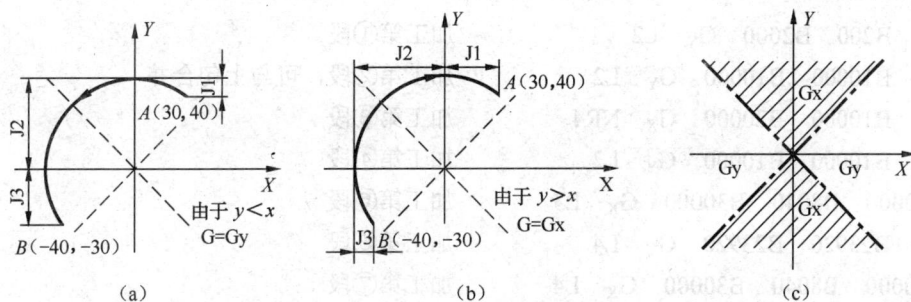

图 3-12　圆弧轨迹及其编程参数的确定

（2）G 的确定。

G 用来确定加工时的计数方向，分 Gx 和 Gy。圆弧编程的计数方向的选取方法是：以某圆心为原点建立直角坐标系，取终点坐标绝对值小的轴为计数方向。具体确定方法为：若圆弧终点坐标为 (x_e, y_e)，令 X =|x_e|，Y=|y_e|，若 Y<X，则 G=Gy，如图 3-12（a）所示；若 Y>X，则 G=Gx，如图 3-12（b）所示；若 Y=X，则 Gx、Gy 均可。

由上可见，圆弧计数方向由圆弧终点的坐标绝对值大小决定，其确定方法与直线刚好相反，即取与圆弧终点处走向较平行的轴作为计数方向，具体可参见图 3-12（c）。

（3）J 的确定。

圆弧编程中 J 的取值方法为：由计数方向 G 确定投影方向，若 G=Gx，则将圆弧向 X 轴投影；若 G=Gy，则将圆弧向 Y 轴投影。J 值为各个象限圆弧投影长度绝对值的和。如在图 3-12（a）、（b）中，J1、J2、J3 大小分别如图中所示，J=|J1|+|J2|+|J3|。

（4）Z 的确定。

加工指令 Z 按照第一步进入的象限可分为 R1、R2、R3、R4；按切割的走向可分为顺圆 S 和逆圆 N，于是共有 8 种指令：SR1、SR2、SR3、SR4、NR1、NR2、NR3、NR4，具体可参考图 3-13。

2．圆弧 3B 代码编程举例

应用 3B 代码编制如图 3-14 所示图形的线切割程序（不考虑间隙补偿）。

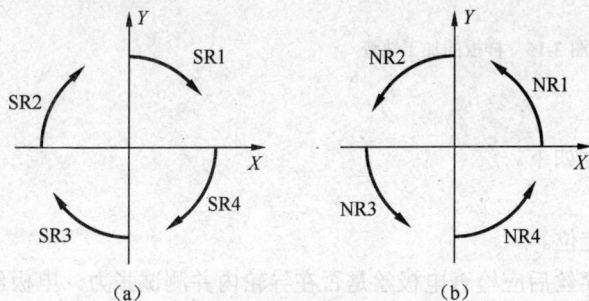

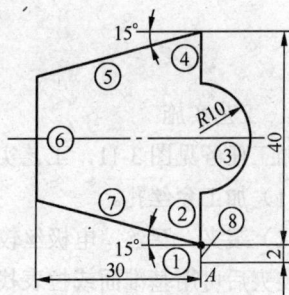

图 3-13　圆弧 3B 代码编程时 Z 的确定　　图 3-14　圆弧 3B 代码编程举例

（1）确定加工路线。起点为 A，加工路线按照图中所示的①→②→…→⑧段的顺序进行。①段为切入，⑧段为切出，②～⑦段为程序零件轮廓。

（2）分别计算各段曲线的坐标值。

（3）按 3B 格式编写程序清单，程序如下。

B0	B200	B2000	G_Y	L2	加工第①段
B0	B10000	B10000	G_Y	L2	加工第②段，可与上句合并
B0	B10000	B20000	G_X	NR4	加工第③段
B0	B10000	B10000	G_Y	L2	加工第④段
B30000	B8040	B30000	G_X	L3	加工第⑤段
B0	B23920	B23920	G_Y	L4	加工第⑥段
B30000	B8040	B30000	G_X	L4	加工第⑦段
B0	B2000	B2000	G_Y	L4	加工第⑧段

二、课题实施

1. 工艺分析

加工任务见图 3-11。由于坯件材料被割离，会在很大程度上破坏材料内应力平衡状态，使材料变形，而夹断钼丝。从加工工艺上考虑，应制作合理的工艺孔以便于应力对称、均匀、分散的释放。

如图 3-15 所示，O 点为穿丝点，钼丝偏置为 0.1mm，加工轨迹为：$O \rightarrow A \rightarrow B \rightarrow C \rightarrow D \rightarrow E \rightarrow F \rightarrow G \rightarrow H \rightarrow A \rightarrow O$。

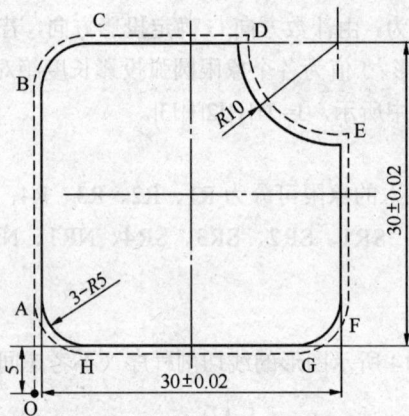

图 3-15　样板的加工轨迹

2. 工艺实施

加工任务见图 3-11，工艺实施过程如下。

（1）加工穿丝孔。

（2）装夹，穿丝，电极丝较直，定位。

装夹后可用基准面或拉表找正。穿丝后应检查电极丝是否在导轮内并测试张力。电极丝校直后可用机床的自动找中功能定位。

（3）开控制箱电源、开计算机，机床功能检查。

（4）编程。

程序如下。

B0	B10000	B10000	G_Y	L2	$O \rightarrow A$
B0	B20000	B20000	G_Y	L2	$A \rightarrow B$

B5100	B0	B5100	G_X	SR2	$B \rightarrow C$
B15100	B0	B15100	G_X	L1	$C \rightarrow D$
B9900	B100	B10000	G_X	NR3	$D \rightarrow E$
B0	B15100	B15100	G_Y	L4	$E \rightarrow F$
B5100	B0	B5100	G_X	SR4	$F \rightarrow G$
B20000	B0	B20000	G_X	L3	$G \rightarrow H$
B0	B5100	B5100	G_Y	SR3	$H \rightarrow A$
B0	B10000	B10000	G_Y	L3	$A \rightarrow O$

（5）模拟加工校验代码。

编程完成后送控制台，将控制界面转到加工窗，模拟加工校验代码的正确性。

（6）加工。

工件准备、编程完毕后，按加工厚度、精度要求，在控制台面板上选择加工参数，按下加工按钮进行加工。加工过程中注意观察间隙电压波形各加工电流表，利用跟踪调节器，保持加工过程的稳定。

（7）关机。

加工完成后，应首先关掉加工电源，之后关掉工作液，让丝运转一段时间后再停机。若先关工作液，会造成空气中放电，形成烧丝；若先关走丝的话，因走丝速度太慢甚至停止运行，丝冷却不良，间隙中缺少工作液，也会造成烧丝。

电机运行一段时间并等储丝筒反向后，再停走丝，工作结束后必须关掉总电源，擦拭工作台面及夹具，并用油脂润滑机床。

三、作业测评

1. 测评内容

用 3B 代码编程并加工如图 3-16 所示的零件，工件厚度为 2mm，加工表面粗糙度为 $R_a 3.2 \mu m$。

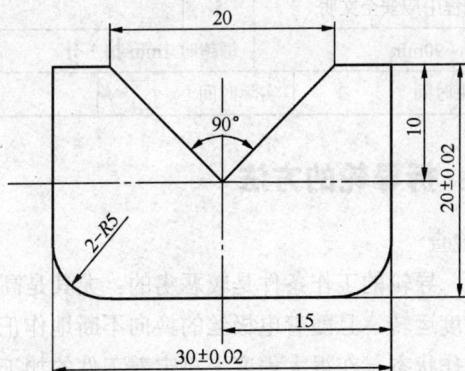

图 3-16　测评零件图

2. 测评标准

矩形样板加工实训评分表，如表 3-3 所示。

表 3-3　　　　　　　　　　　　　　矩形样板加工实训评分表

考核内容	评分项目	配分	评分标准	扣分记录及备注	得分
加工前的准备工作	1. 熟练穿丝	5			
	2. 钼丝垂直度的校核	3			
	3. 钼丝的张紧	2			
编写加工程序	1. 熟练编写加工程序	6			
	2. 应有工艺分析过程	4			
工件的定位与夹紧	1. 工件定位合理	6			
	2. 工件正确装夹	4			
机床操作	1. 开机顺序正确	3			
	2. 正确将代码送入控制箱	2			
	3. 控制柜面板按钮操作正确	3			
	4. 选择合理的工艺参数	5			
	5. 合理调整工作液流量	2			
工件的尺寸	1. 30mm	10	超差 0.01mm 扣 1 分		
	2. 20mm	10	超差 0.01mm 扣 1 分		
	3. 20mm（公差范围：±0.1mm）	5	超差 0.02mm 扣 1 分		
	4. 2 处 $R5$（公差范围：±0.1mm）	5	超差 0.02mm 扣 1 分		
	5. 15mm（公差范围：±0.1mm）	5	超差 0.02mm 扣 1 分		
	6. 10mm（公差范围：±0.1mm）	2	超差 0.02mm 扣 1 分		
	7. 90°（公差范围：±0.1°）	3	超差 0.02° 扣 1 分		
工件的表面质量	$R_a 3.2 \mu m$	5			
加工后的工作	1. 加工后应清理机床	3			
	2. 填写记录	2			
安全文明生产	整个操作过程中应安全文明	5			
额定时间	90min		每超时 1min 扣 1 分		
开始时间		结束时间		实际时间		成绩	

四、知识与技能拓展：拆导轮的方法

1. 导轮的制造要求及检查

在电火花线切割机床上，导轮的工作条件是较恶劣的。尤其是高速走丝线切割机床的导轮，以 6 000～10 000r/min 的速度运转，且随着电极丝的换向不断地作正反转动。导轮的精度和装配质量直接影响着电极丝的工作状态，在很大程度上决定着工件的加工精度和表面质量。导轮的制造应满足以下几点要求。

（1）导轮应轻巧，要有足够的硬度和耐磨性，还要有较好的动平衡性能。

（2）导轮应有较高的精度和较小的表面粗糙度，径向跳动及轴向窜动应尽可能小。

（3）导轮 V 形槽槽底的半径必须小于电极丝的半径，以保证电极丝不易晃动。

（4）导轮应在大型工具显微镜等高精度测试仪器上仔细检查，一般 V 形槽底的圆角半径小于 0.05mm，径向跳动量小于 0.005mm。

> **提示**
>
> 导轮的精度对工件的精度影响很大，当导轮磨损时要及时更换导轮。

2．导轮的装拆

（1）导轮体（导轮部件）的种类。目前高速走丝线切割机床所使用的导轮部件，有双支撑和单支撑两种结构，JB3720-84 标准推荐的结构如图 3-17 和图 3-18 所示。

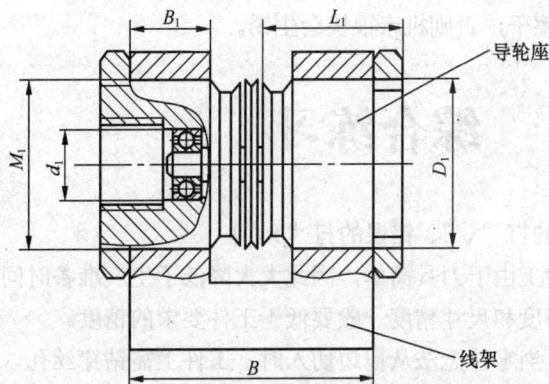

图 3-17　双支撑导轮部件

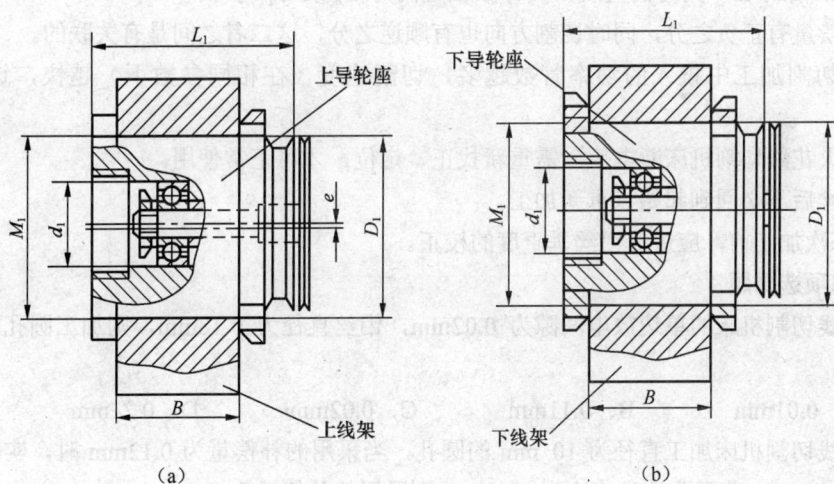

（a）　　　　　　　　　　　　　　　（b）

图 3-18　单支撑导轮部件

（2）导轮的安装。

① 严格清洗零件及轴承。导轮在高速转动状态下工作应十分灵活，丝毫不能有停滞或卡住的现象，否则导轮将局部被磨损。因此，装配前必须将零件和轴承仔细地清洗干净，最好在显微镜下检查轴承滚道内及导轮轴等处是否有脏物或粉末类杂质，待清洗液晾干后将各零件装配成导轮部件，轴承内要注入高速润滑脂。

② 仔细调整轴承间隙。为防止导轮运转中产生径向跳动和轴向窜动，一定要仔细准确地调整

轴承间隙,不符合要求的轴承要更换掉。由于导轮的轴承较小,装配时要轻压轻拧,松紧适度。轴承应采用精密级或超精密级的轴承。

模块总结

本模块介绍了 3B 代码直线和圆弧的编程方法,通过本模块的学习,要能熟练运用 3B 代码编制由直线和圆弧构成的零件程序,并能运用线切割机床并加工出合格零件。在启动操作线切割机床加工零件之前时,要将钼丝校垂直,要正确装夹零件,工作结束之前,一定要清理机床,将工作台和夹具上的乳化液擦干,否则机床很快会生锈。

综合练习

一、判断题(正确的打"√";错误的打"×")

1. 电火花线切割加工由于刀具简单,因此大大降低了生产准备时间。 ( )

2. 穿丝孔的位置精度和尺寸精度一般要低于工件要求的精度。 ( )

3. 线切割加工中,当零件无法从周边切入时,工件上需钻穿丝孔。 ( )

4. 电火花线切割加工中,粗加工电极损耗小,精加工电极损耗大。 ( )

5. 与 X 轴成 45° 角时的直线,其计数轴方向为 G_X 或 G_Y 均可。 ( )

6. 补偿量有正负之分,同时切割方向也有顺逆之分,这二者之间是有关联的。 ( )

7. 线切割加工中投入的功率管数越多,切割速度(在相同参数下)越快,这是成正比关系。 ( )

8. 电火花线切割机床断电后,需重新找正、定位,才可正常使用。 ( )

9. 断丝后不必回到起始点重新加工。 ( )

10. 每次加工前,应进行钼丝垂直度的校正。 ( )

二、单项选择题

1. 若线切割机床的单边放电间隙为 0.02mm,钼丝直径为 0.18mm,则加工圆孔时的补偿量为( )。

    A. 0.01mm   B. 0.11mm   C. 0.02mm   D. 0.21mm

2. 用线切割机床加工直径为 10 mm 的圆孔,当采用的补偿量为 0.12mm 时,实际测量孔的直径为 10.02 mm。若要孔的尺寸达到 10 mm,则采用的补偿量为( )。

    A. 0.10mm   B. 0.11mm   C. 0.12mm   D. 0.13mm

3. 线切割 3B 格式编程时,对于圆弧( )为原点建立坐标系。

    A. 圆心   B. 起点   C. 终点   D. 由编程者选定的点

4. 用 3B 格式编程时,加工圆弧时计算长度应等于圆弧在计算方向上的( )。

    A. 投影总长度   B. 投影长度   C. 圆弧长度   D. 半径

5. 线切割加工速度的单位是( )。

    A. mm/min   B. mm^2/min   C. mm^3/min   D. mm/s

6. 穿丝孔的直径一般选在（　　）范围内。

　　A．0.5～1 mm　B．1～3mm　　　C．3～10mm　　　D．10～15mm

7. 线切割加工中工件单端固定，另一端悬梁状的装夹方法称为（　　）。

　　A．悬臂支撑　　　B．双端支撑　　　C．桥式支撑　　　D．板式支撑

8. 在 3B 代码格式中第三个 B 代表（　　）

　　A．X 坐标轴上的投影　　　　　　B．Y 坐标轴上的投影

　　C．加工方向　　　　　　　　　　D．加工计数长度

9. 与 X 正轴平行的直线，其计数方向是（　　）

　　A．$G_X L1$　　　　B．$G_Y L1$　　　C．$G_X L3$　　　D．$G_Y L3$

10. 从 A（2,3）点切割到 B（5,7）点，其 3B 代码格式为（　　）。

　　A．$B3000B4000B3000G_X L1$　　　B．$B3000B4000B4000G_X L1$

　　C．$B3000B4000B4000G_Y L1$　　　D．$B3000B4000B3000G_Y L1$

三、实训题

1. 用 3B 代码编程并在线切割机床上加工如题图 3-1 所示零件，工件厚度为 2mm，材料为 45 钢，钼丝直径为 ϕ0.18mm。

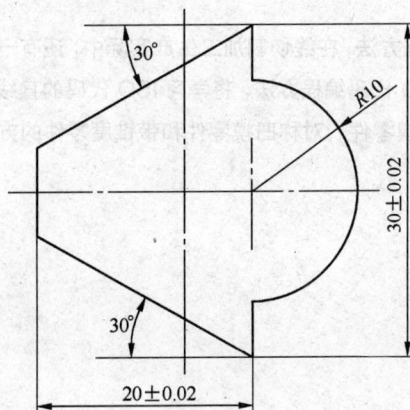

题图 3-1

2. 用 3B 代码编程并在线切割机床上加工如题图 3-2 所示零件，工件厚度为 2mm，材料为 45 钢，钼丝直径为 ϕ0.18mm。

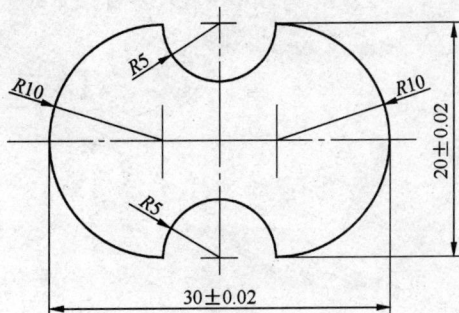

题图 3-2

模块四

4 应用 ISO 代码编程加工零件

　　前面学习了 3B 代码的编程方法，在线切割加工生产实际中，还有一种很常用的手工编程方法：ISO
代码编程。在本模块将介绍 ISO 代码编程方法，将学习 ISO 代码的直线和圆弧指令、镜像及交换指令、
锥度加工指令，将介绍加工凸模零件、对称凹模零件和带锥度零件的方法。

加工凸模零件

本课题要求运用线切割机床加工如图 4-1 所示凸模零件，工件厚度为 20mm，加工表面粗糙度为 $R_a3.2\mu m$，电极丝为 $\phi0.18mm$ 的钼丝，单边放电间隙为 0.01mm。采用 ISO 代码编程。

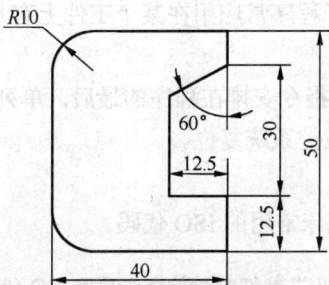

图 4-1　凸模零件图

本课题的学习目标是：能用 ISO 代码编制由圆弧和直线组成零件的加工程序；能加工凸模零件。

一、基础知识

1. ISO 代码编程方法

（1）程序段格式和程序格式。

① 程序段格式。程序段是由若干个程序字组成的，其格式如下。

$$N\_\ G\_\ X\_\ Y;$$

字是组成程序段的基本单元，一般都是由一个英文字母加若干位十进制数字组成（如：X8000），这个英文字母为地址字符。不同的地址字符表示的功能不一样。

a. 顺序号。位于程序段之首，表示程序的序号，后续数字 2~4 位。如 N03、N0010。

b. 准备功能 G。准备功能 G（以下称 G 功能）是建立机床或控制系统工作方式的一种指令，其后续有两位正整数，即 G00~G99，

c. 尺寸字。尺寸字在程序段中主要是用来指定电极丝运动到达的坐标位置。电火花线切割加工常用的尺寸字有 X、Y、U、V、A、I、J 等。尺寸字的后续数字在要求代数符号时应加正负号，单位为 μm。

d. 辅助功能 M。由 M 功能指令即后续的两位数字组成，即 M00~M99，用来指令机床辅助装置的接通或断开。

② 程序格式。一个完整的加工程序是由程序名、程序的主体（若干程序段）、程序结束指令组成，如：

P10;

N01　G92　X0　Y0;

N02　G01　X8000　Y8000;

N03　G01　X3000　Y6000;

N01　G01　X2500　Y3500;

N05　G01　X0　Y0；

N06　M02；

a. 程序名。由文件名和扩展名组成。程序的文件名可以用字母和数字表示，最多可用 8 个字符，如 P10，但文件名不能重复。扩展名最多用三个字母表示，如 P10.CUT。

b. 程序的主体。程序的主体由若干程序段组成，如上面加工程序中 N01~N05 段。在程序的主体中又分为主程序和子程序。一段重复出现的、单独组成的程序，成为子程序。子程序取出命名后单独储存，即可重复调用。子程序常应用在某个工件上有几个相同型面的加工中。调用子程序所用的程序，称为主程序。

c. 程序结束指令 M02。M02 指令安排在程序的最后，单列一段。当数控系统执行到 M02 程序段时，就会自动停止进给并使数控系统复位。

（2）ISO 代码及其编程。

表 4-1 是电火花线切割数控机床常用的 ISO 代码。

表 4-1　　　　　　　　　　电火花线切割数控机床常用 ISO 代码

代　码	功　能	代　码	功　能
G00	快速定位	G59	加工坐标系
G01	直线插补	G80	接触感知
G02	顺圆插补	G82	半程移动
G03	逆圆插补	G84	微弱放电找正
G05	X 轴镜像	G90	绝对尺寸
G06	Y 轴镜像	G91	增量尺寸
G07	X、Y 轴交换	G92	确定起点坐标值
G08	X 轴镜像，Y 轴镜像	M00	程序暂停
G09	X 轴镜像，X、Y 轴交换	M02	程序结束
G10	Y 轴镜像，X、Y 轴交换	M05	接触感知解除
G11	Y 轴镜像，X 轴镜像，X、Y 轴交换	M98	子程序调用
G12	消除镜像	M99	子程序结束
G40	取消间隙补偿	T82	加工液保持 OFF
G41	左偏间隙补偿	T83	加工液保持 ON
G42	右偏间隙补偿	T84	打开喷液
G50	消除锥度	T85	关闭喷液
G51	锥度左偏	T86	送电极丝（阿奇公司）
G52	锥度右偏	T87	停止送丝（阿奇公司）
G54	加工坐标系 1	T80	送电极丝（沙迪克公司）
G55	加工坐标系 2	T81	停止送丝（沙迪克公司）
G56	加工坐标系 3	W	下导轮到工作台面高度
G57	加工坐标系 4	H	工件厚度
G58	加工坐标系 5	S	工作台面上导轮高度

① 快速定位指令 G00。在机床不加工情况下，G00 指令可使指定的某轴以最快速度移动到指定位置。其程序段格式为：

G00　X__Y__；

② 直线插补指令 G01。该指令可使机床在各个坐标平面内加工任意斜率直线轮廓和用直线段逼近曲线轮廓，其程序段格式为：

G01　X__Y__；

目前，可加工锥度的电火花线切割数控机床具有 X、Y 坐标轴及 U、V 附加轴工作台，其程序段格式为：

G01　X__ Y__U__ V__；

> **注意**
>
> a. 线切割加工中的直线插补和圆弧插补程序中不要写进给速度指令；
>
> b. U、V 轴使电极丝工作部分与工作台平面保持一定的几何角度，由丝架拖板移动来实现，用于切割锥度；
>
> c. 程序中尺寸字单位为 μm，不用小数点。

③ 圆弧插补指令 G02/G03。G02 为顺时针圆弧插补指令，G03 为逆时针圆弧插补指令。

用圆弧插补指令编写的程序段格式为：

G02　X__ Y__ I__ J__；

G03　X__ Y__ I__ J__；

程序段中，X、Y 分别表示圆弧终点坐标；I、J 分别表示圆心相对圆弧起点在 X、Y 方向的增量尺寸。

④ 指令 G90、G91.G92。G90 为绝对尺寸指令，表示该程序中的编程尺寸是按绝对尺寸给定的，即移动指令终点坐标值 X、Y 都是以工件坐标系原点（程序的零点）为基准来计算的。

G91 为增量尺寸指令，该指令表示程序段中编程尺寸是按增量尺寸给定的，即坐标值均以前一个坐标位置作为起点来计算下一点位置值。3B、4B 程序格式均按此方法计算坐标点。

G92 为定起点坐标指令，G92 指令中的坐标值为加工程序的起点坐标值，其程序段格式为：

G92　X__ Y__；

⑤ 丝半径补偿指令 G40、G41、G42

G41 为左偏补偿指令，其程序段格式为：

G41　D__；

G42 为右偏补偿指令，其程序段格式为：

G42　D__；

程序段中的 D 表示半径补偿量，其计算方法与前面的方法相同。

> **注意**
>
> 左偏、右偏是沿加工方向看，电极丝在加工图形左边为左偏；电极丝在右边为右偏，如图 4-2 所示。

丝半径补偿的建立和取消与数控铣削加工中的刀具半径补偿的建立和取消过程完全相同。丝半径补偿的建立和取消必须用 G01 直线插补指令，而且必须在切入过程（进刀线）和切出过程（退刀线）中完成，如图 4-3 所示。

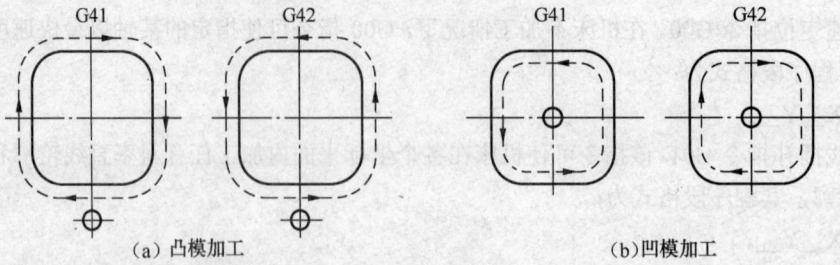

（a）凸模加工　　　　　　　　　　（b）凹模加工

图 4-2　丝半径补偿指令

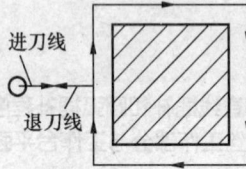

图 4-3　丝半径补偿（G41）的建立和取消

例如：

G92　X0　Y0;

G41　D100; 丝半径左补偿，D100 为补偿值，表示 100μm，此程序段须放在进刀线之前

G01　X5000　Y0;　　　　进刀线，建立丝半径补偿

⋮

G40;　　　　　　　　　　G40 须放在退刀线之前

G01　X0　Y0;　　　　　　退刀线，退出丝半径补偿

2．ISO 代码编程举例

【例 4–1】 编制图 4-4 所示中圆弧插补的程序段。

程序段如下：

G92　X10000　Y10000;　　　　　　　　　　　　起切点 A

G02　X30000　Y30000　I20000　J0;　　　　　　AB 段圆弧

G03　X45000　Y15000　I15000　J0;　　　　　　BC 段圆弧

【例 4–2】 加工图 4-5 中的零件，按图样尺寸编程。

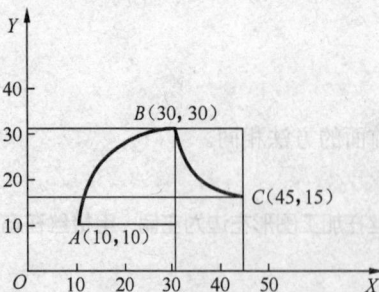

图 4-4　圆弧插补

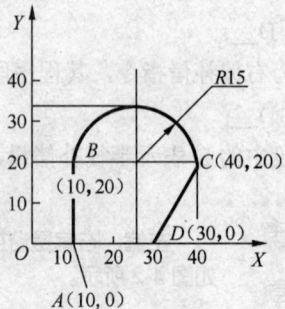

图 4-5　零件图

用 G90 指令编程：

A1;　　　　　　　　　　　　　　　　　　　　　　程序名

N01　G92　X0　Y0;	确定加工程序起点 O 点
N02　G01　X10000　Y0;	O→A
N03　G01　X10000　Y20000;	A→B
N04　G02　X40000　Y20000　I15000　J0;	B→C
N05　G01　X30000　Y0;	C→D
N06　G01　X0　Y0;	D→O
N07　M02;	程序结束

用 G91 指令编程：

A2;	程序名
N01　G92　X0　Y0;	
N02　G91;	以下为增量尺寸编程
N03　G01　X10000　Y0;	O→A
N04　G01　X0　Y20000　J0;	A→B
N05　G02　X3000　Y0　I15000　J0;	B→C
N06　G01　X-10000　Y-20000;	C→D
N07　G01　X-30000　Y0;	D→O
N08　M02;	

二、课题实施

1. 工艺分析

加工任务见图 4-1。由于坯件材料被割离，会在很大程度上破坏材料内应力平衡状态，使材料变形，而夹断钼丝。从加工工艺上考虑，应制作合理的工艺孔以便于应力对称、均匀、分散的释放。

穿丝孔打在图 4-6 中的 O 点。建立如图 4-6 所示的坐标系，用 CAD 查询（或计算）求出节点坐标值。加工顺序为 O→A→B→C→D→E→F→G→H→I→J→A→O；计算凸模间隙补偿 f=0.18/2+0.01mm=0.1mm。

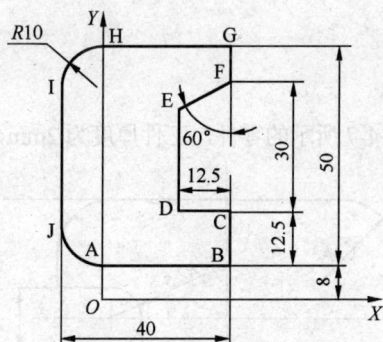

图 4-6　凸模零件编程示意图

2. 工艺实施

加工任务见图 4-1，工艺实施过程如下。

（1）加工穿丝孔。

（2）装夹，穿丝，电极丝较直，定位。

装夹后可用基准面或拉表找正。穿丝后应检查电极丝是否在导轮内并测试张力。电极丝校直后可用机床的自动找中功能定位。

（3）乳化液的配制及流量的确定。

（4）开控制箱电源、开计算机，机床功能检查。

（5）编程。

加工程序如下：

TM；

T84　T86　G90　G92　X0　Y0；　　确定丝起点坐标为（0，0），打开喷液，送电极丝，绝对编程

G42　D100；　　半径右补偿，补偿值为 100μm

G01　X0　Y8000；　　$O{\rightarrow}A$

G01　X30000　Y8000；　　$A{\rightarrow}B$

G01　X30000　Y20500；　　$B{\rightarrow}C$

G01　X17500　Y20500；　　$C{\rightarrow}D$

G01　X17500　Y43283；　　$D{\rightarrow}E$

G01　X30000　Y50500；　　$E{\rightarrow}F$

G01　X30000　Y58000；　　$F{\rightarrow}G$

G01　X0　Y58000；　　$G{\rightarrow}H$

G03　X-10000　Y48000　I0　J-10000；　　$H{\rightarrow}I$

G01　X-10000　Y18000；　　$I{\rightarrow}J$

G03　X0　Y8000　I10000　J0；　　$J{\rightarrow}A$

G40；　　取消丝半径补偿

G01　X0　Y0；　　$A{\rightarrow}O$

T85　T87　M02；　　关闭喷液，停止送丝，程序结束

三、作业测评

1．测评内容

用 ISO 代码编程并加工如图 4-7 所示的零件，工件厚度为 2mm，加工表面粗糙度为 $R_a3.2μm$。

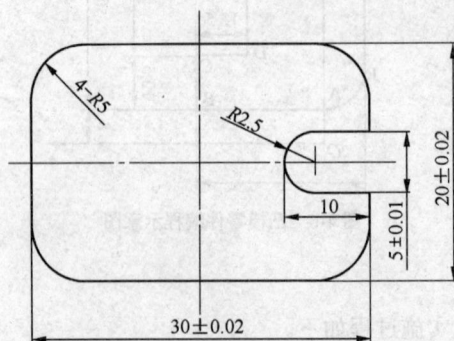

图 4-7

2. 测评标准

表 4-2 加工实训评分表

考核内容	评分项目	配分	评分标准	扣分记录及备注	得分
加工前的准备工作	1. 熟练穿丝	5			
	2. 钼丝垂直度的校核	3			
	3. 钼丝的张紧	2			
编写加工程序	1. 熟悉编写加工程序	6			
	2. 应有工艺分析过程	4			
工件的定位与夹紧	1. 工件定位合理	6			
	2. 工件正确装夹	4			
机床操作	1. 开机顺序正确	3			
	2. 正确将代码送入控制箱	2			
	3. 控制柜面板按钮操作正确	3			
	4. 选择合理的工艺参数	5			
	5. 合理调整工作液流量	2			
工件的尺寸	1. 30mm	10	超差 0.01mm 扣 1 分		
	2. 20 mm	10	超差 0.01mm 扣 1 分		
	3. 10（公差范围：±0.1mm）	5	超差 0.02mm 扣 1 分		
	4. 4 处 R5mm（公差范围：±0.1mm）	10	超差 0.02mm 扣 1 分		
	5. R2.5mm（公差范围：±0.1mm）	5	超差 0.02mm 扣 1 分		
工件的表面质量	R_a3.2μm	5			
加工后的工作	1. 加工后应清理机床	3			
	2. 填写记录	2			
安全文明生产	整个操作过程中应安全文明	5			
额定时间	90min		每超时 1min 扣 1 分		
开始时间		结束时间	实际时间		成绩

四、知识与技能拓展：提高线切割形状精度的措施

（1）减小线切割加工中的变形的手段。

① 正确选择切割路线。

切割路线应有利于保证工件在切割过程中的刚度和避开应力变形影响。

② 恰当安排切割图形。

线切割加工用的坯料在热处理时表面冷却快，内部冷却慢，形成热处理后坯料金相组织不一致，产生内应力，而且越靠近边角处，应力变化越大。所以，线切割的图形应尽量避开坯料边角处，一般让出 8～10mm。对于凸模还应留出足够的夹持余量。

③ 采用预加工工艺。

当线切割加工工件时，工件材料被大量去除，工件内部参与的应力场重新分布引发变形。去除的材料越多，工件变形越大；去除的材料越少，越有利于减少工件的变形。因此，如果在线切割加工之前，尽可能预先去除大部分的加工余量，使工件材料的内应力先释放出来，将大部分的残留变形量留在粗加工阶段，然后再进行线切割加工。由于切割余量较小，变形量自然就减少了，因此，为减小变形，可对凸、凹模等零件进行预加工。

如图 4-8（a）所示，对于形状简单或厚度较小的凸模，从坯料外部向凸模轮廓均匀地开放射状的预加工槽，便于应力对称均匀分散地释放，各槽底部与凸模轮廓线的距离应小而均匀，通常留 0.5～2mm。对于形状复杂或较厚的凸模，如图 4-8b 所示，采用线切割粗加工进行预加工，留出工件的夹持余量，并在夹持余量部位开槽以防该部位残留变形。图 4-9 为凹模的预加工，先去除大部分型孔材料，然后精切成型。若用预铣或电火花成型法预加工，可留 2～3mm 的余量。若用线切割粗加工法进行预加工，国产快速走丝线切割机床可留 0.5～1mm 的余量。

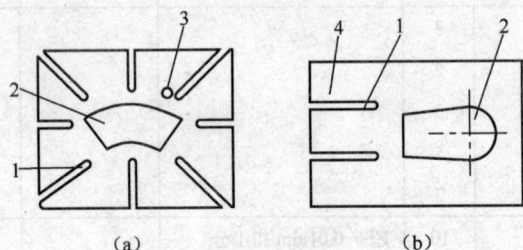

图 4-8 凸模的预加工
1—预加工槽 2—凸模 3—穿丝孔 4—夹持余量

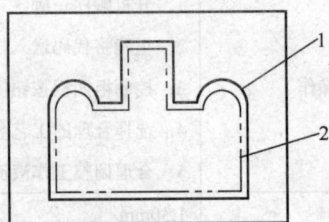

图 4-9 凹模的预加工
1—凹模轮廓 2—预加工轮廓

④ 合理确定穿丝孔位置。

许多模具制造者在切割凸模类外形工件时，常常直接从材料的侧面切入，在切入处产生缺口，残余应力从切口处向外释放，易使凸模变形。为避免变形，在淬火前先在模坯上打出穿丝孔，孔径为 3～10 mm，待淬火后从模坯内部对凸模进行封闭切割，如图 4-10（a）所示。穿丝孔的位置宜选在加工图形的拐角附近，如图 4-10（a）所示，以简化编程运算，缩短切入时的切割行程。切割凹模时，对于小型工件，如图 4-10（b）所示零件，穿丝孔宜选在工件待切割型孔的中心；对于大型工件，穿丝孔可选在靠近切割图样的边角处或已知坐标尺寸的交点上，以简化运算过程。

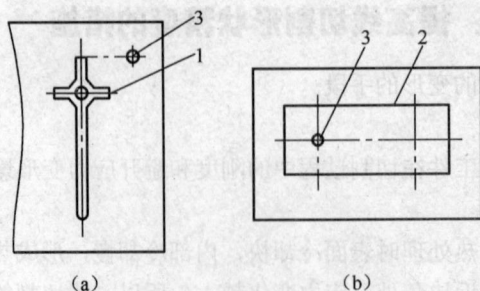

图 4-10 线切割穿丝孔的位置
1—凸模 2—凹模 3—穿丝孔

⑤ 多穿丝孔加工。

采用线切割加工一些特殊形状的工件时，如果只采用一个穿丝孔加工，残留应力会沿切割方向向外释放，造成工件变形，如图 4-11（a）所示。若采用多穿丝孔加工，则可解决变形问题，如图 4-11（b）所示，在凸模上对称地开 4 个穿丝孔，当切割到每个孔附近时暂停加工，然后转入下一个穿丝孔开始加工，最后用手工方式将连接点分开。连接点应选择在非使用端，加工冲模的连接点应设置在非刃口端。

⑥ 采用二次切割法。

对经热处理再进行磨削加工的零件进行线切割时，最好采用二次切割法，如图 4-12 所示。一般线切割加工的工件变形量在 0.03 mm 左右，因此第一次切割时单边留 0.12～0.2mm 的余量。切割完成后毛坯内部应力平衡状态受到破坏后，又达到新的平衡，然后进行第二次精加工，则能加工出精密度较高的工件。

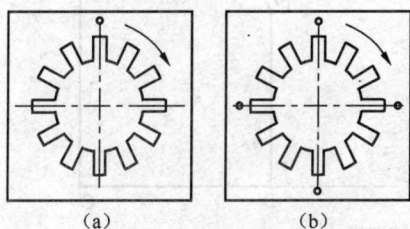

图 4-11　多个穿丝孔加工

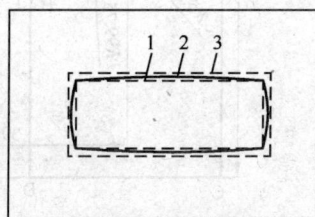

图 4-12　二次切割法

1—第一次切割轨迹　2—变形后的轨迹　3—第二次切割轨迹

（2）增加超切程序和回退程序。

电极丝是个柔性体，加工时受放电压力、工作介质压力等的作用，会造成加工区间的电极丝向后挠曲，滞后于上、下导丝口一段距离，如图 4-13（b）所示，这样就会形成塌角，如图 4-13（d）所示，影响加工精度。为此可增加一段超切程序，如图 4-13（c）中的 $A \rightarrow A'$ 段，使电极丝最大滞后点达到程序节点 A，然后辅加 A' 点的回退程序 $A' \rightarrow A$，接着再执行原程序，便可割出清角。

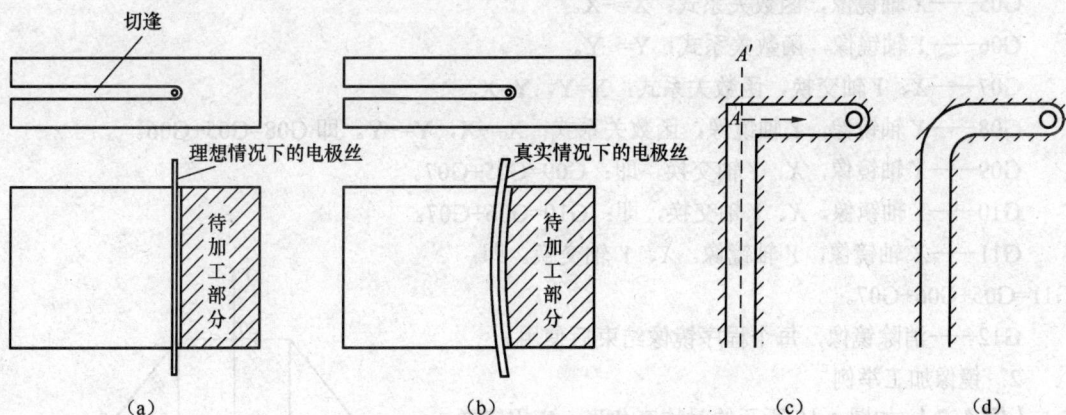

图 4-13　工作中电极丝的挠曲

　　提示　线切割加工中要防止工件变形。

课题二　加工对称凹模

本课题要求运用线切割机床加工如图 4-14 所示对称凹模，工件厚度为 20mm，加工表面粗糙度为 $R_a 3.2\mu m$，电极丝为 $\phi 0.18mm$ 的钼丝，单边放电间隙为 0.01mm。采用 ISO 代码编程。

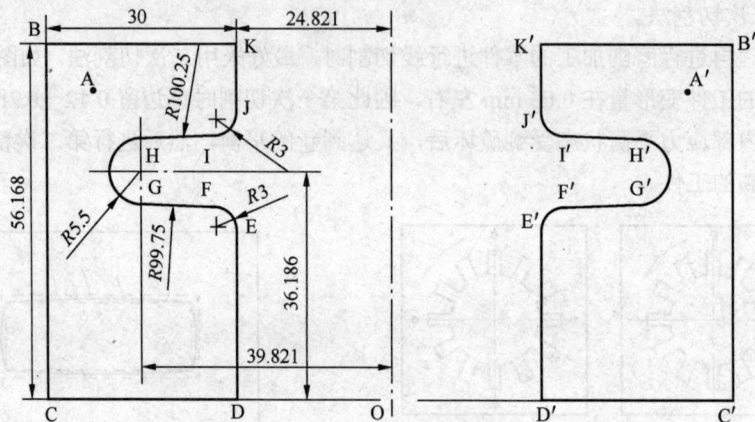

图 4-14　对称凹模

本课题的学习目标是：能用 ISO 代码中的镜像及交换指令编制零件的加工程序；能加工对称凹模。

一、基础知识

1. 镜像及交换指令 G05、G06、G07、G08、G10、G11、G12

在加工零件时，常遇到零件上的加工要素是对称的，此时可用镜像或交换指令进行加工。

G05——X 轴镜像，函数关系式：X=-X。

G06——Y 轴镜像，函数关系式：Y=-Y。

G07——X、Y 轴交换，函数关系式：X=Y，Y=X。

G08——X 轴镜像，Y 轴镜像，函数关系式：X=-X，Y=-Y。即 G08=G05+G06。

G09——X 轴镜像，X、Y 轴交换，即：G09=G05+G07。

G10——Y 轴镜像，X、Y 轴交换，即：G10=G06+G07。

G11——X 轴镜像，Y 轴镜像，X、Y 轴交换。即：
G11=G05+G06+G07。

G12——消除镜像，每个程序镜像结束后使用。

2. 镜像加工举例

【例 4-3】　如图 4-15 所示的对称三角形，应用镜像及交换指令，编制加工程序。

编程时，先编制第一象限的图形程序，然后对程序稍加修改即成为镜像加工程序。

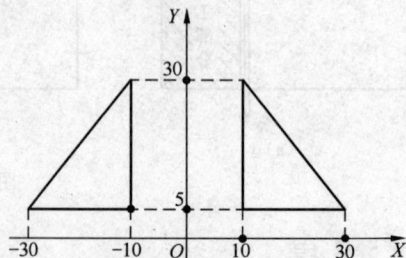

图 4-15　镜像加工

第一象限图形程序：

```
P10;
G92   X0   Y0;
G01   X10000   Y5000;
G01   X30000   Y5000;
G01   X10000   Y30000;
G01   X0   Y0;
M02;
```

镜像加工程序：

```
P20;
G05;                                        X轴镜像
G92   X0   Y0;
G01   X10000   Y5000;
G01   X30000   Y5000;
G01   X10000   Y30000;
G01   X0   Y0;
G12;                                        消除镜像
M02;
```

二、课题实施

1. 工艺分析

图 4-14 所示凹模的成型部分为对称图形，运用 X 轴镜像，可使编程简单。将加工坐标原点设定在 O 点，穿丝孔设在离尖角较近的位置，分别打在 A（-48，48）和 A′（48，48），退出点与穿丝点重合。在加工过程中，加工完成左边凹模后，利用程序暂停指令 M00 进行拆丝，然后用 G00 指令将机床定位在右边凹模的穿丝点 A′，再运行暂停指令 M00，再重新穿丝，启动机床加工右边凹模。

2. 工艺实施

（1）加工穿丝孔。

（2）装夹，穿丝，电极丝较直，定位。

装夹后可用基准面或拉表找正。穿丝后应检查电极丝是否在导轮内并测试张力。电极丝校直后可用机床的自动找中功能定位。

（3）乳化液的配制及流量的确定。

（4）开控制箱电源，开计算机，机床功能检查。

（5）编程。

加工程序如下：

```
N10   T84   T86   G90   G92   X-48.0   Y48.0;       采用绝对坐标编程，A 点为穿丝点
N12   G41   D100   G01   X-54.821   Y56.168;         从穿丝点 A 到切割起点 B
N14   G01   X-54.821   Y0;                           切割直线 BC
N16   G01   X-24.821   Y0;                           切割直线 CD
N18   G01   X-24.821   Y26.921;                      切割直线 DE
```

N20	G03	X-27.449	Y29.898	I-3.0	J0；	逆时针切割圆弧 *EF*
N22	G03	X-39.821	Y30.668	I-12.372	J-98.980；	逆时针切割圆弧 *FG*
N24	G02	X-39.821	Y41.668	I0	J5.5；	顺时针切割圆弧 *GH*
N26	G02	X-28.170	Y40.989	I0	J-100.250；	顺时针切割圆弧 *HI*
N28	G03	X-24.821	Y43.968	I0.349	J2.979；	逆时针切割圆弧 *IJ*
N30	G1	X-24.821	Y56.168；			切割直线 *JK*
N32	G01	X-54.821	Y56.168；			切割直线 *KB*
N34	G01	X-48.0	Y48.0；			从切割终点 *B* 到退出点 *A*
N36	M00；					程序暂停，拆丝
N38	G05	G00	X-48.0	Y48.0；		采用镜像命令，快速移动至穿丝点 *A′*
N40	M00；					程序暂停，穿丝
N42	G01	X-54.821	Y56.168；			从穿丝点 *A′* 到切割起点 *B′*
N44	G01	X-54.821	Y0；			切割直线 *B′C′*
N46	G01	X-24.821	Y0；			切割直线 *C′D′*
N48	G01	X-24.821	Y26.921；			切割直线 *D′E′*
N50	G03	X-27.449	Y29.898	I-3.0	J0；	切割圆弧 *E′F′*
N52	G03	X-39.821	Y30.668	I-12.372	J-98.98；	切割圆弧 *F′G′*
N54	G02	X-39.821	Y41.668	I0	J5.5；	切割圆弧 *G′H′*
N56	G02	X-28.170	Y40.989	I0	J-100.25；	切割圆弧 *H′I′*
N58	G03	X-24.821	Y43.968	I0.349	J2.979；	切割圆弧 *I′J′*
N80	G01	X-24.821	Y56.168；			切割直线 *J′K′*
N62	G01	X-54.821	Y56.168；			切割直线 *K′B′*
N64	G40	G01	X-48.0	Y48.0；		从切割终点 *B′* 到退出点 *A′*
N66	G12；					取消镜像命令
N68	T85	T87	M02；			程序停止

三、作业测评

1．测评内容

用 ISO 代码的镜像指令编程并加工如图 4-16 所示的零件，工件厚度为 5mm，加工表面粗糙度为 $R_a3.2\mu m$。

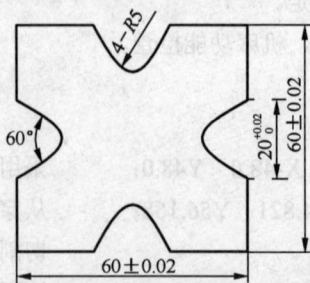

图 4-16

2．测评标准

表 4–3　　　　　　　　　　　　　加工实训评分表

考核内容	评分项目	配分	评分标准	扣分记录及备注	得 分
加工前的准备工作	1．熟练穿丝	5			
	2．钼丝垂直度的校核。	3			
	3．钼丝的张紧。	2			
编写加工程序	1．熟练编写加工程序。	6			
	2．应有工艺分析过程。	4			
工件的定位与夹紧	1．工件定位合理。	6			
	2．工件正确装夹。	4			
机床操作	1．开机顺序正确	3			
	2．正确将代码送入控制箱	2			
	3．控制柜面板按钮操作正确	3			
	4．选择合理的工艺参数	5			
	5．合理调整工作液流量	2			
工件的尺寸	1.60 ± 0.02	10	超差 0.01 扣 1 分		
	$2.20^{+0.02}_{0}$	10	超差 0.01 扣 1 分		
	3.4 处 60°（公差范围：±0.1°）	10	超差 0.02° 扣 1 分		
	4.4 处 R5（公差范围：±0.1）	10	超差 0.02 扣 1 分		
工件的表面质量	$R_a3.2$	5			
加工后的工作	1．加工后应清理机床	3			
	2．填写记录。	2			
安全文明生产	整个操作过程中应安全文明	5			
额定时间	90min	每超时 1min 扣 1 分			
开始时间		结束时间		实际时间	成绩

四、知识与技能拓展：电极丝往复运动对工艺指标的影响

1．电极丝运动引起的斜度

电极丝上下运动时，电极丝进口处与出口处的切缝宽窄不同，如图 4-17 所示。宽口是电极丝的进口处，窄口是电极丝的出口处。当电极丝往复运动时，在同一切割表面中电极丝进口与出口的高低是不同的。这对加工精度和表面粗糙度有影响。

图 4-18 所示是切缝剖面示意图。由图可知，电极丝的切缝不是直壁缝，对一个确定的电极丝运动方向而言，入口处缝大，出口处缝小，这是因为，在同一走丝方向条件下，上端面与下端面尺寸不同，呈现出斜度特征，而电极丝往复运动，就使斜度方向不断改变。

2．加工表面产生黑白条纹的原因及其对策

（1）黑白条纹的产生原因。

采用高速走丝方式时，加工钢件的表面往往会出现黑白相间的条纹，如图 4-19 所示。条纹的出现与电极丝的运动有关，电极丝进口处呈黑色，出口处呈白色。这是因为排屑和冷却条件不同

造成的。电极丝从上向下运动时，工作液由电极丝从上部带入工件，放电产物由电极丝从下部带出，这时，上部工作液充分，冷却条件好，下部工作液少，冷却条件差，但排屑条件比上部好。工作液在放电间隙里受高温热裂分解，形成高压的气体，它急剧向外扩散，对上部蚀除物的排除造成困难，这时，放电产生的炭黑等物质将凝聚附着在上部加工表面上，使之显黑色。在下部，排屑条件好，工作液少，放电产物中炭黑较少，且放电常常是在气体中发生，因此加工表面呈白色。同理，当电极丝从下向上运动时，下部呈黑色，上部呈白色。这样，经过电火花线切割加工的表面，就形成黑白相间的条纹。这是高速走丝工艺的特性之一。

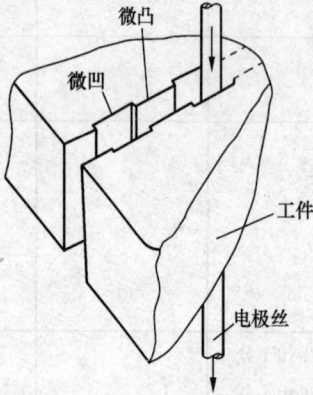

图 4-17 电极丝运动引起的斜度

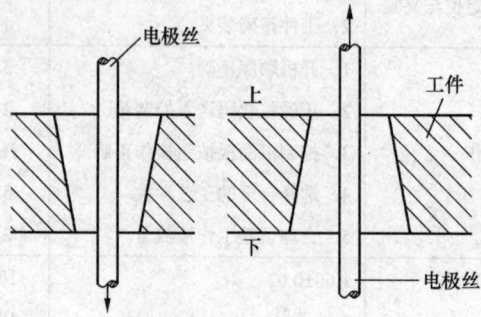

图 4-18 切缝剖面示意图

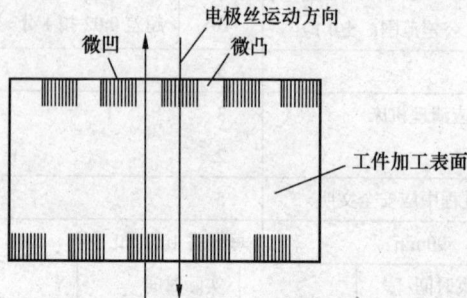

图 4-19 线切割加工表面的黑白条纹

这种条纹一般对加工表面粗糙度值略有影响，其中白色条纹比黑色条纹凸出几微米到几十微米。因为电极丝进口处工作液充分，放电是在液体介质中进行的，而在电极丝出口处，液体少，气体多，在低压放电条件下，气体中放电间隙小，所以，进口处的放电间隙比出口处大，结果白色条纹比黑色条纹凸出。

由于加工表面两端出现黑白相间的条纹，使工件加工表面两端的表面粗糙度比中部稍差一点。当电极丝较短、储丝筒换向周期较短时，或者切割较厚工件时，尽管加工结果看上去似乎没有条纹，实际上是条纹很密，互相重叠而已。

（2）限制黑白条纹的对策。

黑白条纹产生最根本的原因是电极丝往复运动时都放电切割加工，如果电极丝只在一个方向运动时放电，而在另外一个方向运动时不放电，就没有黑白相间的条纹。但若只在单向运动时切割，生产率就太低了。

采用较合理的工作液喷射方式，使电极丝出口和入口处工作液供应尽量一致，尤其要改善工件下部工作液的供应状况，对限制黑白条纹会有一定效果。

课题三 加工带锥度的凹模

本课题要求运用线切割机床加工如图 4-20 所示带锥度的凹模，工件厚度 H=8mm，刀口斜度 A=15°，下导轮中心到工作台面高度 W=60mm，工作台面到上导轮中心高度 S=100mm，加工表面粗糙度为 R_a3.2μm，电极丝为 ϕ0.18mm 的钼丝，单边放电间隙为 0.01mm。图中标注尺寸为平均尺寸，采用 ISO 代码编程。

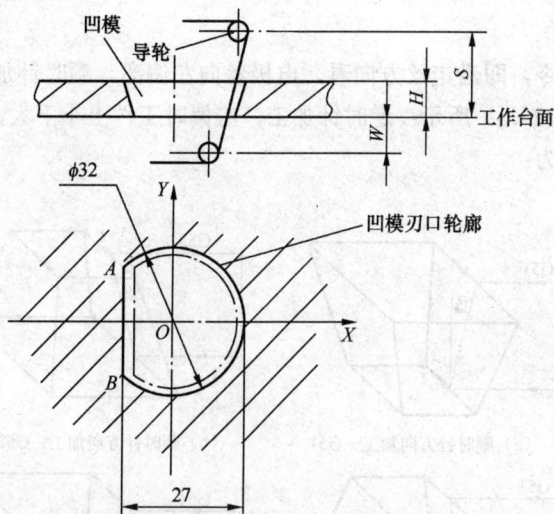

图 4-20　带锥度的凹模

本课题的学习目标是：掌握线切割锥度加工指令的用法，能用 ISO 代码编程并加工带锥度的凹模。

一、基础知识

1. 和锥度有关的几个概念

（1）锥度 C。

$$C = \frac{D-d}{L}$$

式中：D 为锥孔大端直径；d 为锥孔小端直径；L 为工件上圆锥段长度（mm）。

（2）斜角 α（又称圆锥半角）。

$$\tan a = \frac{D-d}{2L} = \frac{C}{2} \qquad\qquad a = \arctan\frac{C}{2}$$

（3）锥度角 2α 为斜角的 2 倍。

2. 锥度加工指令 G50、G51、G52

在目前的一些电火花线切割数控机床上，锥度加工都是通过装在导轮部位的 U、V 附加轴工作台实现的。加工时，控制系统驱动 U、V 附加轴工作台，使上导轮相对于 X、Y 坐标轴工作台移动，以获得所要求的锥角。用此方法可以解决凹模的漏料问题。

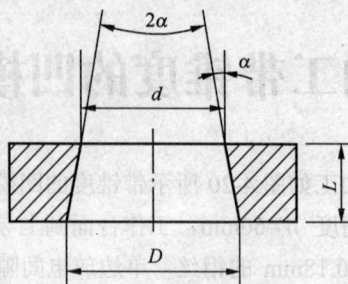

图 4-21 凹模锥度的参数

（1）编程指令。

G51 为锥度左偏指令，即沿走丝方向看，电极丝向左偏离。顺时针加工，锥度左偏加工的工件为上大下小，如图 4-22（a）所示；逆时针加工，左偏时工件上小下大，如图 4-22c 所示。锥度左偏指令的程序段格式为：

G51 A___；

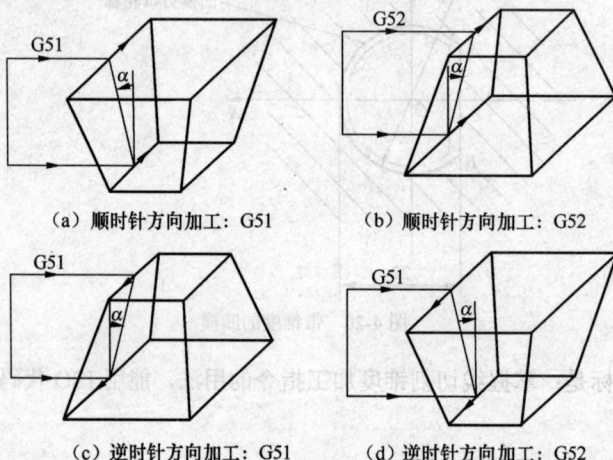

（a）顺时针方向加工：G51　　　　（b）顺时针方向加工：G52

（c）逆时针方向加工：G51　　　　（d）逆时针方向加工：G52

图 4-22 锥度加工指令的意义

G52 为锥度右偏指令，用此指令顺时针加工，工件上小下大，如图 4-22（b）所示；逆时针加工，工件上大下小，如图 4-22（d）所示；锥度右偏指令的程序段格式为：G52 A___；

程序段中：A 表示锥度值，G50 为取消锥度指令。

（2）锥度加工条件。

进行锥度线切割加工，首先必须输入下列参数：

① 上导轮中心到工作台面的距离 S；

② 工作台面到下导轮中心的距离 W；

③ 工件厚度 H。

如图 4-23 所示。

（3）锥度加工的建立和退出。

锥度加工的建立和退出过程如图 4-24 所示，建立锥度加工（G51 或 G52）和退出锥度加工（G50）程序段必须是 G01 直线插补程序段，分别在进刀线和退刀线中完成。

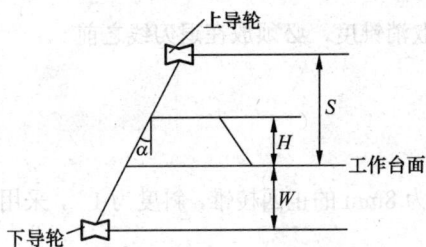

图 4-23 锥度切割加工中的参数定义

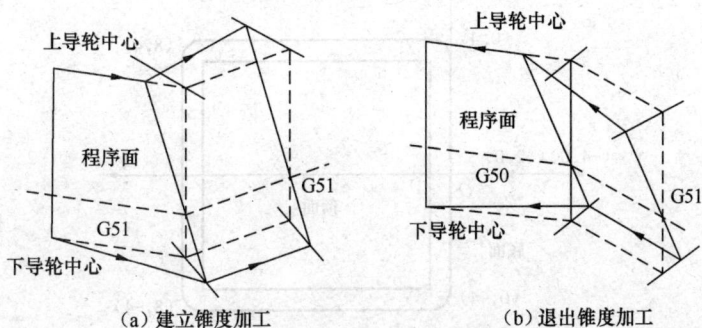

（a）建立锥度加工　　　　　（b）退出锥度加工

图 4-24　锥度加工的建立和退出

　　锥度加工的建立是从建立锥度加工直线插补程序段的起始点开始偏摆电极丝，到该程序段的终点时电极丝偏摆到指定的锥度值，如图 4-24（a）所示。图中的程序面为待加工工件的下表面，与工作台面重合。

　　锥度加工的退出是从退出锥度加工直线插补程序段的起始点开始偏摆电极丝，到该程序段的终点时电极丝摆回 0°值（垂直状态），如图 4-24（b）所示。

　　（4）在下述情况下不可能得到理论规定的倾斜度的加工面。

　　① 直线与圆弧相交，如图 4-25 所示。

　　② 圆弧与圆弧相交，如图 4-26 所示。

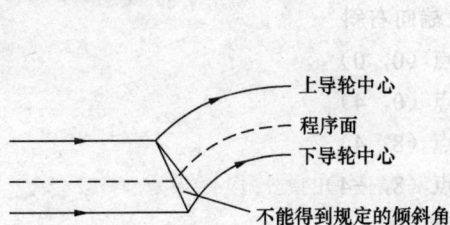

图 4-25　直线与圆弧相交

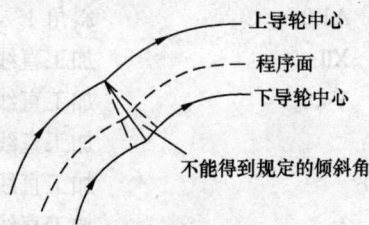

图 4-26　圆弧和圆弧相交

　　（5）程序格式。

如下例所示：

G90　G92　X0　Y0；

W60.0；　　　　　　　　工作台面到下导轮中心的距离 W=60mm

H40.0；　　　　　　　　工件厚度 H=40mm

S100.0；　　　　　　　上导轮中心到工作台面的距离 S=100mm

G52　A3；　　　　　　在进刀线之前，设定锥度为 3°

G50；　　　　　　　　　G50 取消锥度，必须放在退刀线之前

……

M02；

3．锥度加工举例

【例 4-4】 加工一个边长为 8mm 的正四棱锥，斜度为 1°，采用恒锥度方式，切入长度 4mm，如图 4-27 所示。

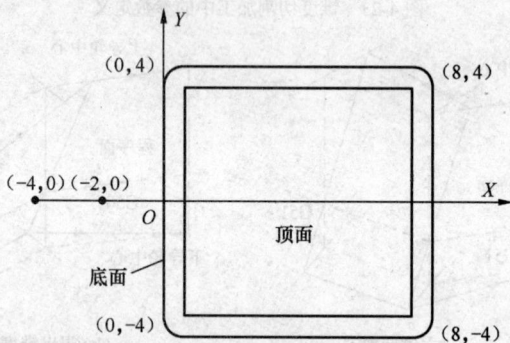

图 4-27　正四棱锥

按绝对方式编程为

代码	注释
%CONSTANT　TAPER	注释，恒锥度方式
G92　X-4.0　Y0；	起始点（-4，0）
W60.0；	
H150.0；	
S100.0；	
G01　X-2.0；	加工直线，终点（-2，0）
G41　D100；	左侧偏移，偏移值为 100μm
G52　A1.0；	斜角 1°，丝上端向右斜
G01　X0；	加工直线，终点（0，0）
G01　Y4.0；	加工直线，终点（0，4）
X8.0；	加工直线，终点（8，4）
Y-4.0；	加工直线，终点（8，-4）
X0；	加工直线，终点（0，-4）
Y0；	加工直线，终点（0，0）
G50；	恢复无锥度加工的常态
G40；	取消偏移
X -4.0；	回起始点（-4，0）
M02；	加工结束

二、课题实施

1．工艺分析

首先按平均尺寸绘制凹模刃口轮廓圆，建立如图 4-20 所示的坐标系，用 CAD 绘图（或计算

机）求出节点坐标值 A（-11.000，11.619），B（-11.000，11.619）；其次取 O 点为穿丝点，加工顺序为：$O \rightarrow A \rightarrow B \rightarrow A \rightarrow O$；考虑凹模间隙补偿 $R=0.18/2+0.01=0.1$mm。同时应特别注意 G41、G51 与 G52 之间的区别。

2．工艺实施

（1）加工穿丝孔。

（2）装夹，穿丝，电极丝较直，定位。

装夹后可用基准面或拉表找正。穿丝后应检查电极丝是否在导轮内并测试张力。电极丝校直后可用机床的自动找中功能定位。

（3）乳化液的配制及流量的确定。

（4）开控制箱电源、开计算机，机床功能检查。

（5）编程。

加工程序如下：

G90　G92　X0　Y0；

W60.0；

H8.0；

S100.0；

G5l　A0.25；

G42　D100；

G0l　X-11.0　Y-11.619；

G02　X-11.0　Y-11.619　I-11.0　J-11.619；

G01　X-11.0　Y-11.619；

G50；

G40；

G0l　X0　Y0；

M02；

三、作业测评

1．测评内容

用 ISO 代码编程并加工如图 4-28 所示的长圆锥孔，加工表面粗糙度为 $R_a3.2\mu m$。

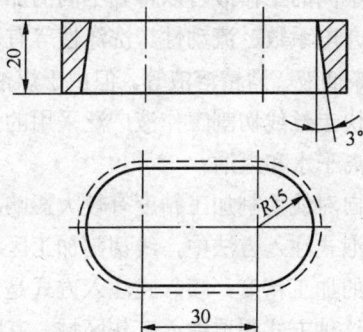

图 4-28　长圆锥孔

2. 测评标准

表 4–4　　　　　　　　　　　　加工实训评分表

考核内容	评分项目	配分	评分标准	扣分记录及备注	得分
加工前的准备工作	1. 熟练穿丝	5			
	2. 钼丝垂直度的校核	3			
	3. 钼丝的张紧	2			
编写加工程序	1. 熟练编写加工程序	6			
	2. 应有工艺分析过程	4			
工件的定位与夹紧	1. 工件定位合理	6			
	2. 工件正确装夹	4			
机床操作	1. 开机顺序正确	3			
	2. 正确将代码送入控制箱	2			
	3. 控制柜面板按钮操作正确	3			
	4. 选择合理的工艺参数	5			
	5. 合理调整工作液流量	2			
工件的尺寸	1. 30mm（公差范围±0.1mm）	10	超差 0.01mm 扣 1 分		
	2. 2 处 R15mm（公差范围：±0.05mm）	10	超差 0.01mm 扣 1 分		
	3. 锥度 3°（公差范围：±0.1°）	20	超差 0.02° 扣 1 分		
工件的表面质量	$R_a 3.2 \mu m$	5			
加工后的工作	1. 加工后应清理机床	3			
	2. 填写记录	2			
安全文明生产	整个操作过程中应安全文明	5			
额定时间	90min		每超时 1min 扣 1 分		
开始时间		结束时间		实际时间	成绩

四、知识与技能拓展

1. 工作液对工艺指标的影响

在相同的工作条件下，采用不同的工作液可以得到不同的加工速度、表面粗糙度。电火花线切割加工的切割速度与工作液的介电系数、流动性、洗涤性等有关。快走丝线切割机床的工作液有煤油、去离子水、乳化液、洗涤剂液、酒精溶液等。但由于煤油、酒精溶液加工时加工速度低、易燃烧，现已很少采用。目前，快走丝线切割工作液广泛采用的是乳化液，其加工速度快。慢走丝线切割机床采用的工作液是去离子水和煤油。

工作液的注入方式和注入方向对线切割加工精度有较大影响。工作液的注入方式有浸泡式、喷入式和浸泡喷入复合式。在浸泡式注入方法中，线切割加工区域流动性差，加工不稳定，放电间隙大小不均匀，很难获得理想的加工精度；喷入式注入方式是目前国产快走丝线切割机床应用最广的一种，因为工作液以喷入这种方式强迫注入工作区域，其间隙的工作液流动更快，加工较稳定。但是，由于工作液喷入时难免带进一些空气，故不时发生气体介质放电，其蚀除特性与液体介质放电不同，从而影响了加工精度。浸泡式和喷入式比较，喷入式的优点明显，所以大多数快走丝线切割机床采用这种方式。在精密电火花线切割加工中，慢走丝线切割加工普遍采用浸泡喷入复合式的工作液注入方式，它既体现了喷入式的优点，同时又避免了喷入时带入空气的隐患。

工作液的喷入方向分单向和双向两种。无论采用哪种喷入方向，在电火花线切割加工中，因切缝狭小、放电区域介质液体的介电系数不均匀，所以放电间隙也不均匀，并且导致加工面不平、加工精度不高。

若采用单向喷入工作液，入口部分工作液纯净，出口处工作液杂质较多，这样会造成加工斜度，如图 4-29（a）所示；若采用双向喷入工作液，则上下入口较为纯净，中间部位杂质较多，介电系数低，这样造成鼓形切割面，如图 4-29（b）所示。工件越厚，这种现象越明显。

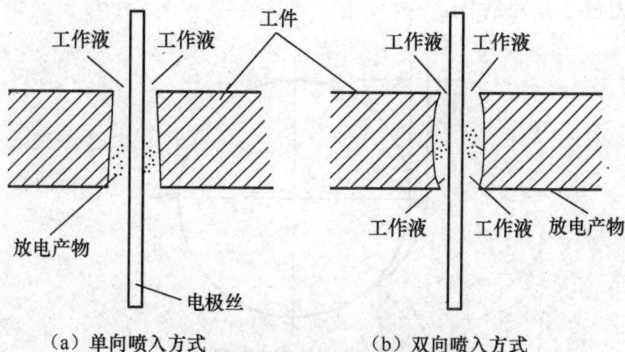

（a）单向喷入方式　　　　　　　　（b）双向喷入方式

图 4-29　工作液喷入方式对线切割加工精度的影响

> **提示**　工作液的浓度和清洁程度对所加工的工件精度有影响。

2．提高线切割机床加工尺寸精度的途径

（1）减小电极丝的振动。

电极丝振动的振源有储丝筒的换向振动、导轮的振动（包括径向圆跳动和偏摆等）及电火花放电等。储丝筒换向时造成的线架振动，又影响电极丝的动态稳定性。下面从导轮、线架、丝速、张力以及挡丝机构等方面进行分析。

① 线架。线架在外振力的作用下，除了整体摆动外，还有弯曲变形。适当加大线架立柱在 X 方向及线架横梁方向上的尺寸，对提高电极丝运行时的动态稳定性是有利的。此外，线架立柱与上、下横梁的连接刚度也很重要。

② 导轮。导轮的振动对电极丝的振动有直接而严重的影响。因此，对导轮的径向圆跳动及摆动应该严格控制，特别是导轮与导轮座装配到上、下线臂后的径向圆跳动及偏摆往往和导轮的原始精度差别较大。走丝系统中所有导轮 V 形槽的中间平面，都应该严格处于同一个平面中，任何一个导轮 V 形槽的中间平面偏离该平面或导轮轴心线与该平面不垂直，都会加剧电极丝的振动。因此，导轮数少一些好。导轮轴承的工作环境很差，应采用好的润滑脂，并应尽量消除轴承间隙。

③ 丝速。丝速过高，造成导轮径向圆跳动的频率也高，而电极丝振动的最大幅值是随导轮径向圆跳动的频率成一定比例增加。可见在可能条件下适当降低走丝速度，将有利于提高线切割加工的精度。

④ 挡丝机构。使用挡丝机构的确能有效地阻隔由加工区传来的振动，挡丝机构对提高高速走丝线切割机床切割加工精度很重要。

⑤ 张力。张力过小会频繁短路，导致加工不稳定，而使切割效率下降，并严重影响加工精度。如果要求加工精度高一些，张力的大小与平稳性就不能不考虑了。

张力的大小会造成电极丝在导轮上支点位置的变化，如图 4-30 所示。张力大时，支点在点 P_1 附近，张力小时，会飘移至 P_2 附近，因而导致电极丝在 X 方向上的位置飘移了 ΔX，实验证明，当张力为 9.8N 时，$\Delta X \approx 8 \sim 10\mu m$，张力增大时，$\Delta X$ 变小，而张力减小时，ΔX 迅速增大。另外由于电极丝处于储丝筒的收丝侧与放丝侧的不同，存在着收丝侧紧、放丝侧松的区别，在正反向运行时，上、下导轮上电极丝的张力状态是不同的，由此所形成 ΔX 的周期性变化，影响了电极丝在空间的位置，所以张力过小是不行的。

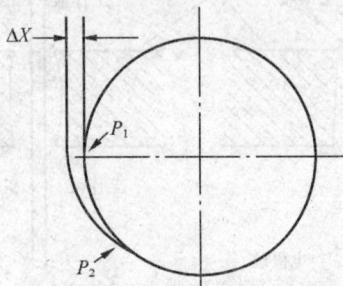

图 4-30 电极丝支点的飘移

有的生产厂家已为新生产的线切割机床增设了恒张力机构，这对改善电极丝因伸长而引起的松弛，减小电极丝晃动量，有一定的好处。

（2）减少热变形。

脉冲电源、机床电器及工作液箱等热源，最好不要装在床身内，万不得已时，应该有良好的通风降温措施。

模块总结

本模块以加工凸模零件为例介绍了 ISO 代码直线和圆弧编程方法，以加工对称凹模零件为例介绍了 ISO 代码的镜像及交换指令编程方法，以加工带锥度的凹模零件为例介绍了锥度加工指令的编程方法。通过对本模块的学习，读者对 ISO 代码编程有了一个较全面的了解。ISO 代码在手工编程中应用越来越广泛，在编程过程中要准确计算坐标，正确使用钼丝偏移指令，如果是编制锥度零件的加工程序，还要准确设定机床的参数和工件厚度。

综合练习

一、判断题（正确的打"√"，错误的打"×"）

1．用钼丝切割紫铜时，钼丝表面的颜色灰慢慢转变成紫铜色，这种现象叫金属转移。（　　）

2. 高速走丝线切割的加工精度、表面粗糙度值比低速走丝线切割的加工精度要高，表面粗糙度值要小。　　　　　　　　　　　　　　　　　　　　　　　　　　　（　　）

3. 数控线切割的加工精度主要取决于机床工作台的机械运动精度。　　　　（　　）

4. G02 为逆时针加工圆弧插补。　　　　　　　　　　　　　　　　　　（　　）

5. 在编写图形程序时，必须考虑电极丝的补偿量。　　　　　　　　　　（　　）

6. G 代码即 ISO 代码是指绝对坐标这一种方式。　　　　　　　　　　　（　　）

7. 线切割工件表面出现黑白交叉条纹不影响到工件表面粗糙度。　　　　（　　）

8. 在 G 代码编程中，G04 属于延时指令。　　　　　　　　　　　　　　（　　）

9. 在电火花线切割加工中，电极丝与工件间不会发生电弧放电。　　　　（　　）

10. 在电火花线切割加工中，M02 的功能是关闭丝筒电机。　　　　　　　（　　）

二、单项选择题

1. 数控机床中准备功能的地址符是（　　）。

　　A. G　　　　　　　B. M　　　　　　　C. H　　　　　　D. T

2. 数控机床程序顺序号字为（　　）。

　　A. G　　　　　　　B. F　　　　　　　C. S　　　　　　D. N

3. 标准代码 G01 含义为（　　）。

　　A. 直线插补　　　　　　　　　　　B. 点定位

　　C. 顺时针圆弧插补　　　　　　　　D. 逆时针圆弧插补

4. 下列指令属绝对坐标指令的有（　　）。

　　A. G90　　　　　　B. G91　　　　　　C. G92　　　　　D. G94

5. ISO 代码中 M00 表示（　　）。

　　A. 程序暂停　　　B. 程序结束　　　C. 接触感知解除　　D. 子程序调用

6. 数控机床标准代码中哪些用于工作坐标系？（　　）

　　A. G90,G91　　　B. G92,G97　　　C. G54-G59　　D. G17-G19

7. ISO 代码中 G51 表示（　　）。

　　A. 锥度左偏　　　B. 锥度右偏　　　C. 消除锥度　　　D. 左偏间隙补偿

8. ISO 代码中 G52 表示（　　）。

　　A. 锥度左偏　　　B. 锥度右偏　　　C. 消除锥度　　　D. 左偏间隙补偿

9. 电极丝的张力提高（　　）。

　　A. 会减小丝的震动　　　　　　　　B. 可以提高切割速度

　　C. 防止断丝　　　　　　　　　　　D. 使丝变细

10. 当冲裁件断面质量要求很高时，在间隙允许范围内应采用（　　）的间隙。

　　A. 较大　　　　　　B. 较小　　　　　C. 不大不小　　　D. 不均匀

三、实训题

1. 用 ISO 代码编程并在线切割机床上加工如题图 4-1 所示零件，工件厚度为 2mm，材料为 45 钢，钼丝直径为 ϕ0.18mm。

2. 用 ISO 代码编程并在线切割机床上加工如题图 4-2 所示零件，工件厚度为 2mm，材料为 45 钢，钼丝直径为 ϕ0.18mm。

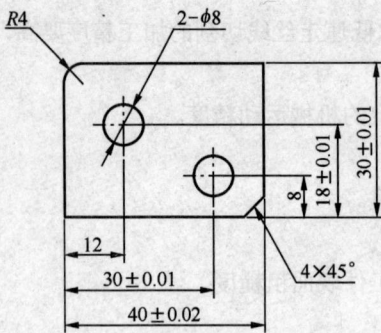

题图 4-1

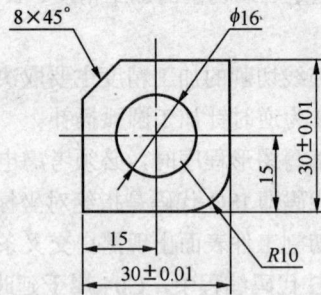

题图 4-2

模块五 5 CAXA 数控线切割自动编程

学习目标

◎ 掌握 CAXA 线切割 XP 系统基础知识

◎ 能使用 CAXA 数控线切割自动编程软件加工零件

前面学习了 3B 代码和 ISO 代码的手工编程方法，在线切割加工生产实际中，还经常使用软件自动编程，用于线切割自动编程的软件有多种，本模块将介绍在生产实际中较常用的 CAXA 线切割 XP 系统的自动编程方法。

课题一 **CAXA 线切割 XP 系统基础知识**

本课题介绍 CAXA 线切割 XP 系统用户界面、基本操作和菜单命令系统。

本课题的学习目标是：通过本课题的学习，要求能使用 CAXA 线切割 XP 系统的基本操作命令。

CAXA 线切割 XP 是专门针对线切割设计和加工人员的需要而开发的实用计算机辅助制造软件，是一个方便快捷、易学易用的 CAD/CAM 集成软件。它可以为各种线切割机床提供高速、高效、自动、便捷的编程，编制高品质的数控代码，极大地简化了编程人员的工作量，将逐步替代早期的自动编程软件。

一、用户界面

图 5-1 为 CAXA 线切割 XP 系统用户界面，它包括三大部分：绘图功能区、菜单系统和状态显示与提示。

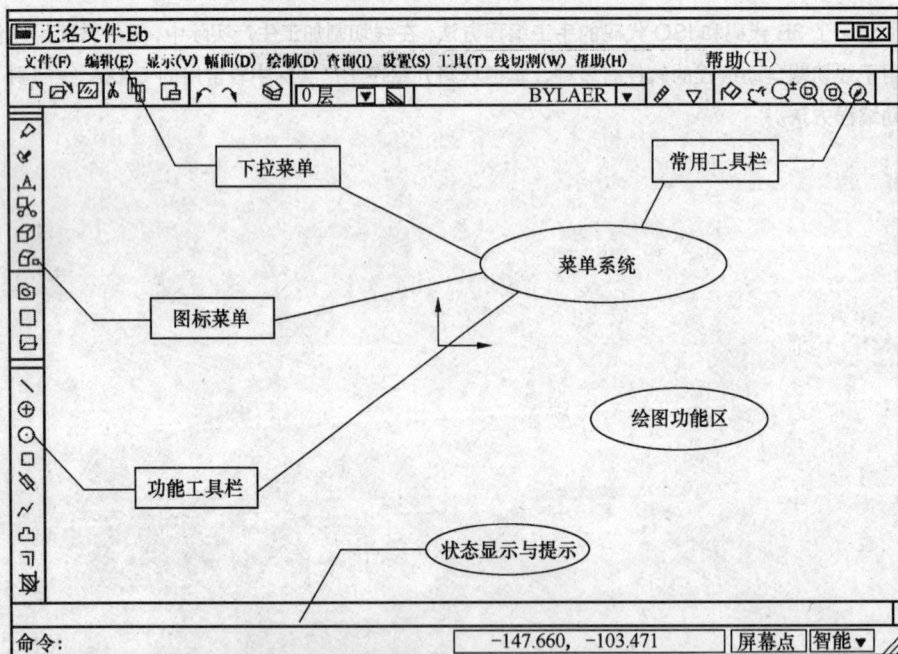

图 5-1 CAXA 线切割 XP 系统基本用户界面

1．绘图功能区

绘图功能区是用户进行绘图设计的工作区域，它占据了屏幕的大部分面积。绘图区中央设置有一个二维直角坐标系，是绘图时的缺省坐标系。

2．菜单系统

CAXA 线切割 XP 系统的菜单系统包括下拉菜单、图标菜单、立即菜单、工具菜单和工具栏等五个部分。

（1）下拉菜单。下拉菜单位于屏幕的顶部，由一行主菜单及其下拉子菜单组成，主菜单包括文件、编辑、显示、幅面、绘制、查询、设置、工具、线切割加工和帮助，每个部分含有若干下拉子菜单。

（2）图标菜单。图标菜单缺省时位于屏幕左侧的上部，它包括基本曲线、高级曲线、工程标注、曲线编辑、块操作、图库、轨迹生成、代码生成和代码传输/后置设置九个部分，每个菜单含有若干命令项。

（3）立即菜单。立即菜单是当功能命令项被选中时，在绘图区的左下角弹出的菜单，它描述了该项命令执行的各种情况和使用条件。用户根据当前的作图要求，正确选择某一项，即可得到准确的响应。

（4）工具菜单。工具菜单包括工具点菜单和拾取元素菜单。

（5）工具栏。工具栏包括常用工具栏和功能工具栏两部分。常用工具栏为下拉菜单中的一些常用命令，为了提高效率，将它们以图标的形式集中在一起组成了常用工具栏。功能工具栏对应于图标菜单的各项，选中不同的图标菜单，会显示不同的功能工具栏。CAXA 线切割 XP 系统的功能操作主要集中在这里。

3．状态显示与提示

屏幕的下方为状态显示与提示框，显示当前坐标、当前命令以及对用户操作的提示等。它包括当前点坐标显示、操作信息提示、工具菜单状态提示、点捕捉状态提示和命令与数据输入等 5 项。

二、基本操作

1．常用键的含义

（1）鼠标。左键：点取菜单、拾取选择。右键：确认拾取、终止当前命令、重复上一条命令（在命令状态下）；弹出操作热菜单（在选中实体时）。

（2）回车键。确认选中的命令、结束数据输入或确认缺省值、重复上一条命令（同鼠标右键）。

（3）空格键。弹出工具点菜单或弹出拾取元素菜单。

（4）快捷键 Alt+1～Alt+9。其功能是迅速激活立即菜单相应数字所对应的菜单命令。

（5）控制光标的键盘键。方向键：在输入框中移动光标，移动绘图区的显示中心。Home 键：在输入框中将光标移至行首。End 键：在输入框中将光标移至行尾。

（6）功能热键。Esc 键：取消当前命令。F1 键：请求系统帮助。F3 键：显示全部。F8 键：显示鹰眼。F9 键：全屏显示。

2．点的输入

CAXA 线切割 XP 系统对点的输入提供了三种方式：键盘输入、鼠标点取输入和工具点的捕捉。

（1）键盘输入。通过键盘输入点的坐标值（X、Y）以达到输入点的目的。点的坐标分为绝对坐标和相对坐标两种，绝对坐标输入只需输入点的坐标值，它们之间用逗号隔开。相对坐标输入时，需在第一个数值前加一个符号@。例如输入"@20，10"表示输入一个相对于前一点的坐标为（20，10）的点。

（2）鼠标输入。鼠标输入是指通过移动鼠标选择需要的点，按下鼠标左键，该点即被选中。

（3）工具点的捕捉。工具点是指作图过程中有几何特征的圆心点、切点、端点等。而工具点捕捉就是利用鼠标捕捉"工具点菜单"中的某个特征点。当需要输入特征点时，按空格键即可弹出"工具点菜单"，它包括以下内容：（S）屏幕点、（E）端点、（M）中点、（C）圆心、（I）交点、（T）切点、（P）垂足点、（N）最近点、（K）孤立点、（O）象限点。

3．实体的拾取

拾取实体是根据需要在已经绘出或生成的直线、圆弧等实体中选择需要的一个或多个。实体的拾取是经常要用到的操作，需熟练掌握。当交互操作处于拾取状态时，按下空格键可弹出拾取元素菜单，包括以下几项。

（1）拾取所有。将所有生成的轨迹都拾取上。

（2）拾取添加。需用户挨个拾取需批量处理的各加工轨迹。

（3）取消所有。取消已经拾取的所有加工轨迹。

（4）拾取取消。可改变轨迹的拾取状态，与拾取轮廓线功能中的"拾取取消"相比，轨迹拾取取消不会自动取消掉最近的拾取记录，而是由用户指定需取消的轨迹。

（5）取消尾项。取消最后拾取的一段加工轨迹。

拾取元素菜单中的前两项可不需弹出菜单而直接使用。注意：绘图时的拾取元素菜单同生成轨迹时的拾取元素菜单不同，需区别对待。

4．立即菜单的操作

用户在输入某些命令时，绘图区左下角会弹出一行立即菜单。如输入画直线的命令（从键盘输入"line"或用鼠标点击相应的命令），系统立即弹出如图 5-2 所示的立即菜单及相应的操作提示。

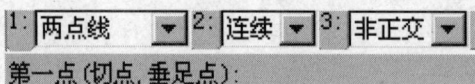

1: 两点線 ▼	2: 连续 ▼	3: 非正交 ▼
第一点 (切点, 垂足点):		

图 5-2　立即菜单

此菜单表示当前待画的直线为两点线方式，非正交的连续直线。同时下面的提示框显示提示"第一点（切点、垂足点）:"。用户按要求输入起点后，系统会提示"第二点（切点，垂足点）:"。

立即菜单的主要作用是可以选择某一命令的不同功能。例如：想画一条正交直线，可用鼠标点取"3：非正交"旁的按钮或利用快捷键（Alt+3）将其切换为"3：正交"。另还可以点取"1：两点线"旁的按钮，选择不同的画直线方式（平行线、角度线、曲线、切线/法线、角等分线、水平/铅垂线）。

下面用一个简单的例子来体会上述这些基本操作。首先选取功能命令项中的"圆"命令选择"1：圆心-半径""2：半径"模式，系统提示"圆心点:"从键盘输入"0，0"后按提示继续输入半径"20"，屏幕上即画出一个圆，按鼠标右键结束命令。用同样的方法在旁边画一个圆，如图 5-3 所示。

接着选取直线命令，用"1：两点线""2：连续""3：非正交"模式，系统提示输入起点时，按下空格键，此时弹出如图 5-4 所示的点工具菜单。

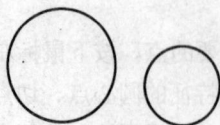

S 屏幕点
E 端点
M 中点
C 圆心
I 交点
T 切点
P 垂足点
N 最近点
L 孤立点
Q 象限点
K 刀位点

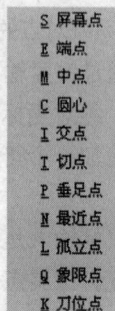

图 5-3　画圆　　　　　　　　　　图 5-4　点工具菜单

选择"T 切点"，当系统提示输入起点和终点时，分别用鼠标点取两圆，则画出了两圆的一条切线。用户必须注意的是，在拾取圆时，拾取的位置不同，则切线绘制的位置也不同。图 5-5 和图 5-6 是选取不同位置时画出的不同切线。

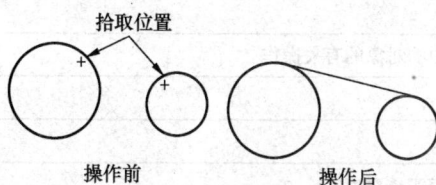

图 5-5　圆的外公切线　　　　　　　　　　图 5-6　圆的内公切线

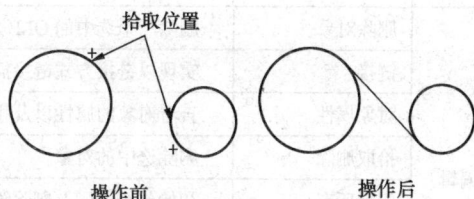

三、菜单命令系统简介

CAXA 线切割 XP 系统的功能都是通过各种不同类型的菜单和命令项来实现的。菜单系统包括下拉菜单、图标菜单、立即菜单、工具菜单等 4 部分。

1. 下拉菜单

如图 5-1 所示位于屏幕的顶部的下拉菜单由一行主菜单及其下拉子菜单组成。主菜单包括文件、编辑、显示、幅面、绘制、查询、设置、工具、线切割和帮助，每个部分含有若干个下拉子菜单。

下拉菜单命令简介如表 5-1 所示。

表 5-1　　　　　　　　　　　　　下拉菜单命令简介

主菜单	下拉菜单	功能简介
文件	新文件	建立一个新文件
	打开文件	打开一个已有的文件
	存储文件	存储当前文件
	另存文件	用另一个文件名存储当前文件
	文件检索	从本地计算机或网络计算机上查找符合条件的文件
	并入文件	将一个存在的文件并入当前文件
	部分存储	将当前文件的一部分存储为一个文件
	绘图输出	打印图纸
	数据接口	读入和输出 DWG、DXF、WMF、DAT、IGES、HPGL、AUTOP 等格式的文件，以及接收和输出视图
	应用程序管理器	管理电子图板二次开发的应用程序
	最近文件	显示最近打开过的一些文件名
	退出	退出本系统
编辑	取消操作	取消上一项操作
	重复操作	取消一个"取消操作"命令
	图形剪切	剪切掉选中的实体对象
	图形复制	复制选中的实体对象
	图形粘贴	粘贴实体对象
	选择性粘贴	选择剪贴板内容的属性后再进行粘贴
	插入对象	插入 OLE 对象到当前文件中

续表

主菜单	下拉菜单	功 能 简 介
编辑	删除对象	删除一个选中的 OLE 对象
	链接	实现以链接方式链接插入到文件中的对象的有关操作
	对象属性	查看对象的属性以及相关操作
	拾取删除	删除选中的对象
	删除所有	初始化绘图区，删除绘图区中所有实体对象
	改变颜色	改变所拾取图形元素的颜色
	改变线型	改变所拾取图形元素的线型
	改变层	改变所拾取图形元素的图层
显示	重画	刷新屏幕
	鹰眼	打开一个窗口对主窗口的显示部分进行选择
	显示窗口	用开窗口将图形放大
	显示平移	指定屏幕显示中心
	显示全部	显示全部图形
	显示复原	恢复图形显示的初始状态
	显示比例	输入比例对显示进行放大或缩小
	显示回溯	显示前一幅图形
	显示向后	相对于显示回溯的显示功能，相当于撤销一次显示回溯
	显示放大	按固定比例（1.25）将图形放大显示
	显示缩小	按固定比例（0.8）将图形缩小显示
	动态平移	利用鼠标的拖动平移图形
	动态缩放	利用鼠标的拖动缩放图形
	全屏显示	用全屏显示图形
幅面	图纸幅面	选择或定义图纸的大小
	图框设置	调入、定义和存储图框
	标题栏	调入、定义、存储或填写标题栏
	零件序号	生成、删除、编辑或设置零件序号
	明细表	有关零件明细表制作和填写的所有功能
绘制	基本曲线	绘制基本的直线、圆弧、样条等
	高级曲线	绘制多边形、公式曲线以及齿轮、花键 和位图矢量化
	工程标注	标注尺寸、公差等
	曲线编辑	对曲线进行剪切、打断、过渡等编辑
	块操作	进行与块有关的各项操作
	库操作	从图库中提取图形及相关的各项操作
查询	点坐标	查询点的坐标
	两点距离	查询两点间的距离

续表

主菜单	下拉菜单	功 能 简 介
查询	角度	查询角度
	元素属性	查询元素的属性
	周长	查询封闭曲线的周长
	面积	查询封闭曲线包含区域的面积
	重心	查询封闭曲线包含区域的重心
	惯性矩	查询所选封闭曲线相对所选直线的惯性矩
	系统状态	查询系统状态
设置	线型	定制和加载线型
	颜色	设置颜色
	层控制	新建和设置图层，以及图层管理
	屏幕点设置	设置屏幕点的捕捉属性
	拾取设置	设置拾取属性
	文字参数	设置和管理字型
	标注参数	设置尺寸标注的属性
	剖面图案	选择剖面图案
	用户坐标系	设置和操作用户坐标系
	三视图导航	根据两个视图生成第三个视图
	系统配置	设定如颜色、文字之类的系统环境参数
	恢复老面孔	将用户界面恢复到 CAXA 以前的形式
	自定义	自定义菜单和工具栏
工具	图纸管理系统	打开图纸管理系统
	打印排版工具	打开打印排版工具
	EXB 文件浏览器	打开电子图板文档浏览器
	记事本	打开 Windows 记事本工具
	计算器	打开 Windows 计算器工具
	画笔	打开 Windows 画笔工具
线切割	轨迹生成	生成加工轨迹
	轨迹跳步	用跳步方式链接所选轨迹
	跳步取消	取消轨迹之间的跳步链接
	轨迹仿真	进行轨迹加工的仿真演示
	查询切割面积	计算切割面积
	生成 3B 代码	生成所选轨迹的 3B 代码
	4B/R3B 代码	生成所选轨迹的 4B/R3B 代码
	校核 B 代码	校核已经生成的 B 代码
	G 代码	与 G 代码有关的各项操作

续表

主菜单	下 拉 菜 单	功 能 简 介
线切割	查看/打印代码	查看或者打印已经打印的加工代码
	代码传输	传输已生成的加工代码
	R/3B 后置设置	对 R/3B 格式进行设置
帮助	日积月累	介绍软件的一些操作技巧
	帮助索引	打开软件的帮助
	命令列表	查看各功能的键盘命令及说明
	服务信息	查看与售后服务有关的信息
	关于电子图板	显示版本及用户信息

2. 图标菜单

图标菜单比较形象地表达了各个图标的功能。用户可以根据情况进行自定义，选取最常用的工具图标，放在合适的位置，以适应个人习惯。图标菜单包括标准工具栏菜单、常用工具栏菜单、属性工具栏菜单和绘图工具栏菜单 4 个部分。单击绘图工具栏中的各个命令按钮，将出现不同的绘图工具栏和线切割工具栏菜单。图 5-7 是标准、常用、属性工具栏菜单。图 5-8 是绘制工具栏菜单，要执行基本曲线、高级曲线、工程标注、曲线编辑、块操作、库操作、轨迹操作、代码生成、传输后置等工具栏中的命令，必须先单击绘制工具中相应的图标按钮，然后在弹出的子工具栏中选择要执行的命令按钮。图 5-9 是工具栏菜单。

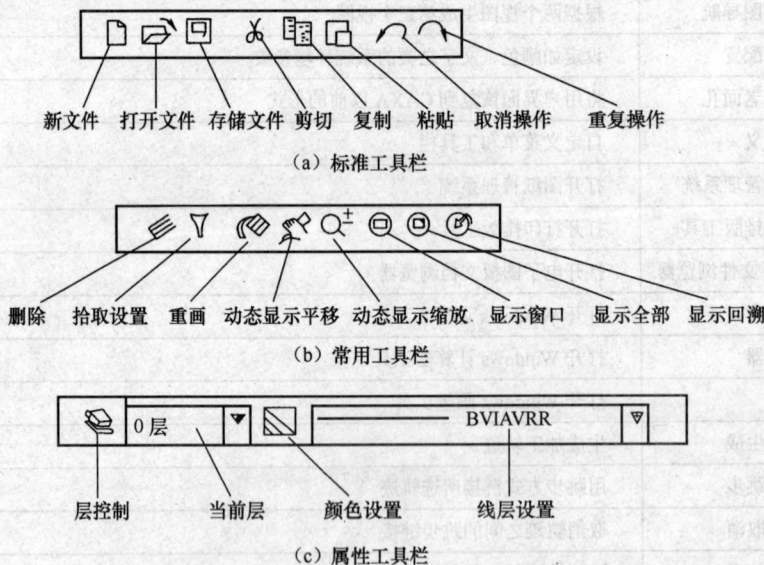

新文件 打开文件 存储文件 剪切 复制 粘贴 取消操作 重复操作

（a）标准工具栏

删除 拾取设置 重画 动态显示平移 动态显示缩放 显示窗口 显示全部 显示回溯

（b）常用工具栏

层控制 当前层 颜色设置 线层设置

（c）属性工具栏

图 5-7 标准、常用、属性工具栏菜单

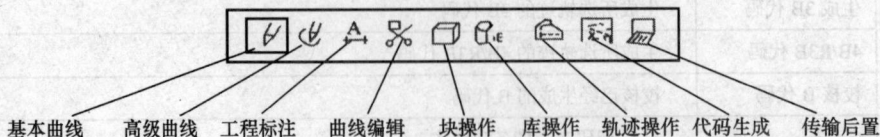

基本曲线 高级曲线 工程标注 曲线编辑 块操作 库操作 轨迹操作 代码生成 传输后置

图 5-8 绘图工具栏菜单

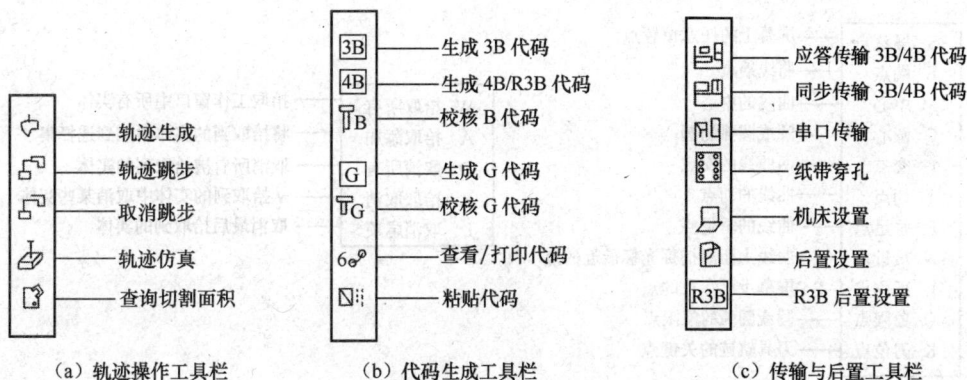

（a）轨迹操作工具栏　　　　（b）代码生成工具栏　　　　（c）传输与后置工具栏

图 5-9　工具栏菜单

3．立即菜单

当功能命令项被选中时，在绘图区的左下角弹出立即菜单，它描述该项命令执行的各种情况和使用条件，根据当前的作图要求，正确选择某一项，即可得到准确的响应。图 5-10 是绘制直线时的立即菜单。当【画直线命令】被选中后，立即菜单：【两点线】、【连续】、【非正交】就会出现。

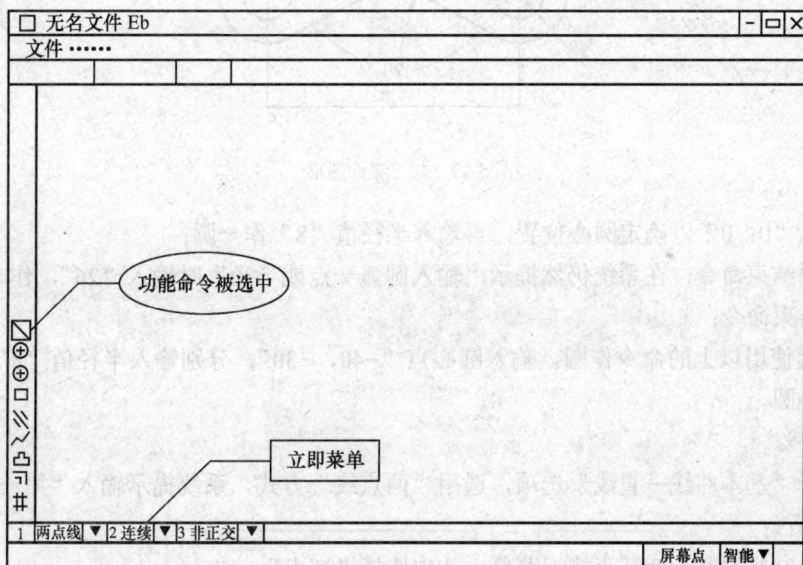

图 5-10　绘制直线时的立即菜单

4．工具菜单

包括工具点菜单和拾取元素菜单，具体见图 5-11。

四、应用 CAXA 线切割 XP 系统绘图实例

线切割加工零件图形如图 5-12 所示，应用 CAXA 线切割 XP 系统，绘制零件图形。

作图步骤如下。

1．作圆

（1）选择"基本曲线—圆"选项，用"圆心—半径"方式作圆；

图 5-11　工具点菜单和拾取元素菜单

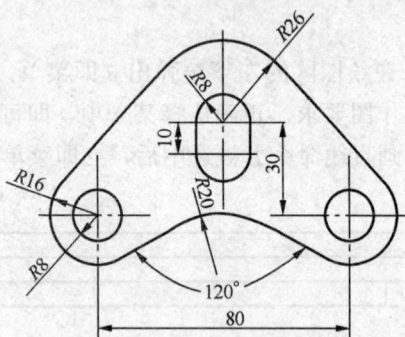

图 5-12　加工零件图形

（2）输入"0，0"以确定圆心位置，再输入半径值"8"作一圆；

（3）不要结束命令，在系统仍然提示"输入圆弧一点或半径"时输入"26"，作一较大的圆，单击调整键结束命令；

（4）继续使用以上的命令作圆，输入圆心点"−40，−30"，分别输入半径值"8"和"16"，作另一组同心圆。

2．作直线

（1）选择"基本曲线—直线"选项，选用"两点线"方式，系统提示输入"第一点（切点，垂足点）"位置；

（2）单击空格键激活特征点捕捉菜单，从中选择"切点"；

（3）在 R16 的圆的适当位置上单击，此时移动鼠标可看到光标拖画出一条假想线，此时系统提示输入"第二点（切点，垂足点）"；

（4）单击空格键，激活特征点捕捉菜单，从中选择"切点"；

（5）在 R26 的圆的适当位置确定切点，便可方便地得到这两个圆的外公切线。

（6）选择"基本曲线—直线"，单击"两点线"标志，换用"角度线"方式。

（7）单击第二个参数后的下拉标志，在弹出的菜单中选择"X 轴夹角"。

（8）单击"角度＝45"标志，输入新的角度值"30"。

（9）选择"切点"，在 R16 圆的右下方适当的位置单击。

（10）拖曳假想线至适当位置后，单击命令键，完成操作。

3．作对称图形

（1）选择"曲线生成—直线"选项，选用"两点线"，切换为"正交"方式。

（2）输入"0，0"，拖动鼠标画一条铅垂的直线。

（3）在下拉菜单中选择"曲线编辑—镜像"选项，用默认的"选择轴线"、"拷贝"方式，此时系统提示拾取元素，分别单击刚生成的两条直线与图形左下方的半径为 8 和 16 的同心圆后，单击调整键确认。

（4）此时系统又提示拾取轴线，拾取刚画的铅垂直线，确定后便可得到对称的图形。

4．作长圆孔形

（1）选择"曲线编辑—平移"选项，选用"给定偏移"、"复制"和"正交"方式。

（2）系统提示拾取元素，单击 R8 的圆，单击调整键确认。

（3）系统提示"X 和 Y 方向偏移量或位置点"，输入"0，−10"，表示 X 轴方向位移为 0。Y 轴方向位移为−10。

（4）用刚使用过的作公切线的方法生成图中的两条竖直线。

5．最后编辑

（1）选择橡皮头图标，系统提示"拾取几何元素"。

（2）单击铅垂线，确定后删除此线。

（3）选择"曲线编辑—过渡"选项，选用"圆角"和"裁剪"方式，输入"半径"值为"20"。

（4）依提示分别单击两条斜线，得到所需的圆弧过渡。

（5）选择"曲线编辑—裁剪"选项，选用"快速裁剪"方式，系统提示"拾取要裁剪的曲线"。

（6）将例图中不存在的线段删除，完成所绘图形。

课题二 数控线切割自动编程基础

本课题介绍 CAXA 线切割编程基础知识；通过本课题的学习，要求能掌握 CAXA 线切割 XP 系统自动编程基础知识。

一、轮廓

轮廓如图 5-13 所示，是一系列首尾相接曲线的集合。在进行数控编程、交互指定待加工图形时，常常需要用户指定图形的轮廓，用来界定被加工的区域或被加工的图形本身。如果轮廓是用来界定被加工区域的，则要求指定的轮廓是闭合的；如果加工的是轮廓本身，则轮廓也可以不闭合。对所有的轮廓，要求其不应有自交点。

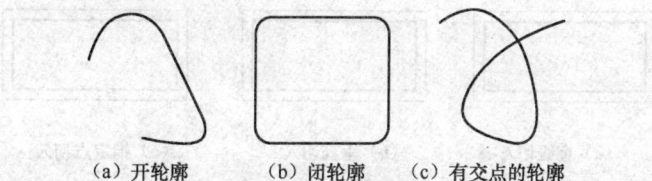

（a）开轮廓　　（b）闭轮廓　　（c）有交点的轮廓

图 5-13　轮廓示意

二、加工误差与步长

加工轨迹和实际加工模型的偏差即是加工误差。用户可以通过控制加工误差来控制加工的精度。用户给出的加工误差是加工轨迹同加工模型之间的最大允许偏差，系统保证加工轨迹与实际加工模型之间的偏差不大于加工误差。图 5-14 所示为误差与步长。

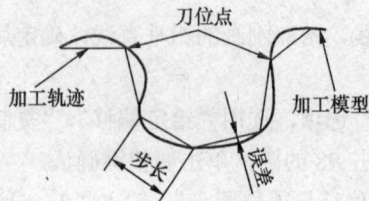

图 5-14　误差与步长

编程时，应根据实际工艺要求给定加工误差，如在进行粗加工时，加工误差可以较大，否则实际加工效率会受到不必要的影响；而进行精加工时，需根据表面要求给定加工误差。

在线切割加工中，对于直线和圆弧的加工不存在加工误差。加工误差是指对样条曲线进行加工时，用折线段逼近样条时的误差。

三、拐角处理

在线切割加工中，还会遇到拐角处如何进行过渡的问题，在轮廓中相邻两直线或圆弧（取切点同向）呈大于 180°的夹角时（即是凹的），需确定在其间进行"圆弧过渡"或"尖角过渡"，其含义如图 5-15 所示。系统缺省取"圆弧过渡"方式。两者的加工效果是一样的，所不同的是加工轨迹，"尖角过渡"的切割路径长度大于"圆弧过渡"的路径长度。

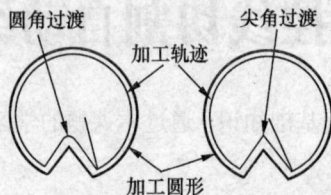

图 5-15　拐角过渡方式

四、切入方式

在线切割加工中，如果对起始切入位置有特殊要求时，可选择切入方式。切入方式有三种选择："直线方式"、"垂直方式"和"选择方式"，如图 5-16 所示。

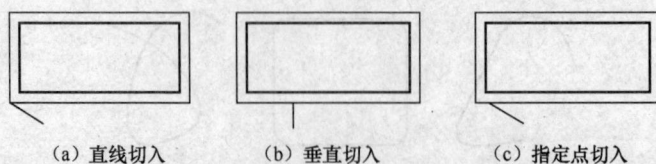

（a）直线切入　　　　　　（b）垂直切入　　　　　　（c）指定点切入

图 5-16　切入方式

1．直线切入方式

丝直接从穿丝点切入到加工起始段的起始点。

2．垂直切入方式

丝从穿丝点垂直切入到加工起始段，以起始段上的垂足点为加工起始点。当在起始段找不到垂足点时，丝直接从穿丝点切入到加工起始段的起始点，此时等同于直线切入方式。

3．指定切入方式

这种方式允许用户在轨迹上选择一个点作为加工起始点，丝从穿丝点沿直线走到选择的切入点，然后按事先选择的加工方向进行加工。

五、拟合方式

当要加工有非圆曲线边界时，系统需将该曲线拆分为多段短线进行拟合。拟合方式有两种选择："直线方式"和"圆弧方式"。

1．直线拟合方式

系统将非圆曲线分成多条直线段进行拟合。

2．圆弧拟合方式

系统将非圆曲线分成多条圆弧段进行拟合。

两种方式相比较，圆弧拟合方式具有精度高、代码数量少的优点。

课题三 轨迹生成

本课题介绍 CAXA 线切割编程轨迹生成和轨迹仿真方法，通过本课题的学习，要求能应用 CAXA 线切割 XP 系统进行轨迹生成和轨迹仿真。

一、概述

加工轨迹是加工过程中切削的实际路径。轨迹生成是在已经构造好的轮廓基础上，结合加工工艺，给出确定的加工方法和加工条件，由计算机自动计算出加工轨迹。

本课题主要介绍线切割加工轨迹的生成方法。用户将鼠标指针移动到屏幕左侧的图标菜单区的图标上，当鼠标停留在轨迹生成图标上一段时间，则会在相应位置弹出一个亮黄底色的提示条："切割轨迹生成"。用左键点取该图标后，系统功能菜单区弹出其子功能的菜单，如图 5-17 所示。

图 5-17 轨迹生成子菜单

二、轨迹生成

轨迹生成的功能是生成沿轮廓线切割的线切割加工轨迹，具体操作步骤如下。

1．确定参数

用鼠标左键点取【轨迹生成】菜单条，系统会弹出一对话框，如图 5-18 所示。此对话框是一个需要用户填写的参数表。切入方式、拟合方式和拐角过渡方式见课题二，其他各种参数的含义和填写方法如下。

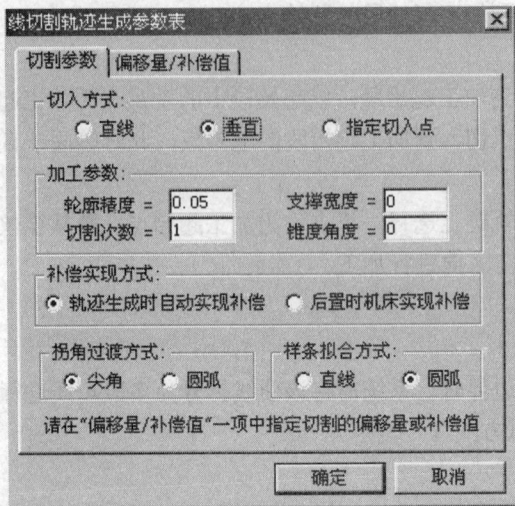

图 5-18　线切割轨迹生成参数表

（1）切割次数。生成的加工轨迹的行数。

（2）轮廓精度。对由样条曲线组成的轮廓，系统将按给定的误差把样条离散成多条线段，用户可按需要来控制加工的精度。

（3）锥度角度。锥度角度是指做锥度加工时，丝倾斜的角度。系统规定，当输入的锥度角度为正值时，采用左锥度加工；当输入的锥度为负值时，采用右锥度加工。

（4）支撑宽度。进行多次切割时，指定每行轨迹始末点间保留的一段没切割的部分的宽度。

（5）补偿实现方式。系统提供两种实现补偿的方式供用户选择。

> **注意** CAXA 线切割 XP 系统不支持带锥度的多次切割。当加工次数大于 1 时，需在【偏移量/补偿值】参数表里填写每次加工丝的偏移量。

2．拾取轮廓线

在确定加工的参数后，按对话框中的【确定】按钮，系统提示拾取轮廓。单击空格键，系统弹出如图 5-19 所示的轮廓曲线拾取工具菜单。

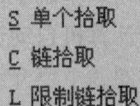

```
S 单个拾取
C 链拾取
L 限制链拾取
```

图 5-19　轮廓曲线拾取工具菜单

（1）单个拾取。需用户挨个拾取需同时处理的各条轮廓曲线。适合于曲线数量不多并且不适合使用【链拾取】功能的情形。

（2）链拾取。需用户指定起始曲线及链搜索方向，系统按起始曲线及搜索方向自动寻找所有首尾相接的曲线。适合于需批量处理的曲线数目较多，同时无两根以上曲线搭接在一起的情形。

（3）限制链拾取。需用户指定起始曲线、搜索方向和限制曲线，系统按起始曲线及搜索方向自动寻找所有首尾相接的曲线至指定的限制曲线。适用于避开有两根或两根以上曲线搭接在一起的情形，从而正确拾取所需的曲线。

3．拾取轮廓线方向

当拾取第一条轮廓线后，此轮廓线变为红色的虚线（见图 5-20）。系统给出提示：选择链搜索方向。此方向表示加工方向，同是也表示拾取轮廓线的方向。选择方向后，如果采用的是链拾取方式，则系统自动拾取首尾相接的轮廓线；如果采用单个拾取方式，则系统提示继续拾取轮廓线；如果采用限制链拾取则系统自动拾取该曲线与限制曲线之间连接的曲线。

4．选择加工的侧边

当拾取完轮廓线后，系统要求选择切割侧边，即丝偏移的方向（图 5-21），生成加工轨迹时将按这一方向自动实现丝的补偿，补偿量即为指定的偏移量加上加工参数表里设置的加工余量。

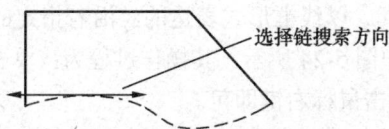

图 5-20　轮廓线方向拾取　　　　　　　　　　图 5-21　加工侧边选择

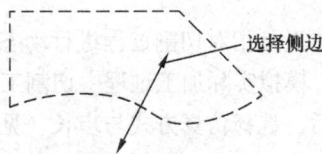

5．指定穿丝点位置及最终切到的位置

穿丝点的位置必须指定，加工轨迹将按要求自动生成，至此完成线切割加工轨迹生成。

三、轨迹跳步

通过跳步线将多个加工轨迹连接成为一个跳步轨迹。当选取【轨迹跳步】时，系统提示拾取加工轨迹。拾取轨迹可用轨迹拾取工具菜单，如图 5-22 所示。工具菜单提供两种拾取方式：拾取所有和拾取添加。另外，还可通过拾取取消功能改变轨迹拾取。

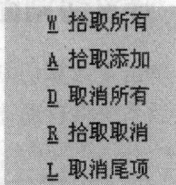

（1）拾取所有。即拾取所有生成轨迹。

（2）拾取添加。需用户挨个拾取需批量处理的各加工轨迹。

（3）取消所有。即取消已经拾取的所有加工轨迹。

图 5-22　轨迹拾取工具菜单

（4）拾取取消。可改变轨迹的拾取状态。与拾取轮廓线功能中的【拾取取消】相比，轨迹的拾取取消不会自动取消掉最近的拾取记录，而是由用户指定需取消的轨迹。

（5）取消尾项。取消最后拾取的一段加工轨迹。

当拾取完轨迹并确认后，系统即将所选的加工轨迹按选择的顺序连接成一个跳步加工轨迹。将所有选择的轨迹用跳步轨迹连成一个加工轨迹后，所有新生成的跳步轨迹只能保留第一个被拾取的加工轨迹的加工参数。此时，如果各轨迹采用的加工锥度不同，生成的加工代码中只有第一个加工轨迹的加工锥度。

例如，分别对一个圆和一个三角形生成加工轨迹，再用【轨迹跳步】将它们连接起来，如图 5-23 所示，读者可以比较一下两者的区别。

（a）跳步前轨迹　　　　　　　　　　（b）跳步后轨迹

图 5-23　轨迹跳步实例

四、取消跳步

取消跳步的功能是将【轨迹跳步】功能中生成的跳步轨迹分解成各个独立的加工轨迹。当选取【取消跳步】时，系统提示拾取加工轨迹。拾取并确认后，系统即将所选的加工轨迹分解成多个独立的加工轨迹。读者可自行将图 5-22 的跳步轨迹拆开。

五、轨迹仿真

轨迹仿真是指对切割过程进行动态或静态的仿真。以线框形式表达的丝沿着指定的加工轨迹遍历一周，模拟实际加工过程中切割工件的情况，如图 5-24 所示。其操作过程为：单击【轨迹仿真】按钮后，选择仿真方式与步长（见图 5-25），单击鼠标右键即可。

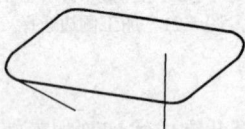

图 5-24　加工过程仿真

图 5-25　仿真方式及参数

CAXA 线切割 XP 系统提供连续和静态两种仿真方式。其中，在连续方式下，系统将完整地模拟从起切到加工结束之间的全过程。

六. 计算切割面积

单击【计算切割面积】按钮后，根据系统提示，拾取需要计算的加工轨迹并给出工件厚度，确认后系统将自动计算实际的切割面积。

课题四　代码生成

本课题介绍 CAXA 线切割编程中代码生成的方法，通过本课题的学习，要求能应用 CAXA 线切割 XP 系统生成线切割加工代码。

一、概述

代码生成处理功能就是结合特定机床把系统生成的加工轨迹转化成机床代码的 G 指令或 B 指令，生成的 G 指令或 B 指令可以直接输入数控机床用于加工。考虑到生成程序的通用性，CAXA 线切割 XP 系统针对不同的机床，可以设置不同的机床参数和特定的数控代码程序格式，同时还可以对生成的机床代码的正确性进行校核。

本节主要介绍线切割加工代码的生成和校核方法。用户将鼠标指针移动到屏幕左侧的图标菜单的图标上，当鼠标停留在【代码生成】上一段时间，则会在相应位置弹出一个亮黄底色的提示条："代码生成"。用左键点取该图标后，系统功能菜单区弹出其子功能菜单，如图 5-26 所示。

图 5-26　代码生成子菜单

二、生成 3B 代码

生成 3B 代码数控程序的操作步骤如下。

（1）单击【生成 3B 代码】功能项，系统弹出一个需要用户输入文件名的对话框（见图 5-27）要求用户填写代码程序文件名。

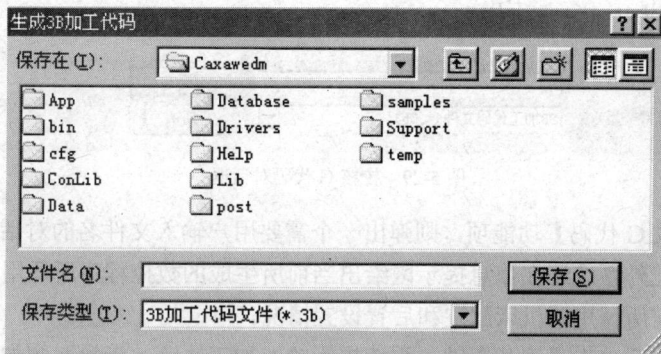

图 5-27　"生成 3B 加工代码"对话框

（2）输入文件名后单击【确认】键，系统提示"拾取加工轨迹"。此时还可以设置使用停机码、暂停码和程序格式（见图 5-28）。当拾取到加工轨迹后，该轨迹变为红色线。用户可以一次拾取多个加工轨迹，单击鼠标右键结束拾取，系统即生成 3B 代码数控程序。当拾取多个加工轨迹同时生成加工代码时，各轨迹之间按拾取的先后顺序自动实现跳步。与"轨迹生成"模块中的"轨迹跳步"功能相比，用这种方式实现跳步，各轨迹仍保持相互独立。

图 5-28　生成 3B 代码参数设置

三、生成 4B/R3B 代码

点取【生成 4B/R3B 代码】功能项，后续操作过程与生成 3B 代码操作过程相同，只不过代码格式不同而已。

四、校核 B 代码

校核 B 代码是指把生成的 B 代码反读进来，恢复线切割加工轨迹，以检查代码程序的正确性，具体操作步骤如下。

（1）单击【校核 B 代码】按钮，系统弹出一个要求用户选取数控程序的对话框（见图 5-29）；

（2）在此对话框中的"文件类型"栏中可以切换"3B"或"4B"格式；

（3）用户选择好需要校对的 B 代码程序，然后系统自动根据程序 B 代码立即恢复生成线切割加工轨迹。

五、生成 G 代码

按照当前机床类型的配置要求，把已生成的加工轨迹转化生成 G 代码数据文件，即 CNC 数控程序。其操作过程如下。

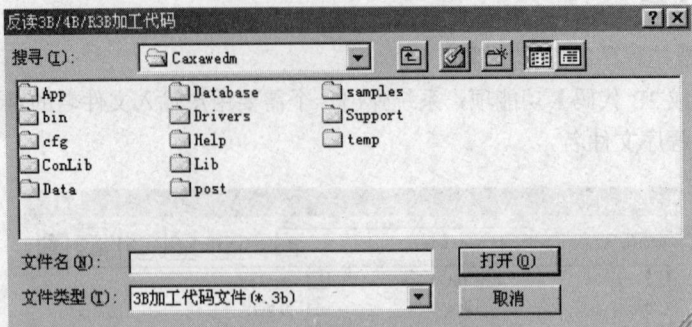

图 5-29　校核 G 代码对话框

（1）选取【生成 G 代码】功能项，则弹出一个需要用户输入文件名的对话框，要求用户填写代码程序文件名，此外系统还在信息提示区给出当前所生成的数控程序所适用的数控系统和机床系统信息，表明目前所调用的机床配置和后置设置情况。

（2）输入文件名后单击【确认】键，系统提示拾取加工轨迹。当拾取到加工轨迹后，该加工轨迹变为红色线。用户可以连续拾取多条加工轨迹，单击鼠标右键结束拾取，系统即生成数控程序。当拾取多个加工轨迹同时生成加工代码时，各轨迹之间按拾取的先后顺序自动实现跳步。与【轨迹生成】模块中的"轨迹跳步"功能相比，用这种方式实现跳步，各轨迹仍保持相互独立，所以各个轨迹当中仍可以保存不同的加工参数，比如各个轨迹可以有不同的加工锥度等。

六、校核 G 代码

校核 G 代码就是把生成的 G 代码文件反读进来，恢复生成加工轨迹，以检查所生成 G 代码的正确性。如果反读的刀位文件中含圆弧插补，需用户指定相应的圆弧插补格式，否则可能得到错误的结果。若后置文件中的坐标输出格式为整数，且机床分辨率不为 1 时，反读的结果是不对的。也就是说系统不能读取坐标格式为整数且分辨率为非 1 的情况。

校核 G 代码的操作步骤为：选取【校核 G 代码】选项，系统弹出一个需要用户选取数控程序的对话框，要求用户指定需要校对的 G 代码程序（若需要校对的程序不在缺省的显示路径下，用户需自己改变路径）。拾取到要校对的数控程序文件后，系统根据程序 G 代码立即生成加工轨迹。

注意

（1）校核只用来进行对 G 代码的正确性进行校验，由于精度等方面的原因，操作者应避免将反读的刀位重新输出，因为系统无法保证其精度；

（2）校对加工轨迹时，如果存在圆弧插补，则系统要求选择圆心的坐标编辑方式，其含义如前所述，这个选项针对采用圆心（I，J，K）编程方式，用户应正确选择对应的形式，否则会导致错误。

七、查看/打印代码

选取【查看/打印代码】选项，系统弹出一个需要用户选取代码文件的对话框，要求指定需要查看的代码（在刚生成过代码的情况下，屏幕左下角会出现一个选择当前代码或代码文件的立即菜单，若需要查看的程序不在缺省的显示路径下，用户需自己改变路径），选择文件后确定，就会弹出一个显示代码文件的窗口。若需要打印代码，可点击此窗口上的文件菜单，选择打印命令即可。

机床设置与后置设置

本课题介绍 CAXA 线切割编程中机床设置与后置设置的方法，通过本课题的学习，要求能应用 CAXA 线切割 XP 系统进行机床设置与后置设置。

一、机床设置

1．机床设置的功能

机床设置就是针对不同的机床，不同的数控系统，设置特定的数控代码、数控程序格式及参数，并生成配置文件。生成数控程序时，系统根据该配置文件的定义生成用户所需要的特定代码格式的加工指令。

机床配置给用户提供了一种灵活方便的设置系统配置的方法。对不同的机床进行适当的配置，具有重要的实际意义。通过设置系统配置参数，后置处理所生成的数控程序可以直接输入数控机床进行加工，而无需进行修改。机床配置主要设置如下参数。

（1）机床控制参数。包括插补方法、补偿控制、坐标选择、冷却控制、程序起停及程序首尾控制符等。

（2）程序格式参数。包括程序说明、跳步格式和程序行控制等内容。

2．机床设置的操作步骤

选取"增加机床"功能项，弹出一个需要用户填写的参数对话框，如图 5-30 所示。参数配置包括开关走丝、数值插补方法、补偿方式、冷却控制、程序起停以及程序首尾控制符等。

（1）机床参数设置。在"机床名"一栏中输入新的机床名或用鼠标单击"向下箭头"键选择一个已存在的机床进行修改。对机床的各种指令地址进行配置。可以对如下选择项进行配置。

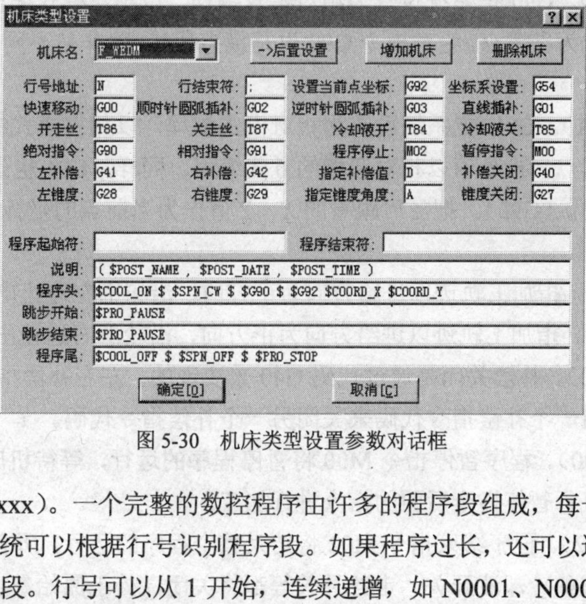

图 5-30　机床类型设置参数对话框

① 行号地址（Nxxxx）。一个完整的数控程序由许多的程序段组成，每一个程序段前有一个程序号，即行号地址。系统可以根据行号识别程序段。如果程序过长，还可以通过调用行号很方便地把光标移到所需的程序段。行号可以从 1 开始，连续递增，如 N0001、N0002、N0003 等，也可间隔递增，如 N0001、N0005、N0009 等。建议用户采用后一种方式。因为间隔行号比较灵活方便，

可以随时插入程序段，对原程序进行修改，而无需改变后续行号。如果用前一种连续递增的编号方式，每修改一次程序，每加入一个程序段，都必须对后续的程序段的行号进行修改，很不方便。

② 行结束符（；）。在数控程序中，一行数控代码就是一个程序段。数控程序一般以特定的符号而不是以回车键作为程序段结束标志，它是一个程序段不可缺少的组成部分。系统不同，程序段结束符一般不同。有些系统以分号符"；"作为程序段结束符，有些系统的结束符是"＊"，有些是"#"等。一个完整的程序段应包括行号、数控代码和程序段结束符。如：

N10 G92 X10.000 Y5.000；

③ 插补方式控制。一般地讲，插补就是把空间曲线分解为 X、Y、Z 各个方向很小的曲线段，然后以微元化的直线段去逼近空间曲线。数控系统都提供直线插补和圆弧插补，其中圆弧插补又可分为顺圆插补和逆圆插补。

插补指令都是模态代码。所谓模态代码就是只要指定一次功能代码格式，以后就不用指定，系统会以前面最近的功能模式确认本程序段的功能。除非重新指定不同类型功能代码，否则以后的程序段仍然可以默认该程序代码。

④ 开关走丝指令

开走丝（T86）：该指令控制打开走丝。

关走丝（T87）：该指令控制关闭走丝。

⑤ 冷却液开关控制指令

冷却液开（T84）：T84 指令控制打开冷却液阀门开关，开始开放冷却液。

冷却液关（T85）：T85 指令控制关闭冷却液阀门开关，停止开放冷却液。

⑥ 坐标设定。用户可以根据需要设置坐标系，系统根据用户设置的参照系确定坐标值是绝对的还是相对的。

a. 坐标设定（G54）。G54 是程序坐标系设置指令。一般情况下，以零件原点作为程序的坐标原点。程序零点坐标存储在机床的控制参数区。程序中不设置此坐标系，而是通过 G54 指令调用。

b. 绝对指令（90）。G90 把系统设置为绝对模式编程，以绝对模式编程的指令，坐标值都以 G54 所确定的程序零件为参考点。绝对指令 G90 也是模态代码，除非被不同类型代码 G91 所代替，否则系统一直默认。

c. 相对指令（G91）。G91 把系统设置为相对模式编程，以相对模式编程的指令，坐标值都以该点的前一点为参考点，指令值以相对递增的方式编程。同样，G91 也是模态代码。

d. 设置当前点坐标（G92）。把随后跟着的 X、Y 值作为当前点的坐标值。

⑦ 补偿

a. 左补偿（G41）。指加工轨迹以进给方向为正方向，沿轮廓左边让出一个给定的偏移量。

b. 右补偿（G42）。指加工轨迹以进给方向为正方向，沿轮廓右边让出一个给定的偏移量。

c. 补偿关闭（G40）。补偿关闭是通过代码 G40 来实现的。左右补偿指令都是模态代码指令。所以，也可以通过开启一个补偿指令代码来关闭另一个补偿指令代码。

⑧ 暂停指令（M00）。程序暂停指令 M00 将暂停程序的运行，等待机床操作者的干预。确认进行加工后，可继续执行暂停指令后面的指令进行加工。

⑨ 程序结束（M02）。程序结束指令 M02 将结束整个程序的运行，所有的功能 G 代码和与程序有关的一些运行开关如冷却液开关、走丝开关等都将关闭，处于原始禁止状态。机床处于当前位置，如果要使机床停在机床零点位置，则必须操作机床使之回零。

⑩ 锥度设置

a. 左锥度（G28）。指加工轨迹以进给方向为正方向，向左倾斜给定的角度。

b. 右锥度（G29）。指加工轨迹以进给方向为正方向，向右倾斜给定的角度。

c. 锥度关闭（G27）。锥度的关闭是通过代码 G27 来实现的。

d. 锥度角度表示（A）。其后跟着的数值表示锥度的角度。例如：G28 A2.000，表示丝向左倾斜 2.0°。

（2）程序格式设置。程序格式设置就是对 G 代码各程序段格式进行设置。用户可以对程序起始符号、程序结束符号、程序说明、程序头、程序尾等程序段进行格式设置。

① 设置方式。字符串或宏指令@字符串或宏指令，其中宏指令格式为：$+宏指令串。系统提供的宏指令串有：

当前后置文件名	POST_NAME
当前日期	POST_DATE
当前时间	POST_TIME
当前 X 坐标值	COORD_X
当前 Y 坐标值	COORD_Y
当前程序号 P	OST_CODE

@号为换行标志

$输出空格

② 程序说明。程序说明部分是对程序的名称、与此程序对应的零件名称编号、编制日期和时间等有关信息的记录。程序说明部分是为了管理的需要而设置的。有了这个功能项目，用户可以很方便地进行管理。比如要加工某个零件时，只要从管理程序中找到对应的程序编号即可，而不需要从复杂的程序中去一个一个地寻找需要的程序。

（N126-60231，$POST_NAME，$POST_DATE，$POST_TIME），在生成的后置程序中的程序说明部分输出如下说明：

（N126-60231，01261，1996，9，2，15：30：30）

③ 程序头。针对特定的数控机床来说，其数控程序开头部分都是相对固定的，包括一些机床信息，如机床回零、工件零点设置、开走丝以及冷却液开启等。

例如，直线插补指令内容为 G01，那么 $G01 的输出结果为 G01；同样，$COOL_ON 的输出结果为 T84；$PRO_STOP 的输出结果为 M02；依次类推。

又如 $COOL_ON @ $SPN_CW @ $G90 $$G92 $COORD_X $COORD_Y @ G41H01，在后置文件中内容为：

T84；

T86；

G90 G92 X10.000 Y20.00；

G41 H01；

④ 跳步。跳步开始及跳步结束指令可以由用户根据机床设定。

二、后置设置

后置设置就是针对特定的机床，结合已经设置好的机床配置，对后置输出的数控程序的格式，

如程序段号、程序大小、数据格式、编程方式、圆弧控制方式等进行设置。本功能可以设置缺省机床及 G 代码输出选项。机床名选择以存在的机床名作为缺省机床。

后置设置的操作步骤为：选取【后置设置】功能项，则弹出一个需要用户填写的参数对话框，如图 5-31 所示。

在选项中，对应选项被选中后，其前面的小圆圈形框中出现一个小黑点。如果是需要填写具体数值的，用鼠标左键点取该项，然后用键盘输入数值。

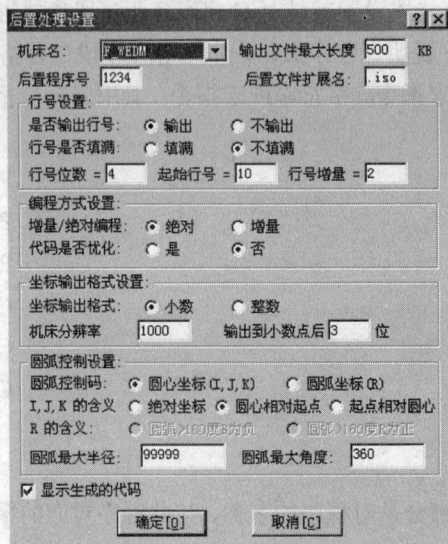

图 5-31 后置设置对话框

1. 机床系统

数控程序必须针对特定的数控机床、特定的配置才具有加工的实际意义，所以后置设置必须先调用机床配置。用鼠标点取箭头就可以很方便地从配置文件中调出机床的相关配置。

2. 文件长度控制

"输出文件长度"可以对数控程序的大小进行控制，文件大小控制以 K 为单位。当输出的代码文件长度大于规定的长度时，系统自动分割文件。例如：当输出的 G 代码文件 Post.cut 超过规定的长度时，就会自动分割为 post0001.cut、post0002.cut、post0003.cut 等。

3. 行号设置

程序段行号设置包括行号的位数，行号是否输出，行号是否填满，起始行号以及行号递增数值等。

（1）是否输出行号。选中行号输出，则在数控程序中的每一个程序段前面输出行号，反之亦然。

（2）行号是否填满。是指行号不足规定的行号位数时是否用"0"填充。行号填满就是在不足所要求的行号位数的前面补"0"，如 N0028；反之亦然，如 N28。

（3）行号递增数值。是指程序段行号之间的间隔。如 N0020 与 N0025 之间的间隔为 5。建议用户选用比较适中的递增数值，这样有利于程序的管理。

4. 编程方式设置

分绝对编程 G90 和相对编程 G91 两种方式。

5. 坐标输出格式设置

决定数控程序中数值的格式，包括：

（1）小数输出还是整数输出；

（2）机床分辨率是指机床的加工精度，如果机床精度为 0.001mm，则分辨率设置为 1 000，依此类推；

（3）输出小数位数可以控制加工精度，但不能超过机床精度，否则是没有实际意义的。

6．圆弧控制设置

主要设置控制圆弧的编程方式。即采用圆心编程方式或采用半径编程方式。当采用圆心编程方式时，圆心坐标（I，J，K）有 3 种含义。

（1）绝对坐标。采用绝对编程方式，圆心坐标（I，J，K）的坐标值为相对于工件绝对坐标系的绝对值。

（2）圆心相对起点。圆心坐标以圆弧起点为参考点取值。

（3）起点相对圆心。圆弧起点坐标以圆心坐标为参考点取值。

按圆心坐标编程时，圆心坐标的各种含义是针对不同的数控机床而言。不同机床之间其圆心坐标编程的含义不同，但对于特定的机床其含义只有其中一种。当采用半径编程方式时，使用半径正负区别的方法来控制圆弧是劣弧还是优弧，即圆弧半径 R 的含义表现为以下两种。

① 优弧。圆弧大于 180°，R 为负值。

② 劣弧。圆弧小于 180°，R 为正值。

7．扩展名控制和后置设置编号

后置文件扩展名是控制所生成的数控程序文件名的扩展名。有些机床对数控程序要求有扩展名，有些机床没有这个要求，应视不同的机床而定。后置程序号是记录后置设置的程序号，不同的机床其后置设置不同，所以采用程序号来记录这些设置，以便于用户日后使用。

8．优化代码及显示代码

如果选择优化代码的坐标值，当代码中程序段的某一坐标值与前一程序段的坐标值相等时，不再输出相同的坐标值。否则，所有坐标值都输出。如果选择窗口显示代码，代码生成后马上在窗口中显示代码内容。

课题六　数控线切割自动编程实例

本课题介绍 CAXA 线切割自动编程实例，通过本课题的学习，要求能应用 CAXA 线切割 XP 系统进行线切割自动编程。

一、快速入门实例

CAXA 线切割 XP 编程可由作图、生成加工轨迹、生成代码和传输代码等 4 个部分组成。

1．作图

作图是进行线切割加工的基本前提。以矩形的作图步骤来说明其操作步骤如下。

（1）用鼠标选取屏幕左侧的图标菜单【基本曲线】后，屏幕左侧的菜单区出现基本的绘图命令直线、圆、圆弧和样条等命令按钮；

（2）选取命令按钮【直线】，选用【连续】、【正交】方式，屏幕左下角提示"第一点（切点、垂足点）："；

（3）键盘输入（0，0），按回车键，系统提示"第二点（切点、垂足点）："；

（4）键盘输入（100，0），按回车键，系统提示"第二点（切点、垂足点）："；

（5）键盘输入（100，50），按回车键，系统提示"第二点（切点、垂足点）："；

（6）键盘输入（0，50），按回车键，系统提示"第二点（切点、垂足点）："；

（7）键盘输入（0，0），按回车键，系统提示"第二点（切点、垂足点）："；

（8）结束命令，屏幕上出现 100×50 的矩形，绘图完成，如图 5-32（a）所示；

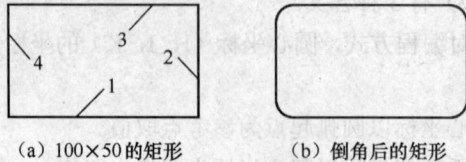

（a）100×50 的矩形　　　（b）倒角后的矩形

图 5-32　作图

（9）单击屏幕左侧的图标按钮【曲线编辑】，屏幕左侧菜单区出现【曲线编辑】工具栏，在【曲线编辑】工具栏中单击【过渡】，系统弹出过渡命令的立即菜单；

（10）单击立即菜单【1：】，选择【圆角】；单击立即菜单【2：】，选择【裁剪】，单击立即菜单【3：半径二】，选择缺省值 10；

（11）单击矩形框上直线 1 和直线 2，实现 1、2 两边的倒圆角；单击直线 2 和直线 3，实现 2、3 两边的倒圆角；单击直线 3 和直线 4，实现 3、4 两边的倒圆角；单击直线 4 和直线 1，实现 4、1 两边的倒圆角。如图 5-32（b）所示。

2．生成加工轨迹

在作好图形的基础上，即给出轮廓后，结合加工参数，就可以利用 CAXA 线切割 XP 的生成加工轨迹工具生成线切割加工所需的轨迹，具体步骤如下。

（1）用鼠标选取屏幕左侧的图标菜单【轨迹操作】后，屏幕左侧的菜单区出现轨迹生成、轨迹跳步等命令按钮；

（2）选取【轨迹生成】命令按钮，系统弹出一名为【线切割轨迹生成参数表】的对话框；

（3）按实际需要填写相应的参数，并单击确定按钮；

（4）系统提示"拾取轮廓"，用鼠标点取矩形的底边；

（5）被拾取线条为红色虚线，沿轮廓方向出现一对反向的绿色箭头，系统提示"请选择链搜索方向"，选择逆时针方向的箭头；

（6）选择搜索方向后，全部线条变为红色，且轮廓的法向方向上又出现一对反向的绿色箭头，系统提示"选择切割的侧边或补偿方向"，选择指向矩形内侧的箭头；

（7）系统提示"输入穿丝点的位置"，键盘输入（50，10）按回车键；

（8）系统提示"输入退回点（回车则与穿丝点重合）"，单击鼠标右键，表示该位置与穿丝点重合，系统自动计算出加工轨迹，即屏幕上显示出的绿色线；

（9）再单击鼠标右键或按 Esc 键，结束命令，生成加工轨迹图。

3．轨迹仿真操作

（1）单击屏幕左侧的【轨迹仿真】按钮后，出现【轨迹仿真】的立即菜单，选择仿真方式，按鼠标右键即可。系统提供【连续】和【静态】两种仿真方式。在连续方式下，系统将完整地模拟从起初到加工结束之间的全过程，不可中断，连续仿真是仿真时模拟动态的切割加工过程。静态仿真显示轨迹各段的序号，且用不同的颜色将直线段与圆弧段区分开来；

（2）单击立即菜单【1：】选择【连续】仿真方式。单击立即菜单【2：步长】，选择缺省值 0.01；

（3）系统提示拾取加工轨迹，选择绿色的加工轨迹，系统就开始仿真加工过程。

4．生成代码

结合特定机床把系统生成的加工轨迹转化成机床代码指令，生成的指令可以直接输入数控机床用于加工，是系统的最终目的。在生成了线切割的加工轨迹后，要让机床自动操作，就必须生成让机床能接受的机器命令代码，从而操作机床按机器代码的要求线切割出相应的轨迹，其具体操作步骤如下。

（1）用鼠标选取屏幕左侧的图标菜单【代码生成】后，屏幕左侧的菜单区出现生成 3B、生成 4B 等【代码生成】命令按钮；

（2）选择命令按钮【生成 3B 代码】，系统弹出一个对话框要求用户输入文件名；

（3）选择文件的存储路径后，给文件命名为 T1，单击【保存】按钮；

（4）系统出现新的立即菜单，并提示【拾取加工轨迹：】，设其他控制符按系统缺省的设置，用鼠标左键单击绿色的加工轨迹以确定；

（5）屏幕上弹出一个显示代码的窗口，其中内容为新生成的 3B 代码，关闭此窗口，代码生成结束。

5．传输代码

生成机器代码后，要达到利用代码控制线切割机床加工出相应轨迹的目标，还必须将生成的代码传输给机床。传输代码的操作步骤如下。

（1）确认线切割控制器与计算机之间的通信电缆连接无误；

（2）将线切割控制器置于联机状态；

（3）单击命令按钮【传输与后置】，系统弹出【后置设置】工具栏；

（4）单击图标按钮（同步传输 3B/4B），系统弹出一对话框，要求用户指定被传输的文件；

（5）选择目标文件后，单击【确定】按钮，系统提示"按键盘任意键开始传输（Esc 退出）"，按任意键即可开始传输文件；

（6）传输完毕，状态栏显示"传输结束"。

二、检验样板的编程

图 5-33 为某焊管机组张减辊孔型检验样板的零件图，要求利用 CAXA 线切割 XP 系统绘制该零件并生成 3B 加工代码和 G 代码。其操作步骤如下。

1．零件图绘制

（1）选择点划线，单击【基本曲线】下的【直线】按钮，绘制中心线；

（2）选择粗实线，绘制水平线①；

（3）单击【绘制】下拉菜单【基本曲线】下的【等距线】选择【空心】方式，输入距离：62.5，作中心线的等距线②；

（4）参照步骤③绘制直线①的等距线③、直线②的等距线④；

（5）选择角度线方式，绘制 120°角度线⑤；

（6）单击【圆】按钮，绘制半径为 $R42$ 的圆；

到此为止，绘制的图形如图 5-34 所示。

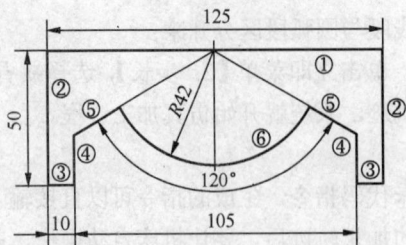

图 5-33　张减辊孔型检验样板　　　　　　　　图 5-34　草图

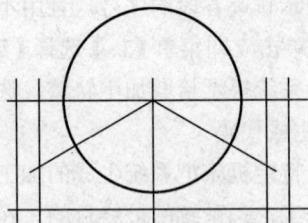

（7）单击【曲线编辑】下的【裁剪】按钮，把多余部分线段裁剪掉；

（8）选择下拉菜单【绘制】中【工程标注】下面的【尺寸标注】子菜单，完成各尺寸标注，即生成图 5-33 所示的零件图。

2．生成加工轨迹

（1）为便于后续操作（如输入穿丝点位置），单击屏幕左侧图标菜单【平移】按钮，采用两点方式，将样板左下角平移至（0，0）点；

（2）用鼠标单击屏幕左侧的图标菜单【轨迹操作】下的命令按钮【轨迹生成】，系统即弹出一个如图 5-18 所示的"线切割轨迹生成参数表"；

（3）按实际需要填写相应的参数（本例中轮廓精度设为 0.05mm，偏移量设为 0.1mm），单击【确定】按钮；

（4）系统提示"拾取轮廓"，用鼠标点取样板图形的左边直线②；

（5）被拾取线变为红色虚线，并沿轮廓方向出现一对反向的红色箭头，系统提示"请选择链搜索方向"，选择顺时针方向的箭头；

（6）全部线条变为红色，且在轮廓的法线方向上又出现一对反向的红色箭头，系统提示"选择切割的侧边或补偿方向"，选择指向图形外侧的箭头；

（7）系统提示"输入穿丝点的位置"，输入（0，−10），按回车键；

（8）系统提示"输入退回点（回车则与穿丝点重合）"，单击鼠标右键，表示该位置与穿丝点重合；

（9）系统提示"输入切入点位置"，输入（0，0）按鼠标右键，系统自动计算出加工轨迹，即屏幕上显示出的绿色线；

（10）再单击鼠标右键，结束命令。

3．生成 3B 代码

① 单击【后置设置】按钮，选择增量编程方式；

② 点取【生成 3B 代码】功能项，输入文件名：zjg，拾取加工轨迹，按鼠标右键，即生成张减辊样板的 3G 代码数控线切割加工程序（略）。

③ 生成 G 代码。选取【生成 G 代码】功能项，输入文件名：zjg，拾取加工轨迹，单击鼠标右键，即生成张减辊样板的 G 代码数控线切割加工程序（略）。

三、汉字切割

运用 CAXA 线切割 XP 软件，用户可以方便的切割出所需的文字，包括中文、英文和一些常用的特殊符号。其中，软件提供了黑、楷、宋、仿宋等 4 种字体，用户可以按需使用。

例如，想切割出一个"中"字的凸形，如图 5-35 所示，步骤如下。

1. 写汉字

（1）选择【高级曲线—文字】，系统提示"指定标注文字区域的第一角点"，选择完点后，系统提示"指定标注文字区域的第二角点"，确定完文字区域后立刻弹出一个如图3-36所示的对话框；

图 5-35　工件图

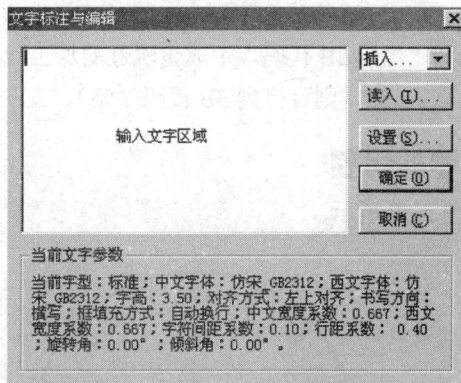

图 5-36　文字标注与编辑对话框

（2）单击【设置】按钮，会弹出一个设定文字格式的对话框，在对话框中可以确定文字的字体、字高、书写方式、倾斜角等，本例中设字体为"仿宋体"；

（3）确定后，按 CTRL 键和 SPACE（空格）键，可以激活系统汉字输入法（用 CTRL+SHIFT 可以切换不同的输入法）；

（4）输入汉语拼音"zhong"，按所需汉字前的数字键可选中该字（若所需字不在当前的页面内，用户可用"+"或"-"进行翻页），按回车键，文字将写到文字输入区域；

（5）文字输入完成后，按 CTRL 键和 SPACE（空格）键退出中文输入状态，单击【确定】按钮关闭对话框。

2. 生成加工轨迹

（1）选择【切割轨迹生成—轨迹生成】，在弹出的对话框中按缺省值确定各项加工参数，并按确定键；

（2）依提示将【第一次偏移量】设为"0"，则加工轨迹与字形轮廓完全重合；

（3）系统提示"拾取轮廓"；

（4）单击"中"字外轮廓最左侧的竖线，此时该轮廓线变为红色的虚线，同时在鼠标单击的位置上沿轮廓线出现一对双向的绿色箭头，系统提示"选择链搜索方向"（系统缺省是链拾取）；

（5）按照实际加工需要，选择一个方向后，在垂直轮廓线的方向上又会出现一对绿色箭头，系统提示"选择切割的侧边"；

（6）拾取指向轮廓外侧的箭头，系统提示"输入穿丝点位置"；

（7）在"中"字外选一点作为穿丝点，系统提示"输入退出点（回车则与穿丝孔重合）"；

（8）按右键或回车确定，系统计算出外轮廓的加工轨迹；

（9）此时系统提示继续"拾取轮廓"并重新输入新的加工偏移量；

（10）拾取"中"字内部左侧的"口"形轮廓；

（11）系统又会顺序提示"选择链拾取方向"、"选择切割的侧边"、"输入穿丝点位置"和"输入退出点"，其中，应选择加工内侧边，穿丝点为内部的一点；

（12）然后，系统会再次顺序提示"选择链拾取方向"、"选择切割的侧边"、"输入穿丝点位置"

和"输入退出点"，生成"中"字内部右侧的"口"形轮廓的加工轨迹，仍应选择加工内侧边，穿丝点为内部的一点；

（13）单击鼠标右键或 Esc 键结束轨迹生成功能，选择"轨迹跳步"功能按提示将以上三段轨迹连接起来；

（14）选择"生成 3B 代码"生成该轨迹的加工代码，假设字高为 10，三个穿丝点分别为（0，7），（2，5），（4，5），则可得到 3B 代码（略）。

四、复杂零件切割

零件如图 5-37 所示。

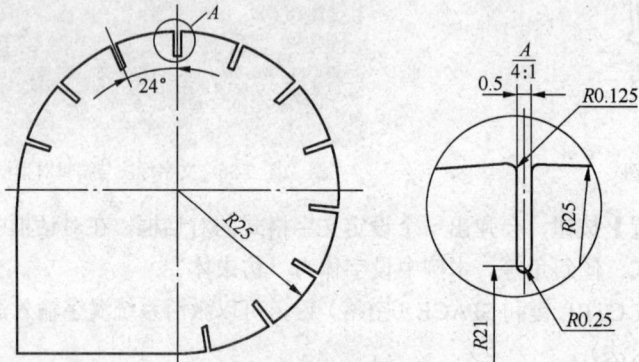

图 5-37　复杂零件图

1. 作图步骤

（1）选择【基本曲线—圆】，用【圆心—半径】方式作圆；

（2）输入（0，0）以确定圆心位置，再输入半径值"25"；

（3）在【基本曲线—直线】功能中选择【两点线】、【单个】、【正交】方式，输入"-30，0"作圆的水平中心线，同样作一铅垂中心线；

（4）再将直线功能切换为【平行线】，选择【偏移方式】、【单向】，点取水平中心线，向上移动鼠标，可以看到一条随鼠标移动的水平直线，输入距离值为"21"；

（5）此时得到一条水平直线，称其为"L"；

（6）点取垂直中心线，向左移动鼠标，再输入新的距离值"0.25"；

（7）这样又得到一条铅垂直线，称其为"H"，并称 L 与 H 的交点为"P"

（8）选择【曲线编辑—过渡】，选用【圆角】、【裁剪】方式，输入半径值"0.25"；

（9）先在点 P 的右侧点取直线 L，再在点 P 的上侧点取直线 H，得到槽根部的圆弧过渡（如此拾取直线是为了控制圆弧过渡的方向）；

（10）再将过渡半径改为"0.125"，改用【圆角】、【裁剪始边】方式；

（11）先在 $R25$ 圆的内侧部分点取直线 L，再在直线 L 的左侧部分点取 $R25$ 的圆弧，完成过渡；

（12）选择【曲线编辑—镜像】，用【选择轴线】、【拷贝】方式，此时系统提示拾取元素；

（13）分别点取刚生成的 L、$R0.125$ 和 $R0.25$，单击鼠标右键确定后，系统提示拾取轴线；

（14）点取竖直中心线便可得到一个完整的槽的图形；

（15）删除直线 H；

（16）再次选择平行线功能，输入距离值为"25"，作水平中心线向下、竖直中心线向左的平行线；

（17）选择【曲线编辑—阵列】，选用【圆形阵列】、【旋转】、【均布】方式，因切槽间夹角为24°，所以，输入"份数：15"，系统提示"拾取元素"；

（18）选中组成切槽的6段线，系统提示"输入中心点"；

（19）输入（0，0），得到其他位置上的切槽图形；

（20）删除掉第三象限中不存在的切槽图形；

（21）删除两条中心线；

（22）选择【曲线编辑—裁剪】，选用【快速裁剪】方式，系统提示"拾取要裁剪的曲线"，注意选取被裁掉的线段；

（23）分别用鼠标左键点取例图中不存在线段，便可将其删除掉，完成图形。

2．生成加工轨迹

（1）选择【轨迹生成】，在弹出的对话框中按缺省值确定各项加工参数，将【第一次偏移量】设为"0"，则加工轨迹与图形轮廓完全重合，并按确定键；

（2）系统提示"拾取轮廓"；

（3）点取左端竖直线；

（4）选择向下的箭头，即为逆时针加工方向；

（5）选择加工内侧边；

（6）输入穿丝点和出丝点的位置（0，0），系统自动计算加工轨迹。

3．生成G代码

（1）选择【机床设置】，填写相应的机床指令；

（2）选择【后置设置】，填写相应的控制参数；

（3）选择【生成G代码】，选择适当的文件路径，并输入文件名，确定后，系统提示"拾取加工轨迹"；

（4）点取加工轨迹后，系统生成代码文件，并显示在一新窗口中；

（5）关闭该窗口，完成。

模块总结

本模块介绍了CAXA线切割XP系统基础知识、数控线切割自动编程基础、轨迹生成方法、代码生成方法、机床设置与后置设置方法，最后还列举了数控线切割自动编程实例。

通过本模块的学习，读者对数控线切割自动编程有了一个较全面的认识。对CAXA线切割XP系统软件要反复练习，多实践，才能提高自动编程水平。

综合练习

一、简答题

1．简述CAXA线切割XP系统编程的工作步骤。

2. 在 CAXA 线切割 XP 系统编程过程中，为什么要进行机床设置？如何进行机床设置？

二、实训题

1. 运用 CAXA 线切割 XP 系统编写题图 5-1 所示零件的线切割加工程序。

2. 运用 CAXA 线切割 XP 系统编程并切割如题图 5-2 所示线框文字"星"，字体为楷体，字高为 50mm，切割材料为不锈钢薄板。

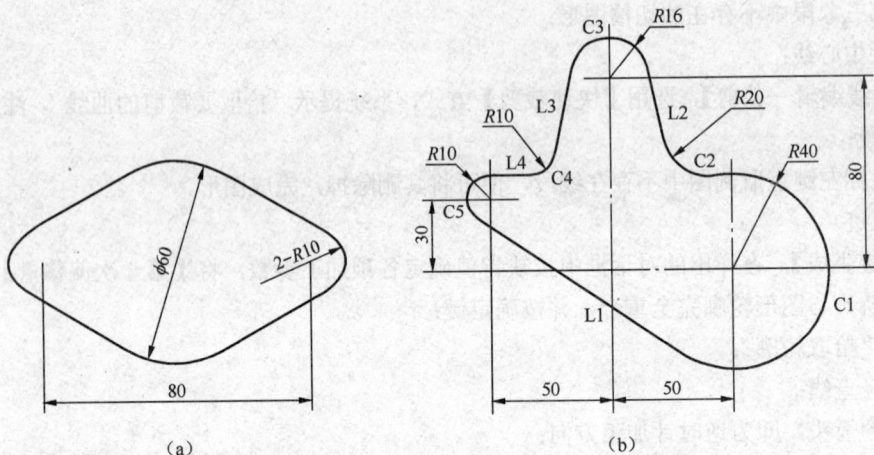

题图 5-1

题图 5-2

3. 运用 CAXA 线切割 XP 系统编写如题图 5-3 所示模具零件的加工程序。

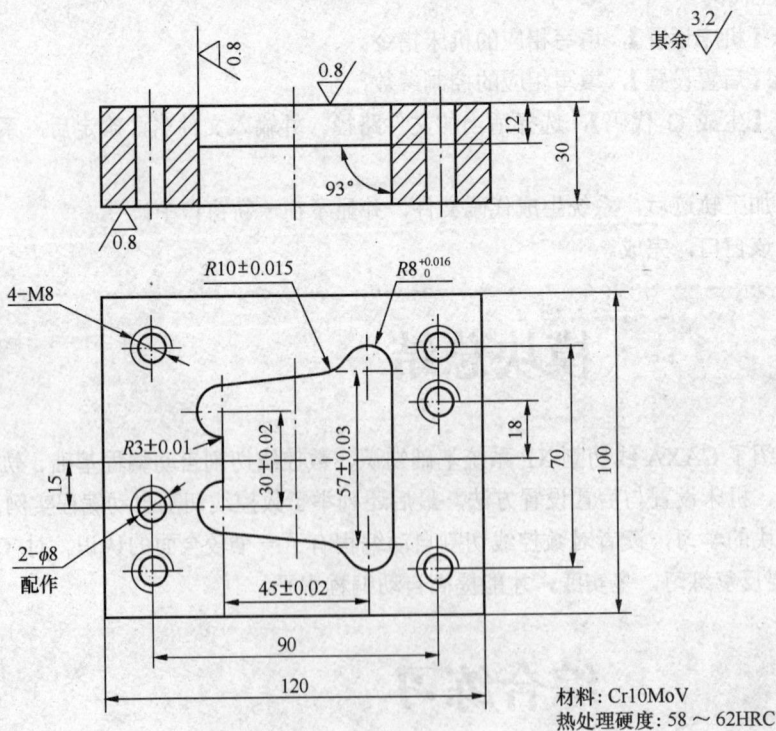

材料：Cr10MoV
热处理硬度：58～62HRC

题图 5-3

模块六

6 应用电火花成型机床加工零件

学习目标

◎ 掌握电火花穿孔加工的常用方法

◎ 能进行工具电极的校正与工件找正，能加工方孔冲模

◎ 掌握电火花成型加工的常用方法

◎ 能进行电加工规准的转换，能设计电极，能加工注射模镶块

前面学习了线切割机床的编程和操作方法，本模块将介绍应用电火花成型机床加工零件的方法，电火花成型机床加工主要有电火花穿孔加工和电火花成型加工两种形式。对精度要求高的零件，要达到零件的精度要求，必须进行电加工规准的转换。在进行电火花加工之前，还要进行电极的设计。本模块课题三将介绍电加工规准的转换和设计电极的方法。

课题一　用电火花成型机床加工方孔冲模

本课题要求运用电火花成型机床加工如图 6-1 所示方孔冲模，凹模尺寸为 25mm×25mm，深 10mm，工件材料为 40Cr。

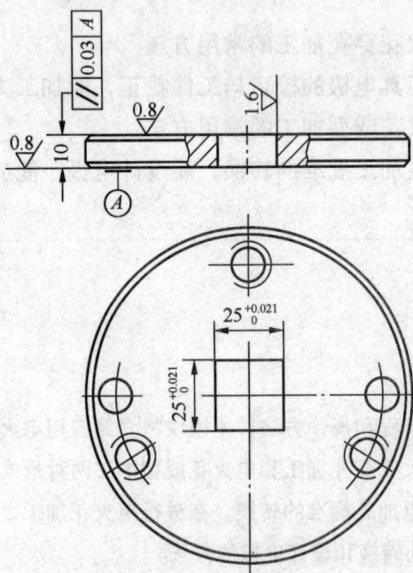

图 6-1　方孔冲模

本课题的学习目标是：了解电火花穿孔加工的常用方法，能进行工具电极的校正与工件找正，能加工方孔冲模。

一、基础知识

1. 冷冲模的概念

冷冲模是冷冲压生产中必不可少的工艺装备。而冷冲压加工则是常温下，利用压力机的压力，通过冲模使各种规格板料或坯料在压力作用下发生永久变形或分离，制成所需要各种形状零件的一种加工方法。

按工序性质分，冷冲模可分为冲孔模、落料模、切断模、切口模、切边模等。

2. 冲模采用电火花加工的优点

冲模是生产上应用较多的一种模具，由于形状复杂和尺寸精度要求高，所以它的制造已成为生产上的关键技术之一。特别是凹模，应用一般的机械加工是困难的，在某些情况下甚至不可能，而靠钳工加工则劳动量大，质量不易保证，还常因淬火变形而报废，采用电火花加工或线切割加工能较好地解决这些问题。冲模采用电火花加工工艺较机械加工工艺有如下优点。

（1）可以在工件淬火后进行加工，避免了热处理变形的影响。

（2）冲模的配合间隙均匀，刃口耐磨，提高了模具质量。

（3）不受材料硬度的限制，可以加工硬质合金等冲模，扩大了模具材料的选用范围。

（4）对于中、小型复杂的凹模，可以不用镶拼结构，而采用整体式，可以简化模具的结构，提高模具强度。

3．电火花加工的步骤

电火花加工主要由三部分组成：电火花加工的准备工作、电火花加工、电火花加工检验工作。电火花加工的准备工作有电极准备、电极装夹、工件准备、工件装夹、电极的校正定位等。

4．电火花穿孔加工的常用方法

电火花加工可以加工通孔和盲孔，前者习惯称为电火花穿孔加工，后者习惯上称为电火花成型加工。电火花穿孔加工一般应用于冷冲模加工、粉末冶金模具加工、拉丝模具加工、螺纹加工等。

下面以加工冷冲模的凹模为例说明电火花穿孔加工的方法。

凹模的尺寸精度主要靠工具电极来保证，因此，对工具电极的精度和表面粗糙度都应有一定的要求。如凹模的尺寸为 L_2，工具电极相应的尺寸为 L_1，如图 6-2 所示，单边火花间隙值为 S_L，则 $L_2 = L_1 + 2S_L$。

其中，火花间隙值 S_L 主要取决于脉冲参数与机床的精度。只要加工规准选择恰当，加工稳定，火花间隙值 S_L 的波动范围会很小。因此，只要工具电极的尺寸精确，用它加工出的凹模的尺寸也是比较精确的。

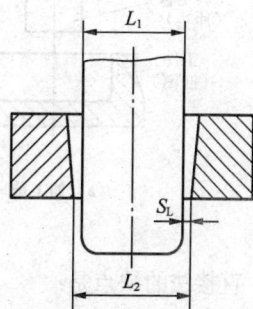

图 6-2　凹模的电火花加工

用电火花穿孔加工凹模有较多的工艺方法，在实际中应根据加工对象、技术要求等因素灵活地选择。穿孔加工的具体方法有以下几种。

（1）间接法。

间接法是指在模具电火花加工中，凸模与加工凹模用的电极分开制造，首先根据凹模尺寸设计电极，然后制造电极，进行凹模加工，再根据间隙要求来配制凸模。图 6-3 为间接法加工凹模的过程。

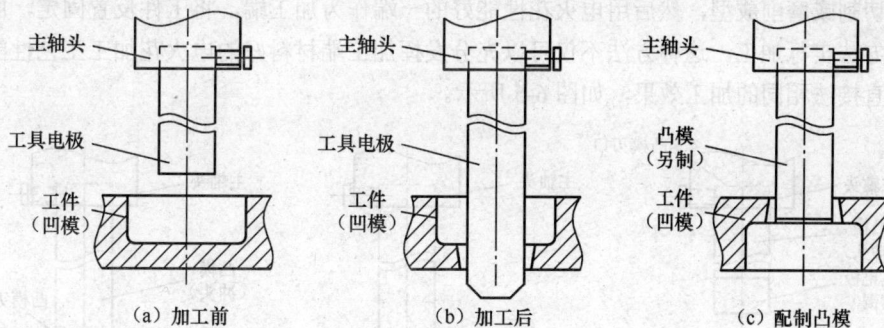

（a）加工前　　　　　（b）加工后　　　　　（c）配制凸模

图 6-3　间接法加工凹模

间接法的优点是：

① 可以自由选择电极材料，电加工性能好；

② 因为凸模是根据凹模另外进行配制，所以凸模和凹模的配合间隙与放电间隙无关。

间接法的缺点是：电极与凸模分开制造，配合间隙难以保证均匀。

（2）直接法。

直接法适合于加工冲模，是指将凸模长度适当增加，先作为电极加工凹模，然后将端部损耗的部分去除直接成为凸模（具体过程如图 6-4 所示）。直接法加工的凹模与凸模的配合间隙靠调节脉冲参数、控制火花放电间隙来保证。

直接法的优点是：

① 可以获得均匀的配合间隙、模具质量高；

② 无需另外制作电极；

③ 无需修配工作，生产率较高。

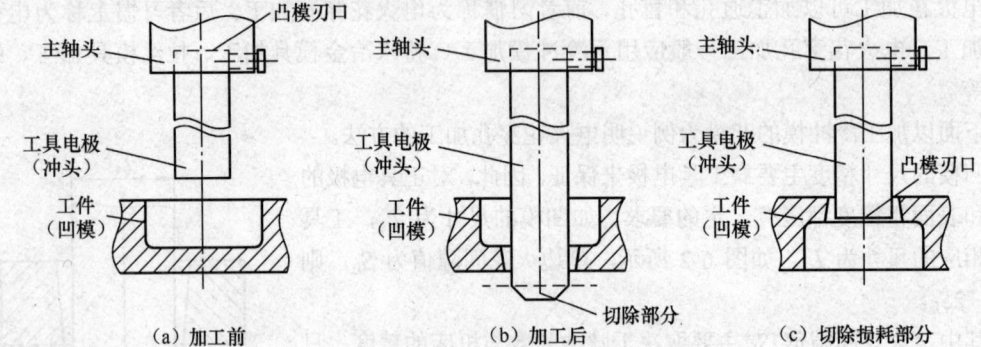

（a）加工前 　　　（b）加工后 　　　（c）切除损耗部分

图 6-4　直接法

直接法的缺点是：

① 电极材料不能自由选择，工具电极和工件都是磁性材料，易产生磁性，电蚀下来的金属屑可能被吸附在电极放电间隙的磁场中而形成不稳定的二次放电，使加工过程很不稳定，故电火花加工性能较差；

② 电极和冲头连在一起，尺寸较长，磨削时较困难。

（3）混合法。

混合法也适用于加工冲模，是指将电火花加工性能良好的电极材料与冲头材料粘结在一起，共同用线切割或磨削成型，然后用电火花性能好的一端作为加工端，将工件反置固定，用"反打正用"的方法实行加工。这种方法不仅可以充分发挥加工端材料好的电火花加工工艺性能，还可以达到与直接法相同的加工效果，如图 6-5 所示。

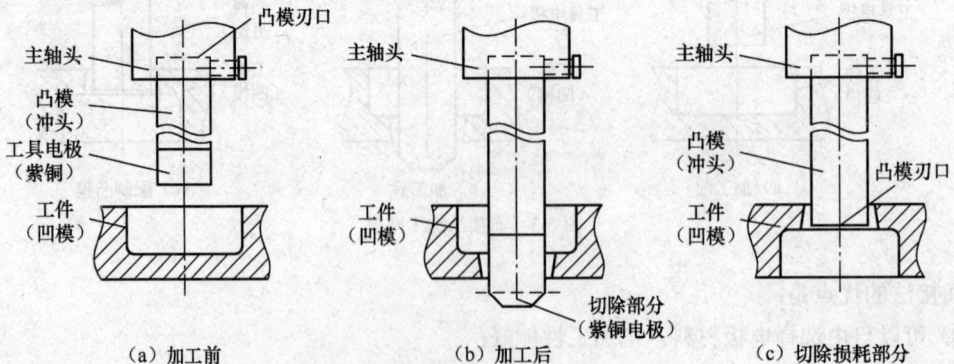

（a）加工前 　　　（b）加工后 　　　（c）切除损耗部分

图 6-5　混合法

混合法的特点是：

① 可以自由选择电极材料，电加工性能好；

② 无须另外制作电极；

③ 无须修配工作，生产率较高；

④ 电极一定要粘结在冲头的非刃口端（见图 6-5）。

（4）阶梯工具电极加工法。

阶梯工具电极加工法在冷冲模具电火花成型加工中极为普遍，其应用方面有两种。

① 无预孔或加工余量较大时，可以将工具电极制作为阶梯状，将工具电极分为两段，即缩小了尺寸的粗加工段和保持凸模尺寸的精加工段。粗加工时，采用工具电极相对损耗小、加工速度高的电规准加工，粗加工段加工完成后只剩下较小的加工余量，如图 6-6（a）所示。精加工段即凸模段，可采用类似于直接法的方法进行加工，以达到凸凹模配合的技术要求，如图 6-6（b）所示。

② 在加工小间隙、无间隙的冷冲模具时，配合间隙小于最小的电火花加工放电间隙，用凸模作为精加工段是不能实现加工的，则可将凸模加长后，再加工或腐蚀成阶梯状，使阶梯的精加工段与凸模有均匀的尺寸差，通过加工规准对放电间隙尺寸的控制，使加工后符合凸凹模配合的技术要求，如图 6-6（c）所示。

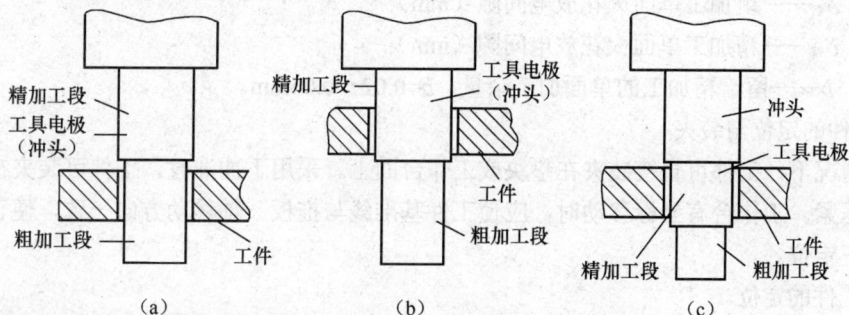

图 6-6 用阶梯工具电极加工冲模

5. 工件的准备

电火花加工前，工件（凹模）型孔部分要加工预孔，并留适当的电火花加工余量。余量的大小应能补偿电火花加工的定位、找正误差及机械加工误差。一般情况下，单边余量以 0.3～1.5mm 为宜，并力求均匀。对形状复杂的型孔，余量要适当加工。

6. 电极的准备

（1）电极材料的选择。

凸模一般选碳素工具钢 T8A、T10A、铬钢 Crl2、GCrl5、硬质合金等。应注意：凸、凹模不宜选用同一种型号钢材，否则电火花加工时就不易稳定。

（2）电极的设计。

由于凹模的精度主要决定于工具电极的精度，因而对它有较为严格的要求，要求工具电极的尺寸精度和表面粗糙度比凹模高一级，一般精度不低于 IT7，表面粗糙度 R_a<1.25μm，且直线度、平面度和平行度在 100mm 长度上不大于 0.01mm。

工具电极应有足够的长度，要考虑端部损耗后仍有足够的修光长度。

若加工硬质合金时，由于电极损耗较大，电极还应适当加长。

工具电极的截面轮廓尺寸除考虑配合间隙外，还要考虑比预定加工的型孔尺寸均匀地缩小一个加工时的火花放电间隙。

（3）电极的制造。

过去冲模电极的制造一般要经过成型磨削。一些不易磨削加工的材料，可在机械加工后，由钳工精修。目前，直接用电火花线切割加工电极已获得广泛的应用。

采用钢凸模淬火后直接作为电极加工钢凹模时，可用线切割或成型磨削磨出。如果凸凹模配合间隙超出电火花加工间隙范围，则作为电极的部分必须在此基础上增大或缩小。可采用化学浸蚀的办法作出一面台阶，均匀减少到尺寸要求，或采用镀铜、镀锌的办法扩大到要求的尺寸。

在加工冲模时，尤其是"钢打钢"加工冲模时，为了提高加工速度，常将电极工具的下端用化学腐蚀（酸洗）的方法均匀腐蚀去一定厚度，使电极工具成为阶梯形。这样，刚开始加工时可用较小的截面、较大的规准进行粗加工，等到大部分预留量已被蚀除、型孔基本穿透，再用上部较大截面的电极工具进行精加工，保证所需的模具配合间隙。

阶梯部分的长度 l 一般为冲模刃口高度 h 的 1.2～2.4 倍，即 $l=(1.2～2.4)h$，阶梯电极的单边缩小量（单面蚀除厚度）Δ 可按下式计算

$$\Delta \geqslant \delta_{粗} - \delta_{精} + b$$

式中　$\delta_{粗}$——粗加工单面火花放电间隙（mm）；

　　　$\delta_{精}$——精加工单面火花放电间隙（mm）；

　　　b——留给精加工的单面加工余量，$b=0.02～0.04mm$。

7．工件的定位与装夹

一般情况下，工件可直接装夹在垫块或工作台面上。采用下冲油时，工件可装夹在油杯上，通过压板压紧。工作台有坐标移动时，应使工件基准线与拖板一轴移动方向一致，便于电极和工件间的校正定位。

（1）工件的定位。

工件定位分两种情况，一种是划线后按目测打印法校正，适合工件毛坯余量较大的加工，这种定位方法较简单；另一种是借助量具块规、卡尺等和专用二类夹具来定位，适合工件加工余量少，定位较困难的加工。

（2）工件的压装。

工作台上的油杯及盖垫板中心孔要与电极找同心，以利于油路循环，提高加工稳定性。同时，使工件与工作台平行，并用压板妥善地压紧在油杯盖板上，防止在加工中由于"放炮"等因素造成工件的位移。

8．电极装夹与校正

电极装夹的目的是将电极安装在机床的主轴头上，电极校正的目的是使电极的轴线平行于主轴头的轴线，即保证电极与工作台台面垂直，必要时还应保证电极的横截面基准与机床的 X、Y 轴平行。

（1）电极的装夹。

电极在安装时，一般使用通用夹具或专用夹具直接将电极装夹在机床主轴的下端。

（2）电极的校正。

电极装夹好后，必须进行校正才能加工，即不仅要调节电极与工件基准面垂直，而且需在水平面内调节、转动一个角度，使工具电极的截面形状与将要加工的工件型孔或型腔定位的位置一致。电极与工件基准面垂直常用球面铰链来实现，工具电极的截面形状与型孔或型腔的定位靠主轴与工具电极安装面相对转动机构来调节，垂直度与水平转角调节正确后，都应用螺钉夹紧，如图 6-7 所示。

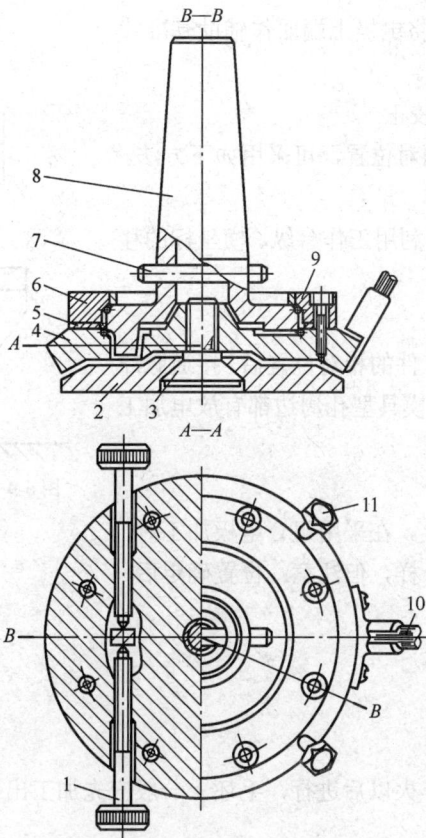

图 6-7 带垂直和水平转角调节装置的夹头

1—调节螺钉　2—摆动法兰盘　3—球面螺钉　4—调角校正架　5—调整垫　6—上压板
7—销钉　8—锥柄座　9—滚珠　10—电源线　11—垂直度调节螺钉

> 电极的校正不仅要调节电极与工件基准面垂直，而且要调节电极和工件的相对位置，使电极和工件的截面形状与将要加工的型孔或型腔定位的位置一致。

电极装夹到主轴上后，必须进行校正，一般的校正方法如下。

① 根据电极的侧基准面，采用千分表找正电极的垂直度，如图 6-8 所示。

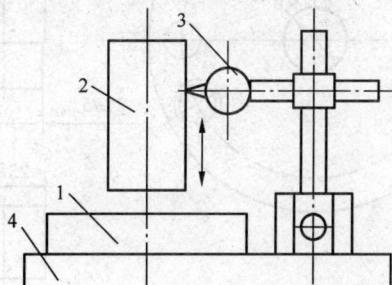

图 6-8 用千分表校正电极垂直度

1—凹模　2—电极　3—千分表　4—工作台

② 电极上无侧面基准时，将电极上端面作辅助基准找正电极的垂直度，如图 6-9 所示。

9．电极与工件相对位置的校正

为确定电极与工件之间的相对位置，可采用如下方法。

（1）目测法。

目测电极与工件相互位置，利用工作台纵、横坐标的移动加以调整，达到校正的目的。

（2）打印法。

用目测大致调整好电极与工件的相对位置后，接通脉冲电源弱规准，加工出一浅印，使模具型孔周边都有放电加工量，即可继续放电加工。

（3）测量法。

利用量具、块规、卡尺定位。在采用组合电极加工时，其与工件的校正方法和单电极一样，但注意：位置确定后，应使每个预孔都要加工上。

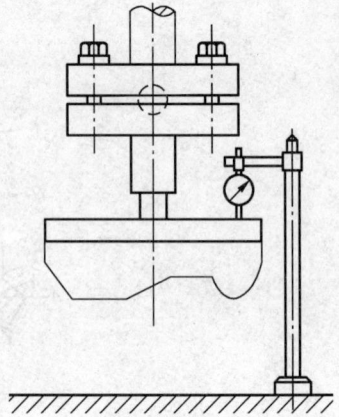

图 6-9 用电极上端面作辅助基准找正电极的垂直度

二、课题实施

1．工艺分析

电火花加工模具一般都在淬火以后进行，毛坯上一般应先加工出预孔，如图 6-10（a）所示，其余与图 6-1 相同。

加工冲模的电极材料，一般选用铸铁或钢，这样可以采用成型磨削方法制造电极。为了简化电极的制造过程，也可采用钢电极，材料为 Crl2，电极的尺寸精度和表面粗糙度比凹模优一级。为了实现粗、中、精规准转换，电极前端进行腐蚀处理，腐蚀高度为 15mm，双边腐蚀量为 0.25mm，如图 6-10（b）所示。电火花加工前，工件和工具电极都必须经过退磁。

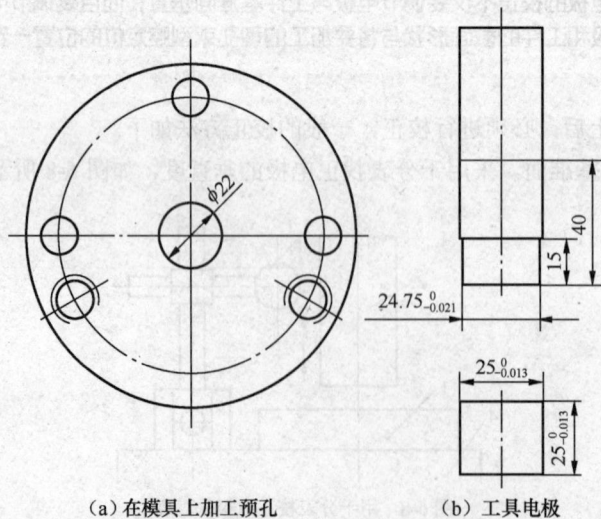

（a）在模具上加工预孔　　（b）工具电极

图 6-10 电火花加工前的工件工具电极图

2．工艺实施

电极装夹在机床主轴头的夹具中进行精确找正，使电极对机床工作台面的垂直度小于0.01mm/100mm。工件安装在油杯上，工件上、下端面保持与工作台面平行。加工时采用下冲油，用粗、精加工两挡规准，并采用高、低压复合脉冲电源，如表6-1所示。

表6-1　　　　　　　　　　　　　　加工规准

加工规准	脉宽/μs		电压/V		电流/A		脉间/μs	冲油压力/kPa	加工深度/mm
	高压	低压	高压	低压	高压	低压			
粗加工	12	25	250	60	1	9	30	9.8	15
精加工	7	2	200	60	0.8	1.2	25	19.6	20

三、作业测评

1．测评内容

运用电火花成型机床加工如图 6-11 所示冲模的圆孔和方孔，深 10mm，工件的表面粗糙度为 $R_a1.6\mu m$，工件材料为 40Cr。

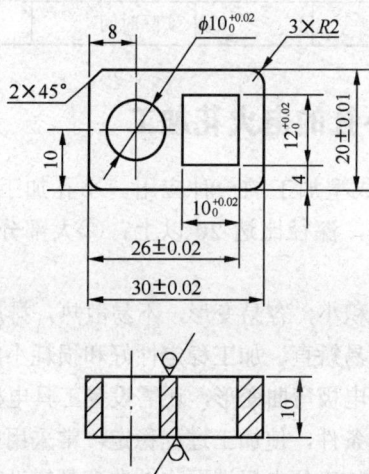

图 6-11　冲模

2．测评标准

表6-2　　　　　　　　　　　　　　加工实训评分表

考核内容	评分项目	配分	评分标准	扣分记录及备注	得 分
加工前的准备工作	1．电极装夹	5			
	2．电极的校正定位	5			
工件的定位与夹紧	1．工件定位合理	6			
	2．工件正确装夹	4			
加工工艺与加工规准	1．正确制定加工工艺	10			
	2．确定正确的加工规准	10			

考核内容	评分项目	配分	评分标准	扣分记录及备注	得 分
机床操作	1. 开机顺序正确	3			
	2. 控制柜面板按钮操作正确	2			
	3. 电极与工件相对位置的校正	3			
	4. 在机床上选择正确的工艺参数	5			
	5. 合理调整工作液流量	2			
工件的尺寸	1. $\phi 10_0^{+0.02}$ mm	10	超差 0.01mm 扣 2 分		
	2. $10_0^{+0.02}$ mm	10	超差 0.01mm 扣 2 分		
	3. $12_0^{+0.02}$ mm	10	超差 0.01mm 扣 2 分		
工件的表面质量	$R_a 1.6\mu m$	5			
加工后的工作	1. 加工后应清理机床	3			
	2. 填写记录	2			
安全文明生产	整个操作过程中应安全文明	5			
额定时间	180min		每超时 1min 扣 1 分		
开始时间		结束时间		实际时间	成绩

四、知识与技能拓展：小孔的电火花加工

小孔加工也是电火花穿孔成型加工的一种应用。小孔加工的特点是：①加工面积小，深度大，直径一般为 $\phi 0.1 \sim 2$mm，深径比达 20 以上；②大部分小孔加工均为不通孔加工，排屑困难。

小孔加工由于工具电极截面积小，容易变形，不易散热，排屑又困难，因此电极损耗大。

工具电极应选择刚性好、容易矫直、加工稳定性好和损耗小的材料，如铜钨合金丝、钨丝、钼丝、铜丝等。加工时为了避免电极弯曲变形，还需设置工具电极的导向装置。

为了改善小孔加工时的排屑条件，使加工过程稳定，常采用电磁震动头，使工具电极丝沿轴向震动，或采用超声波震动头，使工具电极端面作轴向高频震动，进行电火花超声波复合加工，可以大大提高生产率。如果所加工的小孔直径较大，允许采用空心电极（如空心纯铜管或黄铜管），则可以用较高的压力强迫冲油，加工速度将显著提高。如果机床主轴有旋转功能，或采用旋转头附件使工具电极转动，或使工件转动，则除可提高加工速度外，还可提高加工小孔的圆度。此时可采用反拷加工，其要点如下。

（1）电极材料。常用的材料有纯铜、黄铜、铜钨合金细杆和较粗的钨丝和钼丝等。

（2）电极的反拷加工。用机加工制造直径很小的细长电极很困难，电火花反拷加工是一种行之有效的工艺。如图 6-12 所示。在机床工作台上用一块长约 50mm、厚 5mm 耐电火花腐蚀的铜钨合金或硬质合金块作为反拷电极，其工作面必须磨过，并校正到与坐标方向平行。要修拷的电极夹在主轴夹头内，可随主轴旋转和上下运动。然后用图中方法进行粗拷、开空刀槽和精拷加工。粗加工余量以 0.2 ~ 0.3mm 为宜；精加工余量以 0.02 ~ 0.05mm 为宜，在要求高一些的场合，还应进行超精反拷加工，加工余量为 5 ~ 10μm，使 $R_a < 0.32\mu m$。

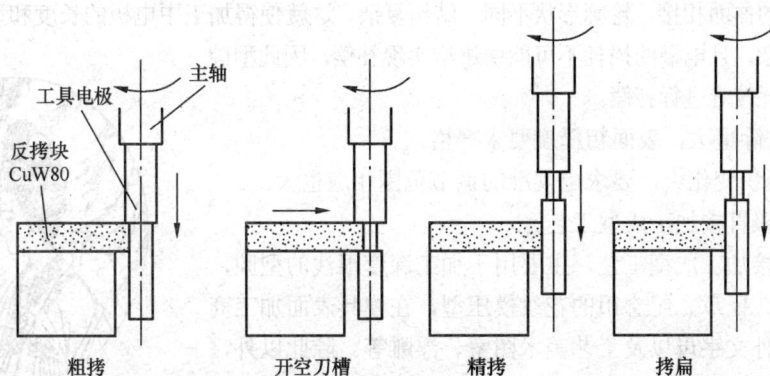

图 6-12 反拷加工法

（3）加工方法。小孔电火花加工规准的选择，主要根据孔径、精度、深度、机床条件等因素综合考虑。一般采用一挡规准加工到底，只是在孔径发生变化时才转换规准。

对于孔径大于 1mm 的孔，如果加工之前没有预孔，可用铜管作电极打出预孔；对于孔径小于 1mm 的小孔，用实心电极加工时，可以把电极拷扁，以利排屑。所谓拷扁，就是将电极圆周沿轴向拷掉一部分，由于保持了一个直通外界的扁口通道，这样，在加工时主轴回转可以使排屑通畅，加工稳定。拷扁部分一般为直径的 1/6～1/8，太小效果不明显，太大则电极刚性不好，损耗增大。

小孔电火花加工用的脉冲电源，采用 RC 线路脉冲电源。这种电源有很大的优越性，线路简单、成本低，单个脉冲能量可以做得很小，且瞬时放电的峰值电流较大，抛出材料汽化百分比和抛出力较大，可以得到较好的表面粗糙度和加工稳定性。用晶体管脉冲电源时，脉宽应小于 5～10μs，峰值电流在 1～5A 之间，正极性加工。虽然电极损耗比较大，但对通孔而言，可以多进给一段距离进行修光。

> **提示** 为了减少孔的锥度，在加工孔贯通后，可继续上下"珩磨"几次，直到不放电火花为止。

课题二 用电火花机床加工花纹模具

本课题要求运用电火花成型机床加工如图 6-13 所示花纹模具，工件采用 45 调质钢，工件无预加工，加工面积约 20cm^2。

本课题的学习目标是：了解电火花成型加工的常用方法，能用电火花成型加工方法加工模具。

一、基础知识

1. 电火花成型加工的常用工艺方法

电火花成型加工和穿孔加工相比有下列特点。

① 电火花成型加工为盲孔加工，工作液循环困难，电蚀产物排除条件差。

② 型腔多由球面、锥面、曲面组成，且在一个型腔内常有各种圆角、凸台或凹槽，有深有浅，

还有各种形状的曲面相接，轮廓形状不同，结构复杂。这就使得加工中电极的长度和型面损耗不一，故损耗规律复杂，且电极的损耗不可能由进给实现补偿，因此型腔加工的电极损耗较难进行补偿。

③ 材料去除量大，表面粗糙度要求严格。

④ 加工面积变化大，要求电规准的调节范围相应也大。

（1）单电极直接加工成型工艺。

单电极直接加工成型工艺，主要用于加工深度很浅的型腔，如各种纪念章、证章、纪念币的花纹模压型，在模具表面加工商标、厂标、中外文字母以及工艺美术图案、浮雕等。除此以外，也可用于加工无直壁的浅型腔模具或成型表面。因为浅型腔模具，除要求精细的花纹还要求棱角清晰，所以不能采用平动或摇动加

图 6-13 花纹模具

工；而无直壁的浅型腔表面都与水平面有一倾斜角，工具电极在向下垂直进给时，对倾斜的型腔表面有一定的修整、修光作用，再通过多次加工规准的转换，采用精加工低损耗电源，有时不用平动、摇动就可以修光侧壁，达到加工目的。

（2）单电极平动、摇动加工法。

单电极平动法在型腔模电火加工中应用最广泛。它是用一个电极完成型腔的粗、中、精加工的。首先用低损耗（$\theta < 1\%$）、高生产率的粗规准进行加工，然后利用平动头作平面小圆运动，如图 6-14 所示，按照粗、中、精的顺序逐级改变电规准。与此同时，依次加大电极的平动量，以补偿前后两个加工规准之间型腔侧面放电间隙差和表面微观不平度差，实现型腔侧面仿型修光，完成整个型腔模的加工。

如果不采用平动、摇动加工，则如图 6-15（a）所示，在用粗加工电极对型腔进行粗加工之后，型腔四周侧壁留下很大的放电间隙，而且表面粗糙度很差，如图 6-15（b）所示，此时再用精加工规准已无法对侧壁进行加工，必要时只好更换一个尺寸较大的精加工电极，如图 6-15（c）所示，费时又费钱。如果采用平动、摇动，加工，如图 6-15（d）、6-15（e）所示，只要用一个电极向左、右、前、后平动，逐步地由粗到精改变规准，就可以较快地加工出型腔来。

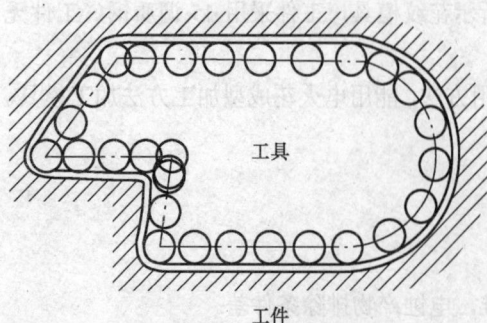

图 6-14 平动头扩大间隙原理图

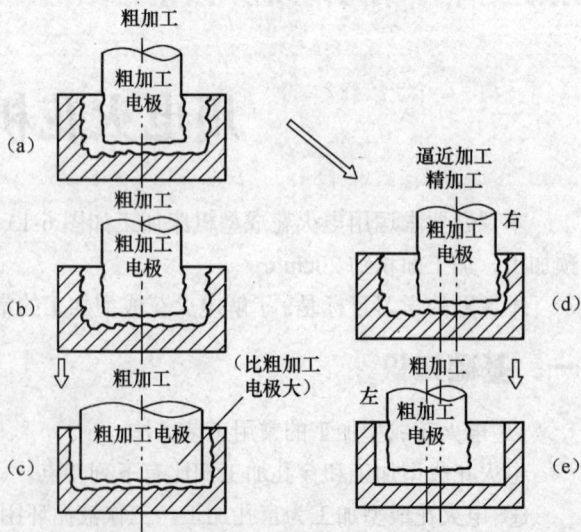

图 6-15 平动加工的优点

用平动头单电极平动法的最大优点是只需一个电极、一次装夹定位，便可达到±0.05mm 的加工精度，并方便了电蚀产物的排除，使加工过程稳定。其缺点是难以获得高精度的型腔模，特别是难以加工出清棱、清角的型腔。因为平动时，电极上的每一个点都按平动头的偏心半径作圆周运动，清角半径由偏心半径决定。此外，电极在粗加工中容易引起不平的表面龟裂状的积炭层，影响型腔表面粗糙度。为弥补这一缺点，可采用精度较高的重复定位夹具，将粗加工后的电极取下，经均匀修光后，再重复定位装夹，再用平动头完成型腔的终加工，可消除上述缺陷。

采用数控电火花加工机床时，是利用工作台按一定轨迹做微量移动来修光侧面的，为区别于夹持在主轴头上的平动头的运动，通常将其称作摇动。由于摇动轨迹是靠数控系统产生的，所以具有更灵活多样的模式，除了小圆轨迹运动外，还有方形、十字形运动，因此更能适应复杂形状的侧面修光的需要，尤其可以做到尖角处的"清根"，这是一般平动头所无法做到的。图6-16（a）所示为基本摇动模式，图 6-16（b）所示为工作台变半径圆形摇动，主轴上下数控联动，可以修光或加工出锥面、球面。由此可见，数控电火花加工机床最适合单电极法加工。

另外，可以利用数控功能加工出以往普通机床难以或不能加工的工件。如利用简单电极配合侧向（X、Y 向）移动、转动、分度等进行多轴控制，可加工复杂曲面、螺旋面、坐标孔、侧向孔、分度槽等，如图6-16（c）所示。

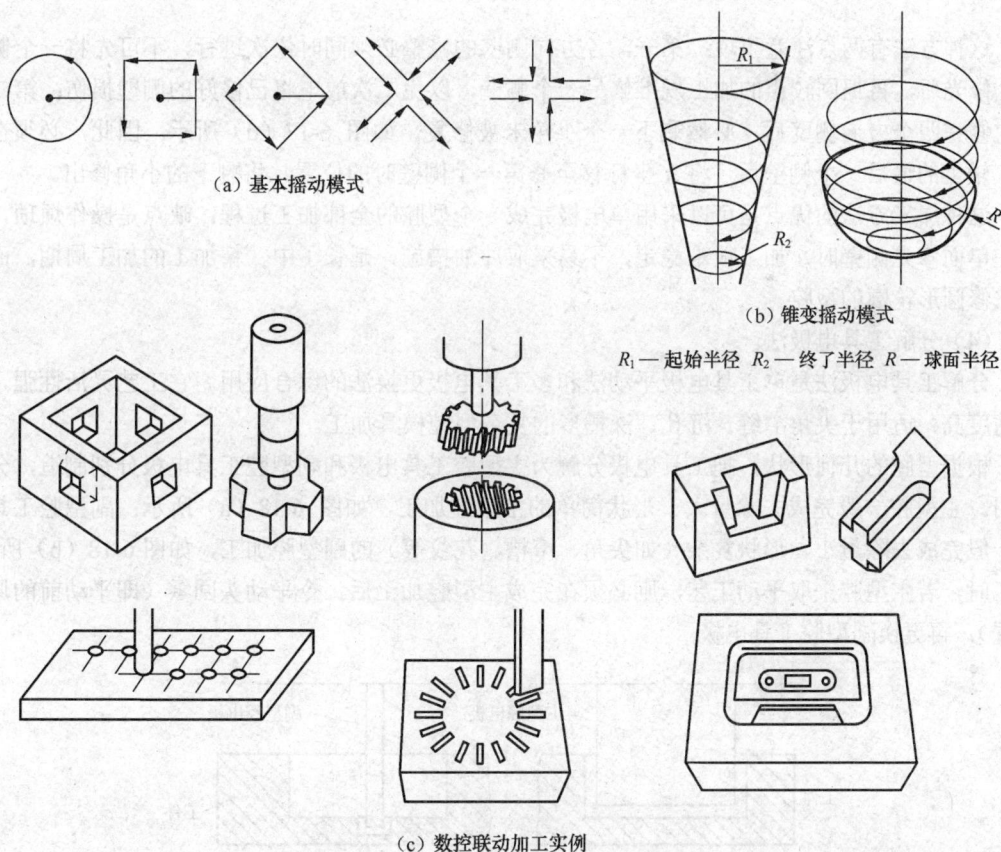

（a）基本摇动模式

（b）锥变摇动模式

R_1—起始半径 R_2—终了半径 R—球面半径

（c）数控联动加工实例

图 6-16 几种典型的摇动模式和加工实例

（3）手动侧壁修光法。

有些模具制造单位受资金等条件限制，没有平动头或数控电火花加工机床，无法实现平动、摇动加工。此时对简单方形的型腔模具零件，可以采用手动侧壁修光法，它是利用移动轮流修光各方向的侧壁。例如，在某型腔粗加工完毕后，采用中加工规准先将底面修出；然后，如图 6-17 (a) 将工作台沿 X 坐标方向右移一个尺寸 d，修光型腔左侧壁；依次使电极相对工作台沿 Y 坐标前进方向移动 d，修光型腔后壁，如图 6-17 (b) 所示；沿 X 坐标方向左移 $2d$，修光型腔右壁，如图 6-17 (c) 所示；再沿 Y 坐标后退方向移动 $2d$，修光型腔前壁，如图 6-17 (d) 所示，最后右移修去缺角 5。完成这样一个周期后，随着加工规准的不断切换，逐渐增大 d 值，使型腔最后达到完全修光的目的。

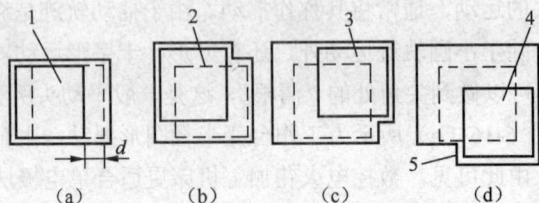

图 6-17 侧壁轮流修光法示意图

1—修左侧壁时工具电极位置 2—修前侧壁时工具电极位置 3—修右侧壁时工具电极位置
4—修后侧壁时工具电极位置 5—修完四个方向侧壁后剩下的未修小角

这种方法有两点注意事项：第一，各方向侧壁的修整必须同时依次进行，不可先将一个侧壁完全修光后，再退回较粗的加工规准修另一个侧壁，以免二次放电将已修好的侧壁损伤；第二，每次修完四个方向侧壁后，必然剩下一个小角未被修复，如图 6-17 (d) 所示。因此，必须在修光 Y 轴上的最后一个侧壁后，将 X 坐标移至修第一个侧壁时的位置，将剩下的小角修出。

这种加工方法的优点是可以采用单电极完成一个型腔的全部加工过程；缺点是操作烦琐，尤其在单面修光侧壁时，加工很难稳定，不易采取冲油措施，延长了中、精加工的加工周期，而且无法修圆形轮廓的型腔。

（4）分解工具电极法。

分解工具电极法是单工具电极平动法和多工具电极更换法的综合应用。它工艺灵活性强，仿形精度高，适用于尖角窄缝、沉孔、深槽多的复杂型腔模具加工。

根据型腔的几何形状，把工具电极分解为主型腔工具电极和副型腔工具电极分别制造，分别使用。主型腔一般完成去除量大、形状简单的主型腔加工，如图 6-18 (a) 所示；副型腔工具电极一般完成去除量小、形状复杂（如尖角、窄槽、花纹等）的副型腔加工，如图 6-18 (b) 所示。加工时，若主型腔采取平动工艺，则必须在完成主型腔加工后，令平动头回零（即平动前的原始位置），再更换副型腔工具电极。

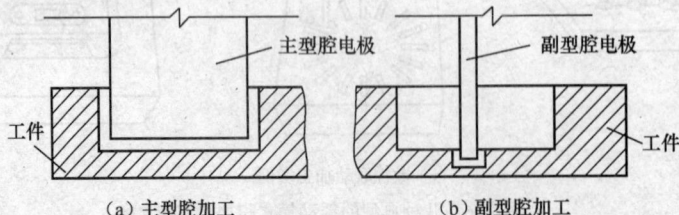

（a）主型腔加工   （b）副型腔加工

图 6-18 分解工具电极加工法示意图

此方法的优点是可以根据主、副型腔不同的加工条件，选择不同的加工规准，有利于提高加工速度和改善加工表面质量，同时还可以简化电极制造，便于修整电极。缺点是更换电极时主型腔和副型腔电极之间要求有精确的定位。

近年来，国外已广泛采用像加工中心那样具有电极库的3～5坐标数控电火花机床，事先把复杂型腔分解为简单表面和相应的简单电极，编制好程序，加工过程中自动更换电极和转换规准，实现复杂型腔的加工。同时配合一套高精度辅助工具、夹具系统，可以大大提高电极的装夹定位精度，使采用分解电极法加工的模具精度大为提高。

（5）多工具电极更换法。

在没有平动或摇动加工的条件时，也可采用多工具电极更换法，它是采用多个工具电极依次更换加工同一个型腔，每个电极加工时必须把上一规准的放电痕迹去掉。一般用两个电极进行粗、精加工就可满足要求；当型腔模的尺寸精度和表面粗糙度要求很高时，才采用三个或更多个电极进行加工，但要求多个电极的一致性好、制造精度高；另外，更换电极时要求定位装夹精度高，因此一般只用于精密型腔的加工，例如过去的盒式磁带、收录机、电视机等机壳的模具，都是用多个工具电极加工出来的。

应根据对电火花加工中各阶段的损耗预测，来设计工具电极各部位的尺寸、形状和制造工艺。

在电火花加工中，工具电极尺寸和形状千变万化，工具电极各部分投入加工放电的顺序有先有后，工具电极上各点的总加工时间和损耗也不相同。因此，必须以此为依据，定量预测各部分的损耗值，将其作为修正值来设计工具电极的尺寸。图6-19为经过损耗预测后，对工具电极尺寸和形状进行补偿修正的示意图。图中，实线为工具电极的理论形状尺寸（即加工后的形状尺寸）；虚线是工具电极经补偿修正的形状尺寸（即加工前的形状尺寸）。

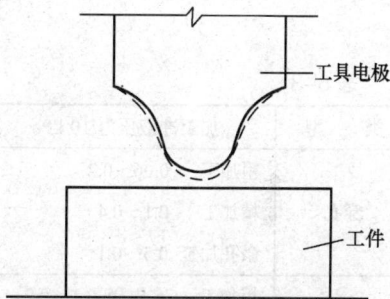

图6-19　根据对工具电极损耗的预测，对工具电极的尺寸和形状进行补偿

实线—工具电极的理论形状、尺寸

虚线—工具电极经补偿修正的形状、尺寸

2．电火花加工的排渣与排气

通过电火花加工原理和放电机理知道，电火花加工一定要在工作液介质当中进行，在电火花加工过程中电蚀产物（金属熔化、汽化的细微颗粒、炭粒及工作液被汽化、裂化产生的有害气体）如果不及时排除扩散出去，就会改变间隙介质的成分，降低绝缘强度，如果放电蚀除产物用在间隙中某局部聚积太多，将会形成电极与蚀除物质（如炭渣等）二次放电，二次放电的反复增加，就会使火花放电转变为有害的电弧放电，导致电极与工件的烧伤，严重的致使模具工件报废，如果工作液高温分解产生的有害气体大量的聚积，得不到及时的排出，形成局部真空，就会产生"放炮"现象，致使电极或工件的位置偏移，容易造成废品。

因此，这些蚀除产物的聚积、放电气体的聚积，要靠排渣与排气解决，也就是要加强工作液在放电间隙中的循环，改善工作液的污染程度，保证工作液的绝缘强度，选择合理的加工参数（包括电压幅值、峰值电流、脉宽、间隔等），选择合理的加工工艺，使放电过程稳定，使工作液的污染程度产生最佳效果，减小电极损耗，提高加工效率，保证加工质量。所以说电火花加工的排渣与排气必须引起足够的重视。

（1）冲、抽液的排渣与排气。

如果连通到加工间隙的液管的液压高于加工间隙的液压，就会使经过过滤后的纯净工作液冲入间隙，称之为冲液（又称冲油）。

在电极或工件上开加工液孔的方法为冲液法（见图 6-20），此法应用广泛。推荐的冲液压力见表 6-3。

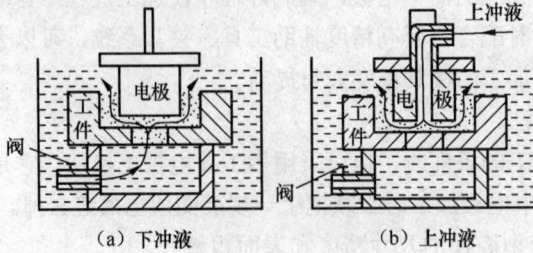

（a）下冲液　　　　　　　（b）上冲液

图 6-20　冲液法

表 6-3　　　　　　　　　　　　　　　　冲液压力推荐值

类　　型	加工冲液压力/10^2kPa	备　　注
穿孔	粗加工　　　0.06～0.2 精加工　　　0.1～0.4 微孔加工 0.5～0.1	穿孔加工几乎都适用，侧面带锥度（因加工屑二次放电）、微孔加工用空心管电极
型腔	粗加工　Cr 电极 0.1～0.2 　　　　Cu 电极 0.5～0.1 精加工　Cr 电极 0.1～0.3 　　　　Cu 电极 0.05～0.1	除了无论怎样都不能设置加工液的，几乎所有型腔加工都适用。若用铜电极时，如果油压过高，则电极损耗增加

上冲液一般应用在加工复杂型腔或在没有预孔的情况下，如加工深小孔时，多采用上冲液方式。

下冲液多用于直壁小孔的加工中，或型腔本身具有可以利用的孔，如顶出杆孔，流道孔等，则可以作为冲液孔，实行下冲液。

如果连通至电加工间隙的液管的液压低于加工间隙的液压，就会使加工间隙被污染的工作液抽、吸而流出加工间隙，称为抽液（又称抽油）。

加工液是经过工件底部或通过电极被吸入到循环系统（即油箱）的方法为抽液法（见图 6-21）。此法实际上只有在特殊需要的场合（要求侧壁间隙尽量减少二次放电）才应用。表 6-4 中列出抽、吸压力推荐值。

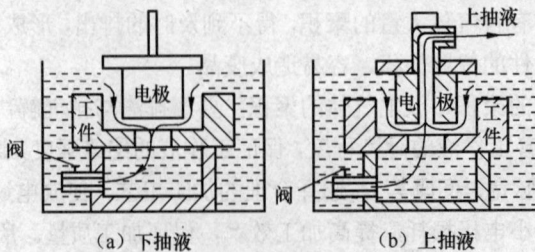

（a）下抽液　　　　　　　（b）上抽液

图 6-21　抽液法

注：此图阀均为可燃气体阀

表 6-4 抽、吸压力推荐值

	抽、吸压力/kPa	备 注
型腔	精加工 13.3～26.7 （标准为 20）	电极强度小时，为 13.3 kPa 左右，电极强度大时，可以为 26kPa，根据抽吸压力的规定，把加工液槽右上面的抽吸压力调整旋钮完全松开，根据设备在油杯侧面左下方的阀来细心调节
穿腔	精加工 13.3～20	与冲液法相比，因为难于少量流通，电极损耗较大

如果电极或工件上不能开加工液孔时，从电极的侧面喷射加工液的方法称之为侧冲法（见图 6-22）。此法常应用于浅型腔，如纪念章、纪念币、花纹模等。表 6-5 中列出的加工液的喷射压力推荐值。

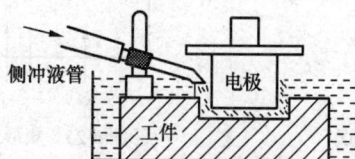

图 6-22 侧冲液法

表 6-5 喷射压力推荐值

	喷射压力/10^2kPa	备 注
型腔	粗加工 0.05 以上 精加工 0.05 以上	加工深度浅时规定在 20kPa 左右（由于电极损耗的关系），加工深度深时且加工表面粗糙度值小时，喷射压力增大，往往达到 100kPa
穿腔	粗加工 0.05 以上 精加工 0.05 以上	常用于难于加工液孔或薄板的零件加工

采用冲、抽液方式进行排渣与排气，可以促使电火花成型加工过程稳定。但是，如果冲、抽液的压力和工作液介质流速过大，使加工间隙的排渣和消电离速度加快，就不利于维持工具电极表面形成炭黑覆盖层的温度，从而减弱了炭黑覆盖效应，加快了电极的损耗速度，这里主要是指紫铜材料做工具电极。但对石墨材料做工具电极，冲、抽液压力大小对电极损耗影响就不大。

当紫铜加工钢粗加工时，只采用工作液自身循环，依靠粗规准自身的爆炸力及主轴进给的自身灵敏度进行排渣与排气，维持稳定加工，减小电极损耗，达到成型加工目的。如果粗加工不能维持自身的稳定性，则将冲、抽液压力维持在尽可能小的范围内，或采取其他措施，如加抬刀、加平动等方式进行排渣与排气。当紫铜加工钢精加工时，因加工量很小，电极损耗均匀，可以忽略不计，为了改善表面粗糙度，保持加工稳定性，就应该采用冲、抽液方式进行排渣与排气。值得注意的是冲液时，对应位置则易于形成凹形端面（见图 6-23）。最好用冲、抽交替的方法。可以使单独用冲液或抽液所形成端面变形的缺陷彼此抵消，得到较为平整的端面。

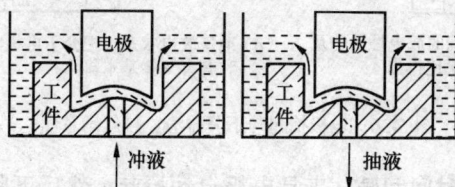

图 6-23 冲、抽液方式对工具电极损耗的影响示意图

当采用侧冲方式进行排渣、排气时，应小心调整喷射压力，使电极加工表面得以均匀排渣，此时往往与电极抬刀配合进行排气。当加工平坦表面时，排渣方向必须与成型进入角配合一致（见图 6-24）。当加工矩形槽沟时，加工液之流向要施加于电极较长一侧，如此才会注入工件型腔底部（见图 6-25）。万万不可同时从电极两侧边引进，因为两股流量会在型腔底部互相抵消，残渣就不能排除。

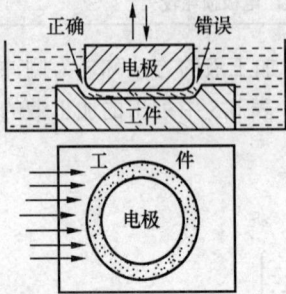

图 6-24 侧边排渣正确与错误

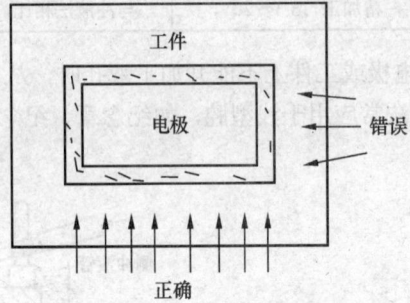

图 6-25 矩形工件侧冲液的正确与错误

（2）加工液"挤压"式的排渣排气。

挤压式的排渣与排气，常用的方式有电极抬起（即电极抬刀）和单电极平动、摇动等方式进行排渣与排气。

① 电极抬起"挤压"式的排渣与排气，就是利用电极间歇抬起，主轴上升，加工间隙增大，使清洁加工液与已被污染的加工液混合，当电极快速下降时，加工液中的残渣与有害气体，即被挤压出放电加工区域，使加工液的污染程度产生最佳效果，如图 6-26 所示。一般电极抬起的方式有定时抬刀和适应控制抬刀。

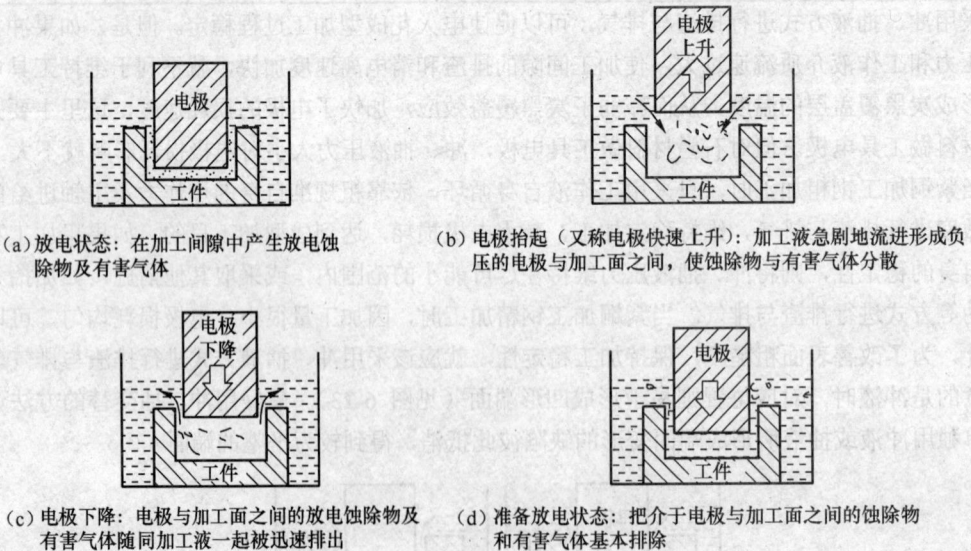

（a）放电状态：在加工间隙中产生放电蚀除物及有害气体

（b）电极抬起（又称电极快速上升）：加工液急剧地流进形成负压的电极与加工面之间，使蚀除物与有害气体分散

（c）电极下降：电极与加工面之间的放电蚀除物及有害气体随同加工液一起被迅速排出

（d）准备放电状态：把介于电极与加工面之间的蚀除物和有害气体基本排除

图 6-26 电极抬起与下降排渣、排气示意图

定时抬刀就是按一定的时间间隙，工具电极自动抬起，然后下降进行放电加工。其抬起的高度和抬刀频率应该可以手工调整。此种抬刀方式适合加工面积较大，深度较浅的型腔，其缺

点是不容易掌控，当调整频率过高，生产率下降；反之频率过低，则不利于排渣与排气，容易产生烧伤现象。

适应抬刀就是根据放电间隙状态的变化，加工液被污染的程度，蚀除量堆积的多少来决定抬刀或不抬刀：蚀除产物堆积的多，抬刀频率加快；蚀除物少，抬刀次数减少，使蚀除量和排除量基本平衡，最大限度的提高生产率，保持放电的稳定加工。

适应控制抬刀能够在不能冲油情况下，进行加工面积较大，加工深度又较深的盲孔型腔的电火花成型加工。

② 单电极平动、摇动"挤压"方式的排渣与排气，就是要求电极在做垂直进给放电加工的同时，还要求在水平 360° 全方位进行横向进给（平动是指电极横向进给加工；摇动是指坐标工作台横向进给加工），不断地扩大加工间隙，修光侧壁和底面，同时使工具电极进行挤压式的排渣与排气。这种电极或坐标工件台的运动方式，将干净的加工液不断的补充到被污染的加工液中，挤压出残渣和有害气体，使加工液的污染程度达到最佳效果，使放电加工稳定进行。此种排渣与排气方式应用最广泛，但往往与冲液排渣、排气合并使用，特别是紫铜打钢时，粗加工为减小电极损耗不能冲液，只能依靠电极平动或坐标工作台摇动进行排渣与排气，否则，就不能正常加工；当精加工时，因加工量小，电极损耗可以忽略不计，为了提高型腔表面粗糙度，就可以既平动、摇动，又冲液进行排渣与排气。

（3）排气孔的确定原则。

具体排气孔在工具电极上的位置、尺寸、形状大小及数量多少的确定原则如下。

① 排气孔应安排在工具电极端面的内凹形部位的上端，为避免有害气体聚积在电极的中空部位，必须在电极上朝上钻孔，确保有害气体的自然排放（见图6-27）。

② 排气孔应安排在工具电极端面的拐角、窄缝、沟槽等处。因这些部位极容易存渣、存气，不利于稳定加工，容易产生拉弧、烧伤（见图6-28）。

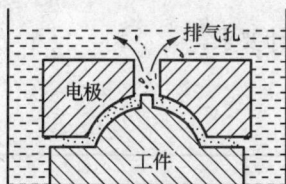

图 6-27　电极有内凹的排气示意

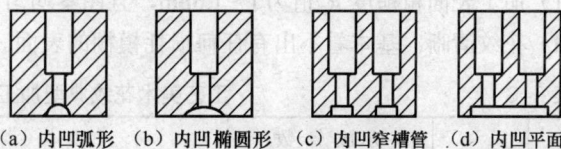

（a）内凹弧形　（b）内凹椭圆形　（c）内凹窄槽管　（d）内凹平面

图 6-28　排气孔的形状位置要求

③ 排气孔的直径一般为 $\phi1\sim2mm$，若直径过大，则加工之后残留的凸起太大，给善后清理造成困难，若直径过小则起不到应有的作用，不利于排渣与排气。

④ 排气孔的上端扩大至 $\phi5\sim8mm$ 左右，其位置要适当错开可减少"波纹"的形成。数量的多少要根据具体情况而定。

二、课题实施

1. 工艺分析

此工件是工艺美术品模具，尺寸精度无严格要求，但要求型面清洁均匀，工艺美术花纹清晰。

（1）工件在电火花加工之前的工艺路线。

① 下料，刨、铣外形，上、下面留磨量。

② 磨上、下面。

（2）工具电极的技术要求。

① 材料：纯铜。

② 尺寸和形状：凸鼓形，面积约 20cm²。

③ 在电火花加工前的工艺路线。

a. 下料，刨、铣外形，留线切割夹持余量。

b. 线切割：编制数控程序，切割出圆或椭圆形外形。

c. 钳：雕刻花纹图案，并用焊锡在电极背面焊装电极柄，花纹模电极如图 6-29 所示。

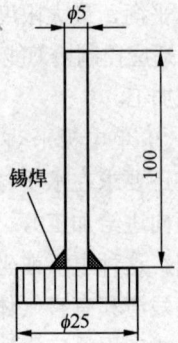

图 6-29　花纹模电极

（3）工艺方法。

单电极直接成型法。

2．工艺实施

（1）装夹、校正、固定。

① 工具电极：以花纹平面周边的上平行面为基准，在 X 和 Y 两个方向校平，然后予以固定。

② 工件：将工件平置于工作台平面，与工具电极对正，然后予以固定。

（2）加工规准。

工件采用电脑控制的脉冲电源加工，是电火花加工领域中较为先进的技术。电脑部分拥有典型工艺参数的数据库，脉冲参数可以调出使用。调用的方法是借助脉冲电源装置配备的显示器进行人机会话，由操作者将加工工艺美术花纹的典型数据和加工程序调出，然后根据典型参数数据进行加工。NHP-NC-50A 脉冲电源输出的加工规准和加工程序如表 6-6 所示。

3．加工效果

（1）加工表面粗糙度 R_a 值为 1～1.6μm，且图案均匀，符合设计要求。

（2）花纹清晰，基本看不出有任何损耗模糊的表面。

表 6-6　　　　　　　　　　工艺美术花纹典型加工规准

脉宽/μs	间隔/μs	功放管数		平均加工电流/A	总进给深度/mm	表面粗糙度 R_a/μm	极　性
		高压	低压				
250	100	2	6	8	0.9	8	负
150	80	2	4	3	1.1	6	负
50	50	2	4	1.2	1.2	3.5～4	负
16	40	2	4	0.8	1.23	2～2.5	负
2	30	2	2	0.5	1.26	1.6	负

三、作业测评

1．测评内容

毛坯为 50mm×50mm×20mm，运用电火花成型机床加工如图 6-30 所示零件，工件材料为 45 钢。测评标准如表 6-7 所示。

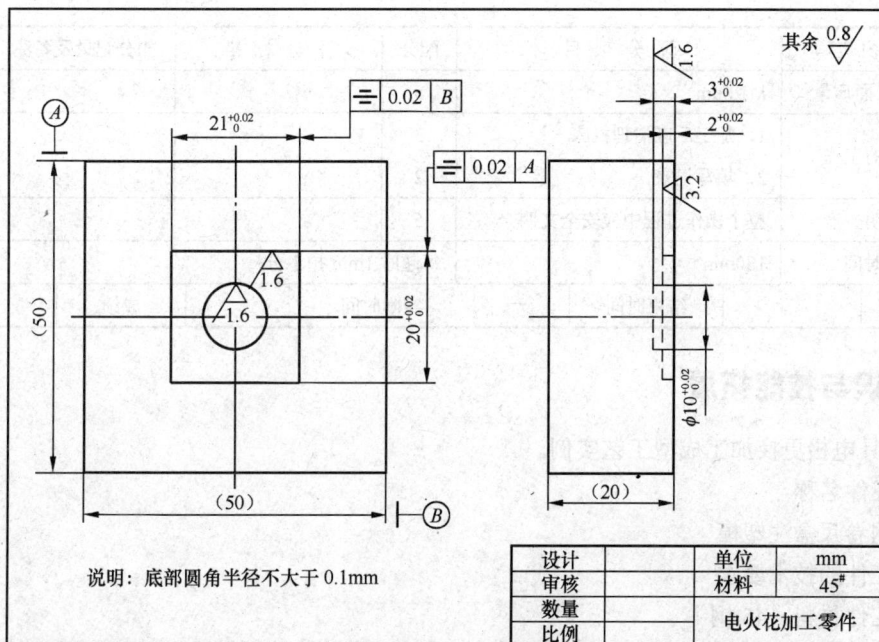

图 6-30　电火花加工零件图

2. 测评标准

表 6-7　　　　　　　　　　加工实训评分表

考核内容	评分项目	配分	评分标准	扣分记录及备注	得　分
加工前的准备工作	1. 电极装夹	5			
	2. 电极的校正定位	5			
工件的定位与夹紧	1. 工件定位合理	6			
	2. 工件正确装夹	4			
加工工艺与加工规准	1. 正确制定加工工艺	5			
	2. 确定正确的加工规准	10			
机床操作	1. 开机顺序正确	3			
	2. 控制柜面板按钮操作正确	2			
	3. 电极与工件相对位置的校正	3			
	4. 在机床上选择正确的工艺参数	5			
	5. 合理调整工作液流量	2			
工件的尺寸	1. $\phi 10_0^{+0.02}$ mm	5	超差 0.01mm 扣 2 分		
	2. $21_0^{+0.02}$ mm	10	超差 0.01mm 扣 2 分		
	3. $20_0^{+0.02}$ mm	10	超差 0.01mm 扣 2 分		
	4. $3_0^{+0.02}$ mm	5	超差 0.01mm 扣 2 分		
	5. $2_0^{+0.02}$ mm	5	超差 0.01mm 扣 2 分		

续表

考核内容	评分项目	配分	评分标准	扣分记录及备注	得分
工件的表面质量	$R_a1.6\mu m$	5			
加工后的工作	1. 加工后应清理机床	3			
	2. 填写记录	2			
安全文明生产	整个操作过程中应安全文明	5			
额定时间	180min		每超时 1min 扣 1 分		
开始时间		结束时间		实际时间		成绩	

四、知识与技能拓展

多工具电极更换加工成型工艺实例。

1．工件名称

5m 钢卷尺盒注塑模

2．工件的技术要求

① 工件材料：45 钢

② 工件外形尺寸：160mm×150mm×40mm，要求工件六面均磨平，够 90°直角，其上下两端及四侧面即为基准面；同时划出型腔位置轮廓线（见图 6-31）。

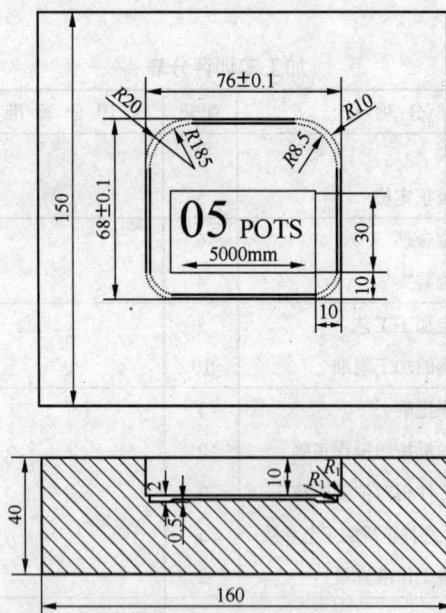

图 6-31 5m 钢卷尺注塑模

③ 铣削：按型腔轮廓线位置进行铣削加工留出电加工余量，型腔侧壁单边留量在 0.8～1mm 范围内，型腔底面留 0.5～1mm。

3．工具电极的技术要求

① 材料：高纯石墨，紫铜。

②　电极制造形状尺寸：一般情况分别在同一块固定板上（或尺寸一致的固定板）制作粗、精加工两个电极，经铣削直接成型，再经钳工修整，打磨，同时在电极端面商标处打出 2～4 个直径 2mm 的排气孔，商标电极采用紫铜板腐蚀的办法制造。

③　电极尺寸：按模具图纸，粗加工电极尺寸应均匀缩小 0.8～1mm（双边），精加工电极应均匀缩小 0.4～0.6mm（双边），在商标位置处石墨电极做出平面即可，加工成型后再用铜电极加工出商标位置。

4．加工要点

由于采用粗、精两个电极加工同一个型腔，所以必须要保证两个电极一致性好，避免出现精修不光的现象。

①　由于采用石墨材料作电极，可适当加大峰值电流，但在中精加工时应控制峰值，避免侧壁修不光。

②　当电极加工到预铣型腔底面时，应将型腔内清除干净，避免拉弧、烧伤。在电极端面处一定要打排气孔。加抬刀控制，便于排屑、排气。

③　由于型腔底面需要亚光面的效果，所以在选规准时粗糙度达到 2.5～4μm 即可。但要求均匀无烧伤痕迹。

5．装夹、校正、固定

①　电极必须固定在同样的固定板上，以固定板两侧为基准面，校正 X、Y 向与机床 X、Y 坐标平行；然后以固定板上端面为基准面，校正固定板上的水平度，保证与 Z 轴垂直。

②　将工件放置工作台上，保证工件的两面与机床 X、Y 坐标平行，压上压板紧固工件，然后移动机床 X、Y 坐标，使电极对准工件，移动数值应以工件基准面为基准，按图纸计算出来。

6．使用设备

北京易通电加工技术研究所产 ET-D7145 电火花成型机床。

7．加工规准

加工规准见表 6-8。

表 6-8　　　　　　　　　　　　　　5M 钢卷尺盒注塑模加工规准

加工规准	脉宽/μs	间隔/μs	电源电压/V	空载电压/V	加工电流/A	间隙电压/V	加工深度/mm	加工极性（±）
粗加工	400	100	60	20	20	18	11.5	－
精加工	100	70	60	20	10	16	11.9	－
	10	50	60	20	4	20	12	＋

8．加工效果

①　由于使用粗、精两个加工电极加工主型腔，虽然加工过程麻烦，但能保证加工精度和表面质量，基本满足图纸要求。

②　加工表面粗糙度均匀，R_a 值为 2.5μm。

③　加工时间总计 12h。

9．备注

此 5m 钢卷尺盒注塑模，为上下两型腔，当加工下型腔模具时注意合模精度尺寸，保证上、下模型腔加工尺寸一致，位置尺寸一致。

课题三 用电火花机床加工注射模镶块

本课题要求运用电火花成型机床加工如图 6-32 所示注射模镶块，材料为 40Cr，硬度为 38～40HRC，加工表面粗糙度 R_a 为 0.8μm，要求型腔侧面棱角清晰，圆角半径 $R<0.25$ mm。

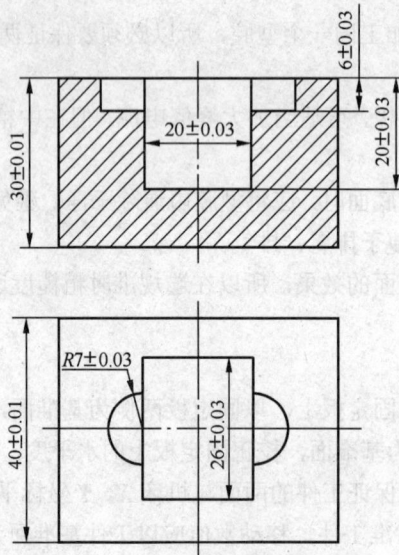

图 6-32 注射模镶块

本课题的学习目标是：能进行电加工规准的转换，能设计电极，能加工注射模镶块。

一、基础知识

1. 电规准的选择

电火花加工中所选用的一组电脉冲参数称为电规准，主要包括：脉冲宽度、脉冲间隔和峰值电流。电规准应根据工件的加工要求、电极和工件材料、加工的工艺指标等因素来选择。选择的电规准是否恰当，不仅影响模具的加工精度，还直接影响加工的生产率和经济性。电规准在生产中主要通过工艺试验确定（这一试验一般由机床厂家在电火花机床的调试过程中进行，并将加工数据提供给机床的使用者）。通常要用几个（一组）电规准才能完成凹模型孔加工的全过程。电规准分为粗、中、精三种。

粗规准主要用于粗加工。对它的要求是生产效率高，工具电极损耗小。被加工的表面粗糙度 $R_a<10$μm。所以粗规准一般采用较大的脉冲宽度（20～60μs）和较大的电流峰值。采用钢电极时，电极的相对损耗应低于 10%。

中规准是粗、精加工间过渡性加工所采用的电规准，用以减少精加工余量，促使加工的稳定性和加工速度提高。中规准一般采用的脉冲宽度为 6～20μs。被加工表面粗糙度 R_a 为 10～2.5μm。

精规准用来进行精加工，要求在保证冲模各项技术条件（如冲裁间隙、表面粗糙度、刃口斜度等）的前提下尽可能提高生产率。加工中一般采用小的电流峰值、高的脉冲频率和小的脉冲宽度（2～6μs）。

2．电规准的转换与平动量的分配

从一个规准加工调整到另一个规准加工称为电规准的转换。

粗、精规准的正确配合，可以较好地解决电火花加工的质量和生产效率之间的矛盾。冲模加工时电规准转换的一般顺序是：先按选定的粗规准加工，当加工结束时，转换为中规准，加工1～2 mm后转入精规准加工。用阶梯电极时，当阶梯电极工作端的台阶进给到凹模刃口处时，转换成中规准过渡，加工1～2 mm（取决于刃口高度和精规准的稳定程度）后，再转入精规准加工。若精规准有两挡，还应依次进行转换。在规准转换时，其他工艺条件也要适当配合调整。粗加工时，排屑容易，冲油压力应小些；转入精规准后加工深度增加，放电间隙减小，使排屑困难，冲油压力应逐渐增大；当电极穿透工件时，冲油压力要适当降低。对加工斜度、粗糙度要求较小和加工精度要求较高的冲模加工，可将绝缘介质的循环方式由上部入口处的冲油改成孔下端抽油，以减小二次放电的影响。

电规准转换的挡数，应根据加工对象确定。加工尺寸小、形状简单的浅型腔，电规准转换挡数可少些；加工尺寸大、深度大、形状复杂的型腔，电规准转换的挡数应多些。粗规准一般选择1挡，中规准和精规准选择2～4挡。

> **提示** 电规准转换的挡数，应根据加工对象确定。

平动量的分配主要取决于被加工表面修光余量的大小、电极损耗、主轴进给运动的精度等因素。加工形状复杂、棱（槽）细小、深度较浅、尺寸较小的型腔，平动量应选小些；反之，应选大些。

因用粗、中、精各挡电规准进行加工所产生的放电凹坑深浅不同，为了保证粗糙度和生产率的要求，希望精加工所产生的电蚀凹坑底部和粗加工的电蚀凹坑底部齐平，所以，电极的平动量不能按电规准的挡数平均分配。一般，中规准加工的平动量为总平动量的75%～80%，端面进给量为端面余量的75%～80%。中规准加工后，留很小的余量用于精规准修光。考虑到中规准加工时电极的损耗、主轴头进给和平动头运动的误差，电极制造精度和装夹精度等对型腔加工精度的影响，中规准最后一挡加工完毕后，必须测量型腔的尺寸，并按测量结果调整平动头偏心量的大小，以补偿电极损耗和保证型腔的加工精度。

每挡的平动量宜采用微量调整，多次调整的办法工艺效果很好。每增加一次平动量，必须使电极在型腔内上下往返多次进行修整。平动速度不宜太快，要使型腔表面与电极没有碰撞、短路，待充分蚀除后再继续加大平动量，直到加工到所用规准应达到的粗糙度后，再换到下一规准加工。

由于平动头作平面圆周运动的结果，型腔底面上的圆弧凹坑的最低处会形成一个小平面，因此在加工过程中，当侧面修光后，随着加工深度的增加应逐渐减小平动量，以减小圆弧凹坑底部的平面。

用晶体管脉冲电源、石墨电极加工型腔时，电规准的转换与平动量的分配实例见表6-9。

表 6-9   电规准的转换与平动量的分配实例

加工类别	加工规准				平动量	进给量	备注
	$t_i/\mu s$	$t_0/\mu s$	U/V	I_e/A	e/mm	s/mm	
粗加工	600	350	80	35	0	0.6	
中加工	400	250	60	15	0.2	0.3	腔型加工深度为 101 mm，电极双面收缩量为 1.2 mm。工件材料为 CrWMn
	250	200	60	10	0.35	0.2	
	50	50	100	7	0.45	0.12	
精加工	15	35	100	4	0.52	0.06	
	10	23	100	1	0.57	0.02	
	6	19	80	0.5	0.6		

3．电极设计

电极设计是电火花加工中的关键点之一。在设计中，首先是详细分析产品图纸，确定电火花加工位置；第二是根据现有设备、材料、拟采用的加工工艺等具体情况确定电极的结构形式；第三是根据不同的电极损耗、放电间隙等工艺要求对照型腔尺寸进行缩放，同时要考虑工具电极各部位投入放电加工的先后顺序不同，工具电极上各点的总加工时间和损耗不同，同一电极上端角、边和面上的损耗值不同等因素来适当补偿电极。

（1）电极结构。

电极的结构形式应根据其外形尺寸的大小与复杂程度、电极的结构工艺性等因素综合考虑。

① 整体式电极

整体式电极是用一块整体材料加工而成的。对于横截面积及重量较大的电极，可在电极上开孔以减轻电极重量，但孔不能开通，孔口朝上，如图 6-33 所示。

② 组合式电极

当同一凹模上有多个型孔时，在某些情况下可以把多个电极组合在一起，如图 6-34 所示，一次穿孔可完成各型孔的加工。这种电极称为组合式电极。用组合式电极加工，生产效率高，各型孔间的位置精度取决于各电极的位置精度。

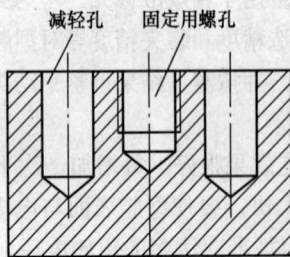

图 6-33 整体式电极   图 6-34 组合式电极

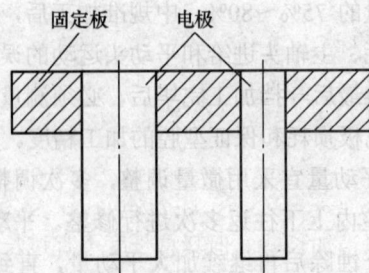

③ 镶拼式电极

有些电极采用整体结构时造成机械加工困难，因此常将电极分成几块，分别加工后再镶拼成为整体，如图 6-35 所示。这样既节省材料又便于机械加工。

电极无论采用哪种结构，都应有足够的刚度，以利于提高机械加工过程的稳定性。对于体积小、易变形的电极，可将电极工作部分以外的截面尺寸增大以提高刚度。对于体积较大的电极要尽可能减轻电极的重量，以减小电火花成型机床的变形。电极与主轴连接后，其重心应位于主轴中心线上，这对于较重的电极尤为重要，否则会产生附加的偏心力矩，使电极轴线偏斜，影响模具的加工精度。

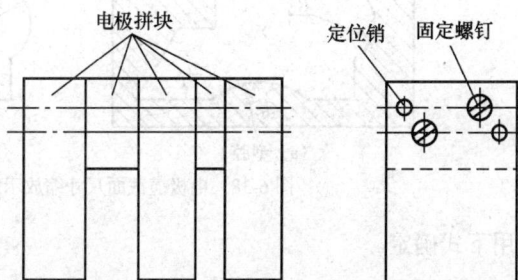

图 6-35　镶拼式电极

（2）电极的尺寸。

电极的尺寸包括长度尺寸和横截面尺寸。电极横截面的尺寸公差取型腔相应部分公差的 1/2～2/3，电极的粗糙度不大于型腔的粗糙度，侧面的平行度误差在 100mm 的长度上不超过 0.01mm。

① 电极的长度

电极的长度取决于凹模的结构形式、型孔的复杂程度、加工深度、电极材料、电极使用次数、装夹形式及电极制造工艺等一系列因素，可按图 6-36 进行计算。

$$L=Kt+h+l+(0.4\sim0.8)(n-1)Kt$$

式中，t 为凹模有效厚度（电火花加工深度）；h 为当凹模下部挖空时，电极需要加长的长度；l 为夹持电极而增加的长度（约为 10～20mm）；n 为电极的使用次数；K 为与电极材料、型孔复杂程度等有关的系数。K 值选用的经验数据为：紫铜 2～2.5，黄铜 3～3.5，石墨 1.7～2，铸铁 2.5～3，钢 3～3.5。损耗小的电极材料，型孔简单，电极轮廓尖角较小时，K 取小值；反之取大值。

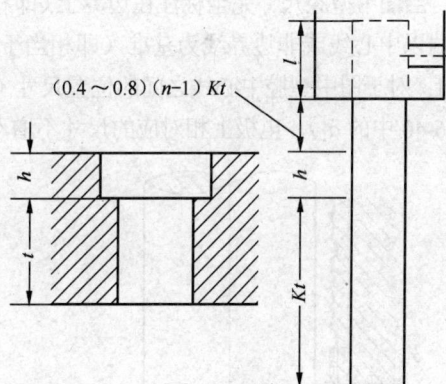

图 6-36　电极长度计算

在加工硬质合金时，由于电极损耗较大，因而电极长度应适当加长些。但其总长度不宜过长，太长会带来制造上的困难。

在生产中，为了减少脉冲参数的转换次数，使操作简化，将电极适当加长，并将增长部分的横截面尺寸均匀减小，作成阶梯状，称为阶梯电极，如图 6-37 所示。阶梯部分的长度 L_1 一般取为凹模加工厚度的 1.5 倍左右；阶梯部分的均匀缩小量 $h_1=0.1\sim0.15$ mm。对阶梯部分不便切削加工的电极，常用化学浸蚀的方法将断面尺寸均匀缩小。

② 电极的横截面尺寸

电极的横截面尺寸是指与机床主轴轴线相垂直的横截面尺寸，如图 6-38 所示。

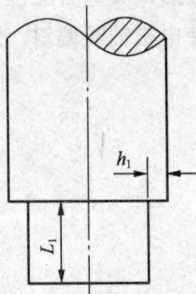

图 6-37　阶梯电极

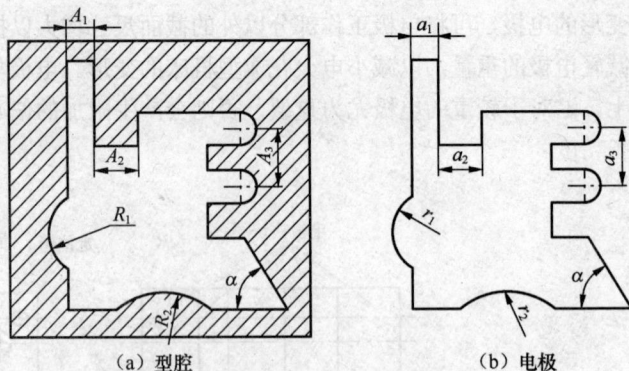

图 6-38　电极横截面尺寸缩放示意图

（a）型腔　　（b）电极

电极的横截面尺寸可用下式确定。

$$a = A \pm Kb$$

式中：a——电极水平方向的尺寸；

　　　A——型腔的水平方向的尺寸；

　　　K——与型腔尺寸标注法有关的系数；

　　　b——电极单边缩放量，粗加工时，$b = \delta_1 + \delta_2 + \delta_0$（注：$\delta_1$、$\delta_2$、$\delta_0$ 的意义参见图 6-39）。

$a = A \pm Kb$ 中的 ± 号和 K 值的具体含义如下。

a．凡图样上型腔凸出部分，其相对应的电极凹入部分的尺寸应放大，即用"+"号；反之，凡图样上型腔凹入部分，其相对应的电极凸出部分的尺寸应缩小，即用"-"号。

b．K 值的选择原则

当图中型腔尺寸完全标注在边界上（即相当于直径方向尺寸或两边界都为定形边界）时，K 取 2；一端以中心线或非边界线为基准（即相当于半径方向尺寸或一端边界定形另一端边界定位）时，K 取 1；对于图中型腔中心线之间的位置尺寸（即两边界为定位尺寸）以及角度值和某些特殊尺寸（如图 6-40 中的 a_1），电极上相对应的尺寸不增不减，K 取 0。对于圆弧半径，亦按上述原则确定。

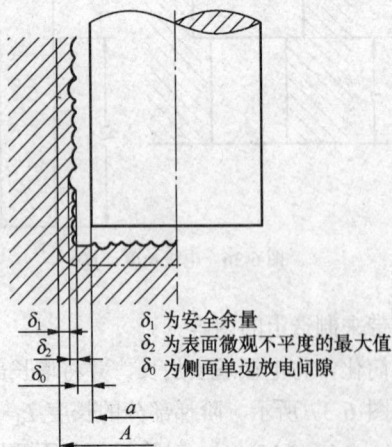

δ_1 为安全余量
δ_2 为表面微观不平度的最大值
δ_0 为侧面单边放电间隙

图 6-39　电极单边缩放量原理图

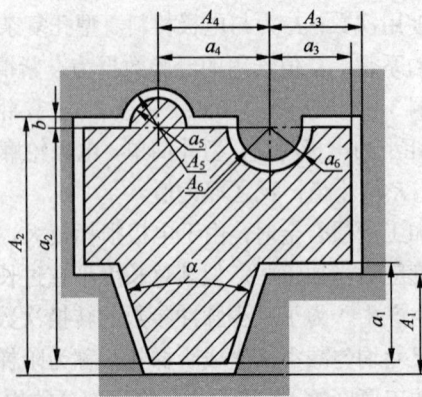

图 6-40　电极型腔水平尺寸对比图

根据以上叙述，在图 6-40 中，电极尺寸 a 与型腔尺寸 A 有如下关系。

$$a_1 = A_1, \quad a_2 = A_2 - 2b, \quad a_3 = A_3 - b,$$

$$a_4=A_4, \quad a_5=A_5-b, \quad a_6=A_6+b$$

当精加工且精加工的平动量为 c 时，$b=\delta 0+c$。

（3）电极的排气孔和冲油孔。

电火花成型加工时，型腔一般均为盲孔，排气、排屑条件较为困难，这直接影响加工效率与稳定性，精加工时还会影响加工表面粗糙度。为改善排气、排屑条件，大、中型腔加工电极都设计有排气、冲油孔。一般情况下，开孔的位置应尽量保证冲液均匀和气体易于排出。电极开孔示意图如图 6-41 所示。

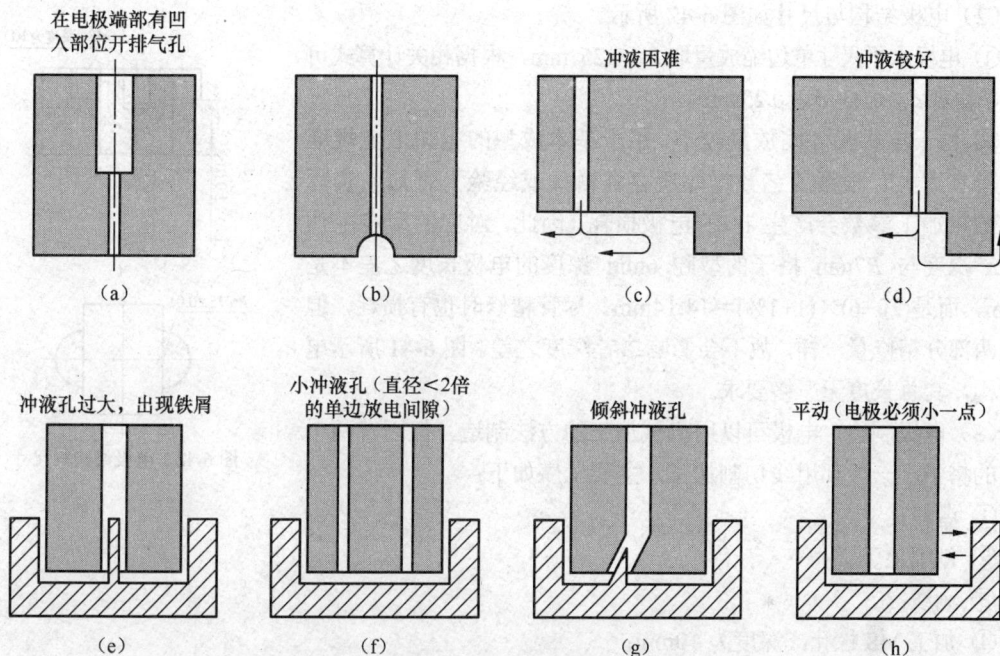

图 6-41　电极开孔示意图

在实际设计中要注意以下几点。

① 为便于排气，经常将冲油孔或排气孔上端直径加大，如图 6-41（a）所示。

② 气孔尽量开在蚀除面积较大以及电极端部凹入的位置，如图 6-41（b）所示。

③ 冲油孔要尽量开在不易排屑的拐角、窄缝处，如图 6-41（c）所示不好，如图 6-41（d）所示好。

④ 排气孔和冲油孔的直径为平动量的 1～2 倍，一般取 1～1.5mm；为便于排气排屑，常把排气孔、冲油孔的上端孔径加大到 5～8 mm；孔距在 20～40mm，位置相对错开，以避免加工表面出现"波纹"。

⑤ 尽可能避免冲液孔在加工后留下的柱芯，如图 6-41（f）、（g）、（h）所示较好，如图 6-41（e）所示不好。

提示　冲油孔的布置需注意冲油要流畅，不可出现无工作液流经的"死区"。

二、课题实施

1．工艺分析

选用单电极平动法进行电火花成型加工，为保证侧面棱角清晰（$R<0.3$mm），其平动量应小，取 $\delta \leqslant 0.25$mm。

2．工具电极的设计及制造

（1）电极材料选用锻造过的紫铜，以保证电极加工质量以及加工表面粗糙度。

（2）电极结构与尺寸如图 6-42 所示。

① 电极水平尺寸单边缩放量取 $b=0.25$ mm，根据相关计算式可知，平动量 $\delta_0=0.25-\delta_{精}<0.25$ mm。

② 由于电极尺寸缩放量较小，用于基本成型的粗加工电规准参数不宜太大。根据工艺数据库所存资料（或经验）可知，实际使用的粗加工参数会产生 1% 的电极损耗。因此，对应的型腔主体 20mm 深度与 R7mm 搭子的型腔 6mm 深度的电极长度之差不是 14mm，而是 $(20-6) \times (1+1\%)=14.14$mm。尽管精修时也有损耗，但由于两部分精修量一样，故不会影响二者深度之差。图 6-41 所示电极结构，其总长度无严格要求。

（3）电极制造。电极可以用机械加工的方法制造，但因有两个半圆的搭子，一般都用线切割加工，主要工序如下：

① 备料；

② 刨削上下面；

③ 画线；

④ 加工 M8 螺孔，深度为 10mm；

⑤ 按水平尺寸用线切割加工；

⑥ 按图示方向前后转动 90°，用线切割加工两个半圆及主体部分长度；

⑦ 钳工修整。

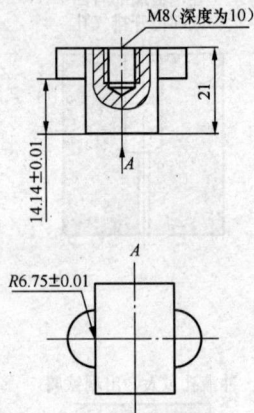

图 6-42　电极结构与尺寸

3．镶块坯料加工

① 按尺寸需要备料；

② 刨削六面体；

③ 热处理（调质）达 38～40HRC；

④ 磨削镶块六个面。

4．电极与镶块的装夹与定位

① 用 M8 的螺钉固定电极，并装夹在主轴头的夹具上。然后用千分表（或百分表）以电极上端面和侧面为基准，校正电极与工件表面的垂直度，并使其 X、Y 轴与工作台 X、Y 移动方向一致。

② 镶块一般用平口钳夹紧，并校正其 X、Y 轴，使其与工作台 X、Y 移动方向一致。

③ 定位，即保证电极与镶块的中心线完全重合。用数控电火花成型机床加工时，可利用机床自动找中心功能准确定位。

5．电火花加工工艺参数确定

所选用的电规准和平动量及其转换过程如表 6-10 所示。

表 6-10　　　　　　　　　　　　电规准转换与平动量分配

序号	脉冲宽度/μs	脉冲电流幅值/A	平均加工电流/A	表面粗糙度 R_a/μm	单边平动量/mm	端面进给量/mm	备注
1	350	30	14	10	0	19.90	1. 型腔深度为 20mm，考虑 1%损耗，端面总进给量为 20.2 mm
2	210	18	8	7	0.1	0.12	
3	130	12	6	5	0.17	0.07	
4	70	9	4	3	0.21	0.05	2. 型腔加工表面粗糙度 R_a 为 0.6 μm
5	20	6	2	2	0.23	0.03	
6	6	3	1.5	1.3	0.245	0.02	3. 用 Z 轴数控电火花成型机床加工
7	2	1	0.5	0.6	0.25	0.01	

三、作业测评

1. 测评内容

毛坯为 80mm×80mm×20mm，运用电火花成型机床加工如图 6-43 所示零件，工件材料为 45 钢。评测标准如表 6-11 所示。

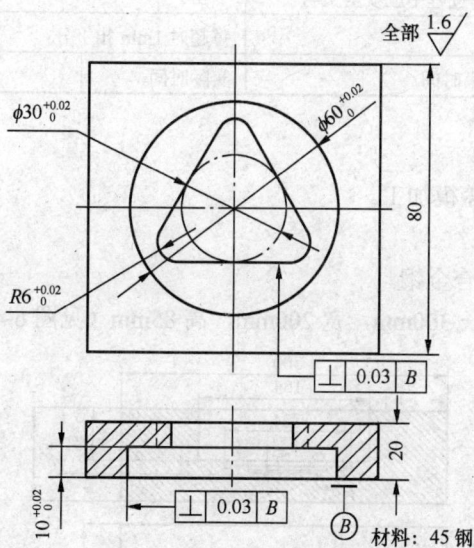

图 6-43　电火花加工作业测评零件图

2. 测评标准

表 6-11　　　　　　　　　　　　加工实训评分表

考核内容	评分项目	配分	评分标准	扣分记录及备注	得分
加工前的准备工作	1. 电极装夹	5			
	2. 电极的校正定位	5			
工件的定位与夹紧	1. 工件定位合理	6			
	2. 工件正确装夹	4			
加工工艺与加工规准	1. 正确制定加工工艺	5			
	2. 确定正确的加工规准	10			

续表

考核内容	评分项目	配分	评分标准	扣分记录及备注	得 分
机床操作	1. 开机顺序正确	3			
	2. 控制柜面板按钮操作正确	2			
	4. 电极与工件相对位置的校正	3			
	5. 在机床上选择正确的工艺参数	5			
	6. 合理调整工作液流量	2			
工件的尺寸	1. $\phi 60_0^{+0.02}$ mm	5	超差 0.01 扣 2 分		
	2. $\phi 30_0^{+0.02}$ mm	10	超差 0.01 扣 2 分		
	3. $R610_0^{+0.02}$ mm	10	超差 0.01 扣 2 分		
	4. $R6_0^{+0.02}$ mm	5	超差 0.01 扣 2 分		
	5. $2_0^{+0.02}$ mm	5	超差 0.01 扣 2 分		
工件的表面质量	$R_a1.6$	5			
加工后的工作	1.加工后应清理机床	3			
	2.填写记录	2			
安全文明生产	整个操作过程中应安全文明	5			
额定时间	180min		每超时 1min 扣 1 分		
开始时间		结束时间		实际时间		成绩	

四、知识与技能拓展

"空气开关"外壳压胶盖模加工。

1. 工件的技术要求

① 工件材料：$3Cr_2W_8$ 合金钢。

② 工件的外形尺寸：长 300mm，宽 200mm，高 85mm（见图 6-44）。

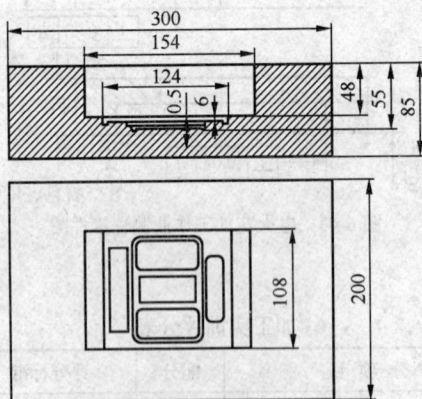

图 6-44 三相"空气开关"压胶模

③ 工件在电火花加工前的工艺路线。

a. 下料：毛坯锻造成型，留有 2mm 以上机加工量。

b. 热处理：锻料退火。

c. 粗铣：将锻件六面铣光，达到外形尺寸。

d．钳：划线将型腔轮廓线划出。

e．精铣：按划线要求，精铣出型腔轮廓，留有电加工余量，型腔周边留有 2～3mm，型腔底面留有 1～2mm 电加工量。

f．磨：用平面磨床，将上下两端面磨平，并将四周侧面磨平构成直角。

2．工具电极的技术要求

① 材料：高纯石墨。

② 电极制造。因工件型腔有凹槽、条纹、文字等要求，需要采用分解工具电极加工成型工艺，制造出三个工具电极。第一个电极为粗加工电极，材料为高纯石墨，电极轮廓尺寸应缩小 0.8～1.2mm（双边）（见图 6-45）；第二个电极加工凹槽、条纹，电极材料为高纯石墨，电极轮廓尺寸缩小 0.02mm（见图 6-46）；第三个电极加工条纹和文字等，电极材料为高纯石墨或紫铜。上述三个电极均需以精铣为主，钳工修整为辅，加工达图纸要求。

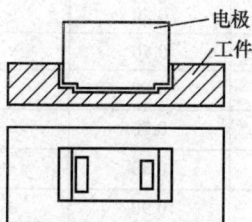

图 6-45　主型腔示意图

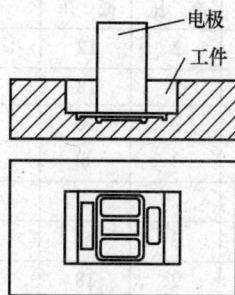

图 6-46　副型腔示意图

③ 电极高度：根据型腔需要，电极高度尺寸应大于 70mm。

④ 加工出排气孔：可用铣床或钻床加工出 ϕ2～3mm 的排气孔若干个，便于排屑、排气。

3．工艺特点

采用分解工具电极加工成型工艺，根据型腔的几何形状，把工具电极分解为主型腔工具电极（即第一个工具电极）和副型腔工具电极（即第二、第三个工具电极）分别制造。主型腔采用平动成型工艺加工，特点是蚀除量较大，形状不复杂。如果没有平动或摇动功能可以采用手动侧壁修光成型工艺。值得注意的是在完成主型腔加工之后，应令平动头回零（即平动前的原始位置）或机床坐标回起始点位置；再用第二、第三个工具电极加工副型腔，其特点是蚀除量小，形状复杂（有关角、窄槽、花纹、文字等），一般采用一次中、精加工成型。

分解工具电极加工成型工艺是可以根据主、副型腔的不同加工条件，选择不同的加工规准，有利于提高加工速度和改善加工表面质量，同时还可以简化电极制造，便于修整电极。缺点是更换电极时，主型腔和副型腔电极之间要求有精确的定位要求。确保位置尺寸精度。

4．加工要点

① 第一个石墨电极进行粗加工后，应将电极拆下修整，用砂纸修光。如果电极无损耗，可以不拆下修整。此后，采用平动功能将侧面修光成型，并加工到工件留量的 0.5mm 处（即合理的分配平动尺寸），再进行中、精加工得型腔如图 6-44 所示。

② 第二个石墨电极加工有花纹的平面和凹槽部分，采用中、精加工一次成型，如图 6-45 所示。

③ 第三个石墨（或紫铜）电极分别加工出花纹和文字等（文字应为反写），如图 6-45 所示。

5．装夹、校正、固定

① 工具电极：因采用高纯石墨作工具电极材料，应将石墨电极放在电极固定板上，便于电极的安装、校正。

② 工件：将工件放在工作台上，应尽量使工件的工艺基准面与工作台坐标平行，再将工件正确的压装在工作台上。

6．使用设备

北京易通电加工技术研究所生产的 ET-D7145 电火花机床，80A 数控脉冲电源。

7．加工规准

① 第一个工具电极用于主型腔成型加工，其规准转换及平动量的分配见表 6-12。

表 6-12 主型腔成型加工的加工规准转换及平动量的分配

脉宽/μs	间隔/μs	功放管数		加工电流/A	总进给深度/mm	双边平动量/mm	极性（±）	表面粗糙度 R_a/μs
		高 压	低 压					
500	100	2	12	18	1～2	0	－	>25
500	80	2	18	60	48	0.20	－	>30
500	100	2	10	15	51	0.40	－	<20
200	70	2	8	8～10	52	0.60	－	<12
125	50	2	8	6～8	53	0.70	－	<10
60	30	2	8	5～6	53.5	0.80	+	<5
4	40	2	18	2～3	53.8	0.90	+	<2.5
8	40	2	18	2	54	1	+	2

② 第二个电极用于型腔的花纹平面和凹槽的加工，其规准为脉宽 200μs，停歇 80μs；低压加工电流 3～4A，高压加工电流 0.5A；加定时抬刀，侧冲油；加工极性为负。如果加工表面粗糙度达不到要求，可将脉宽选为 16μs，停歇 40μs；平均加工电流小于 1.2A；再加工 0.1～0.15mm 深，其表面粗糙度 R_a 小于 2μm。

③ 第三个电极用于加工副型腔的花纹和文字等，其加工规准同第二个工具电极的加工规准（或略有变动）。

8．加工效果

① 因采用三个工具电极加工此型腔，工艺相对简化，生产效率得到提高。

② 主型腔加工成型修光之后，再加工副型腔即花纹和文字，表面粗糙度较好且均匀，文字清晰。

③ 如果因主型腔预铣留量不均匀，容易造成电极损耗不均匀，必须修整电极，同时需多次拆卸和安装，比较麻烦。

④ 加工达图纸要求，加工时间总计 40h。

模块总结

本模块以加工方孔冲模为例介绍了电火花穿孔加工方法，以加工花纹模具为例介绍了电火花成型加工方法，以加工注射模镶块为例介绍了电加工规准转换和设计电极的方法。通过本模块的学习，读者对电火花成型加工有了一个较全面的了解。在进行电火花加工时要正确选择加工方法，正确设定电参数，对精度要求高的零件还要正确进行电加工规准的转换。电极的设计是电火花加工中比较复杂的环节，为了加工出符合要求的零件，必须做好电极设计的工作，读者在这方面要多思考，多训练，才能提高设计电极的水平。

综合练习

一、判断题（正确的打"√"，错误的打"×"）

1. 电切削加工中蚀除量大的是工件而不是电极材料。　　　　　　　　　　　　（　　）
2. 根据极性效应就一定要把工件作为正极，而不能作为负极。　　　　　　　　（　　）
3. 电规准是指电切削加工中所选用的一组电脉冲参数。　　　　　　　　　　　（　　）
4. 电火花加工中切削液仅仅是用于冷却和排屑的。　　　　　　　　　　　　　（　　）
5. 电火花加工主要有电火花穿孔加工和电火花成型加工两种形式。　　　　　　（　　）
6. 合理利用极性效应，可使工具电极的损耗降低。　　　　　　　　　　　　　（　　）
7. 电火花加工中粗加工常用较大的脉冲宽度，精加工常用较小的脉冲宽度。　　（　　）
8. 电火花加工中粗加工和精加工的电极损耗相同。　　　　　　　　　　　　　（　　）
9. 电极的制造有时可用线切割加工方法。　　　　　　　　　　　　　　　　　（　　）
10. 进行电火花加工时不需要进行电极的校正。　　　　　　　　　　　　　　　（　　）

二、单项选择题

1. 有关单工具电极直接成型法的叙述中，正确的是（　　）。
   - A. 需要重复装夹
   - B. 不需要平动头
   - C. 加工精度不高
   - D. 表面质量很好
2. 下列各项中对电火花加工精度影响最小的是（　　）。
   - A. 放电间隙
   - B. 加工斜度
   - C. 工具电极损耗
   - D. 工具电极直径
3. 下列材料中不常能用作工具电极的是（　　）。
   - A. 黄铜
   - B. 石墨
   - C. 钢
   - D. 铝
4. 下列中（　　）一般不能作为制造工具电极的方法。
   - A. 切削加工
   - B. 冲压
   - C. 电铸
   - D. 线切割加工
5. 下列中不属于电规准内容的是（　　）。
   - A. 脉冲宽度
   - B. 脉冲间隔
   - C. 加工时间
   - D. 峰值电流

三、简答题

1. 电火花穿孔加工中常采用哪些加工方法？
2. 电火花成型加工中常采用哪些加工方法？
3. 电极校正的方法有哪几种？

四、设计题

有一孔形状及尺寸如题图 6-1 所示，请设计电火花加工此孔的电极尺寸。已知电火花机床精加工的单边放电间隙 δ 为 0.02mm。

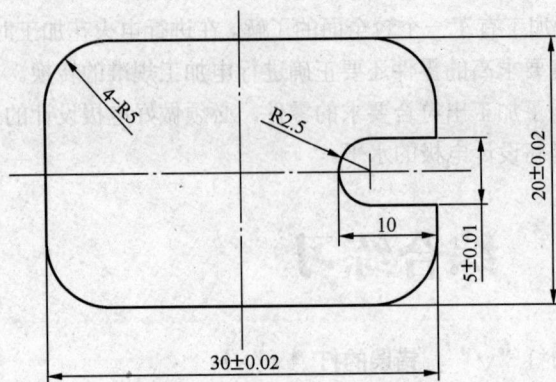

题图 6-1

五、实训题

设计电极，用电火花机床加工如题图 6-2 所示零件，材料为 45 钢。

其余 ∀

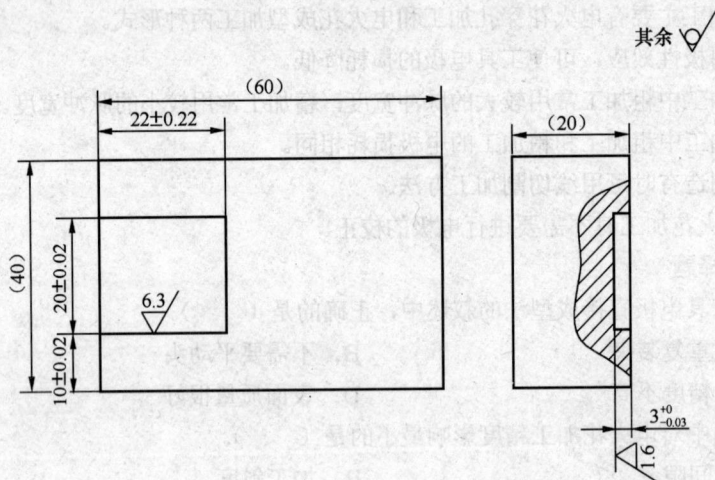

题图 6-2

模块七

7

电加工机床高级操作工考核实例

学习目标

◎ 掌握线切割机床高级操作工考核实例的编程和加工方法

◎ 掌握电火花机床高级操作工考核实例的加工方法

前面已经学习了线切割机床和电火花机床的编程和加工方法，本模块将通过线切割机床高级操作工考核实例和电火花机床高级操作工考核实例的训练来达到提高电加工机床编程和操作能力的目的。

课题一 线切割机床高级操作工考核实例一

本课题要求用线切割机床加工如图 7-1 所示的凹模零件，通过本题的学习要求能完成电加工机床高级操作工零件的加工。具体要求如下。

1. 熟练上丝、紧丝操作。
2. 能准确调整钼丝位置。
3. 熟练使用软件进行绘图、后置处理和编程等操作。
4. 掌握加工参数合理选择和相关补偿参数的计算和调整方法。

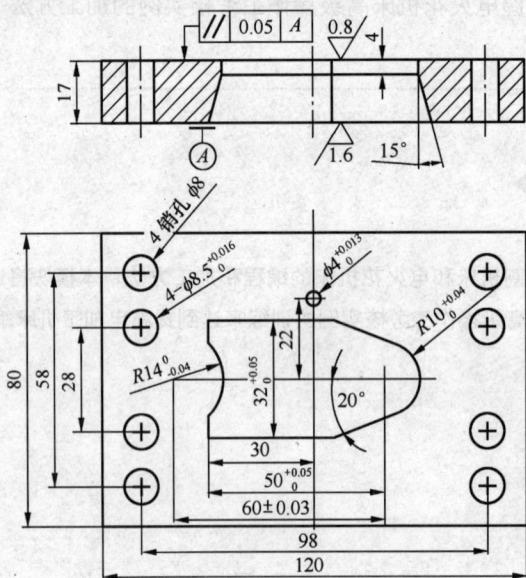

技术要求
1. 加工材料厚度 3mm 钢板
2. 完工后与凸模刃口的双面配合间隙为 0.03mm
3. 热处理硬度 58～62HRC

图 7-1　凹模零件图

一、基础知识

1. 线切割加工路线的确定

线切割加工工艺中，切割起始点和切割路线的安排是否合理，将影响工件变形的大小，从而影响加工精度。起割点应取在图形的拐角处，或取在容易将凸尖修去的部位。切割路线主要以防止或减少零件变形为原则，一般应考虑使靠近装夹这一边的图形最后切割。

2. 穿丝孔的确定

（1）切割凹模、孔类零件，将穿丝孔位置选在待切割型腔内部。当穿丝孔位置选在型腔的边角处时，切割过程中无用的轨迹最短；穿丝孔的选择位置要有利于尺寸推算；切割孔类零件时，穿丝孔位置选在孔中心可使编程操作容易。

（2）穿丝孔大小要适宜。如果穿丝孔太小，不但钻孔难度增加，而且也不便于穿丝；若穿丝孔太大，则会增加钳工工艺上的难度，一般穿丝孔常用直径为 $\phi3mm\sim\phi10mm$。

（3）穿丝孔应有较高的加工精度和表面粗糙度要求。线切割加工时一般根据穿丝孔确定电极丝的起始位置，从而确定加工轮廓与其基准的正确位置关系。穿丝孔的加工精度主要包括孔的圆度和孔相对加工轮廓面的位置尺寸精度要求。

二、课题实施

1．工艺分析

图 7-1 所示零件的加工工艺见表 7-1。

表 7-1　　　　　　　　　　　　　　凹模零件的加工工艺

工序号	工序名称	工序内容
1	备料	锻造毛坯 126mm×86mm×25mm
2	热处理	球化退火，消除内应力，改善组织和工艺性能
3	铣（刨）加工	铣（刨）毛坯各面，单边留磨量 0.6～0.8mm
4	磨床加工	磨上、下两面和相互垂直的两侧面作为划线、加工的基准，上、下面留 0.2～0.3mm 的精磨余量
5	数控铣或钳加工	钻 $4\times\phi8.5$ 孔及 $\phi4_0^{+0.013}$ 孔 钻铰 $4\times\phi8.5_0^{+0.016}$ 孔至尺寸下限在 $R10_0^{+0.04}$ 中心钻穿丝孔
6	热处理	淬火，低温回火，要求硬度 60～64HRC
7	精磨加工	磨上、下面及侧面至图样尺寸
8	线切割加工	割凹腔，单边留研磨量 0.05mm
9	研磨	研磨刃口、线切割面至要求的尺寸和表面粗糙度

2．工艺实施

（1）分析零件图，了解加工内容及加工要求。

（2）熟悉零件工艺过程，确定切割方案。

（3）启动机床，绘图编程。

（4）装夹工件、找正并用压板夹紧。

（5）根据工件厚度调整 Z 轴至适当位置并锁紧。

（6）穿丝，并调整好储丝筒行程。

（7）找正钼丝垂直度。

（8）调正钼丝位置，用自动找中心法使钼丝位于穿孔中心。

（9）根据图样要求输入相关补偿参数，后置处理生成加工程序，模拟运行。

（10）启动走丝加工。

（11）检查测量。

课题二　线切割机床高级操作工考核实例二

本课题要求用线切割机床加工如图 7-2 所示的零件，材料为 45 钢。通过本题的学习要求能完成电加工机床高级操作工零件的加工。具体要求如下。

1. 熟练上丝、紧丝操作。

2. 能准确调整钼丝位置。

3. 熟练使用软件进行绘图、后置处理和编程等操作。

4. 掌握加工参数合理选择和相关补偿参数的计算和调整方法。

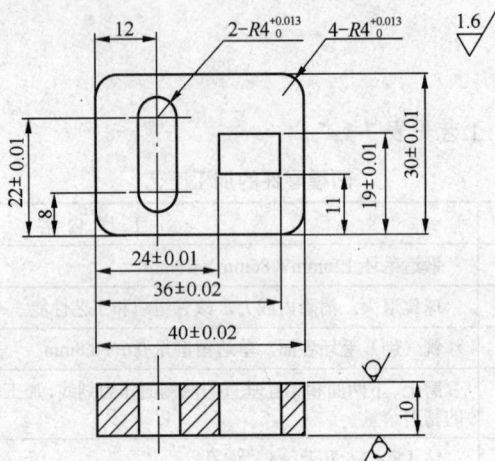

图 7-2 零件图

一、工艺分析

该零件有上 2 个孔，先要钻穿丝孔。为了便于装夹，先加工 2 个孔，然后再加工外轮廓。

二、工艺实施

1. 分析零件图，了解加工内容及加工要求。

2. 熟悉零件工艺过程，确定切割方案。

3. 启动机床，绘图编程。

4. 装夹工件、找正并用压板夹紧。

5. 根据工件厚度调整 Z 轴至适当位置并锁紧。

6. 穿丝，并调整好储丝筒行程。

7. 找正钼丝垂直度。

8. 调正钼丝位置，用自动找中心法使钼丝位于穿孔中心。

9. 根据图样要求输入相关补偿参数，后置处理生成加工程序，模拟运行。

10. 启动走丝加工。

11. 检查测量。

课题三 电火花机床高级操作工考核实例一

本课题要求用电火花成型机床上加工出如图 7-3 所示零件，材料为 45 钢，毛坯尺寸为 50mm×

50mm×20mm，通过本题的学习，要求能完成电加工机床高级操作工零件的加工。

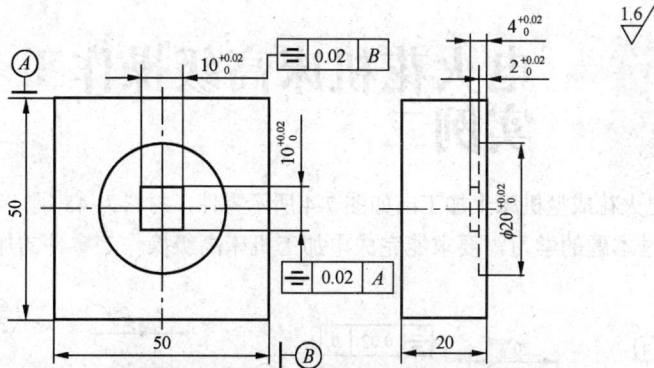

图 7-3   电火花机床高级操作工考核实例一零件图

一、工艺分析

选用单电极平动法进行电火花成型加工，为保证侧面棱角清晰（$R<0.3mm$），其平动量应小，取 $\delta \leqslant 0.25mm$。

二、课题实施

1．工具电极的设计及制造

（1）电极材料选用锻造过的紫铜，以保证电极加工质量以及加工表面粗糙度。

（2）电极设计。

① 电极水平尺寸单边缩放量取 $b=0.25mm$，根据相关计算式可知，平动量 $\delta_0=0.25-\delta_{精}<0.25mm$。

② 由于电极尺寸缩放量较小，用于基本成型的粗加工电规准参数不宜太大。根据工艺数据库所存资料（或经验）可知，实际使用的粗加工参数会产生 1%的电极损耗。因此，电极前端方形部分的深度应是 $2 \times (1+1\%)=2.02mm$。

（3）电极制造。电极可以用机械加工的方法制造，本例用数控铣床加工电极。

2．装夹、校正电极

3．装夹并找正毛坯

4．电火花加工工艺参数确定

所选用的电规准和平动量及其转换过程如表 7-2 所示。

表 7-2   电规准转换与平动量分配

序号	脉冲宽度/μs	脉冲电流幅值/A	平均加工电流/A	表面粗糙度 R_a/μm	单边平动量/mm	端面进给量/mm	备　注
1	350	30	14	10	0	3.80	1．型腔深度为4.01mm，考虑1%损耗，端面总进给量为4.05 mm
2	210	18	8	7	0.1	0.1	
3	130	12	6	5	0.17	0.1	2．型腔加工表面粗糙度 R_a 为1.6μm
4	20	6	2	2	0.23	0.04	
5	2	1	0.5	0.6	0.25	0.01	3．用 Z 轴数控电火花成型机床加工

5．开启工作液，让工作液浸过工件，比工件上表面高出 10mm 左右，启动火花放电，加工工件。

电火花机床高级操作工考核实例二

本课题要求用电火花成型机床上加工出如图 7-4 所示零件，材料为 45 钢，毛坯尺寸为 50mm×50mm×20mm，通过本题的学习，要求能完成电加工机床高级操作工零件的加工。

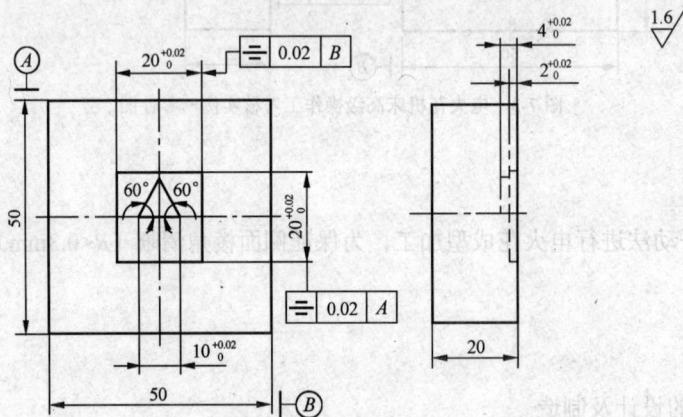

图 7-4　电火花机床高级操作工考核实例二零件图

一、工艺分析

选用单电极平动法进行电火花成型加工，为保证侧面棱角清晰（$R<0.3mm$），其平动量应小，取 $\delta \leqslant 0.25mm$。

二、课题实施

1．工具电极的设计及制造

（1）电极材料选用锻造过的紫铜，以保证电极加工质量以及加工表面粗糙度。

（2）电极设计。

① 电极水平尺寸单边缩放量取 $b=0.25mm$，根据相关计算式可知，平动量 $\delta_0 = 0.25 - \delta_精 < 0.25mm$。

② 由于电极尺寸缩放量较小，用于基本成型的粗加工电规准参数不宜太大。根据工艺数据库所存资料（或经验）可知，实际使用的粗加工参数会产生 1%的电极损耗。因此，电极前端三角形部分的深度应是 $2 \times (1+1\%) = 2.02mm$。

（3）电极制造。电极可以用机械加工的方法制造，本例用数控铣床加工电极。

2．装夹、校正电极

3．装夹并找正毛坯

4．电火花加工工艺参数确定

所选用的电规准和平动量及其转换过程如表 7-3 所示。

表 7-3　　　　　　　　　　　电规准转换与平动量分配

序号	脉冲宽度/μs	脉冲电流幅值/A	平均加工电流/A	表面粗糙度 R_a/μm	单边平动量/mm	端面进给量/mm	备　注
1	350	30	14	10	0	3.80	1. 型腔深度为 4.01mm，考虑 1% 损耗，端面总进给量为 4.05 mm 2. 型腔加工表面粗糙度 R_a 为 1.6μm 3. 用 Z 轴数控电火花成型机床加工
2	210	18	8	7	0.1	0.1	
3	130	12	6	5	0.17	0.1	
4	20	6	2	2	0.23	0.04	
5	2	1	0.5	0.6	0.25	0.01	

5. 开启工作液，让工作液浸过工件，比工件上表面高出 10mm 左右，启动火花放电，加工工件。

模块总结

本模块介绍了 4 个电加工机床高级操作工考核实例，通过这几个实例的学习，读者可了解电加工机床高级操作工考核的题型、要求和主要操作步骤。读者要不断深化电加工理论和实操的学习和训练，才能不断提高水平，最终顺利通过电加工机床高级操作工的理论和实操考核。

综合练习

一、判断题（正确的打"√"，错误的打"×"）

1. 电火花加工时，工具电极与工件直接接触。　　　　　　　　　　　　　　　（　　）

2. 目前大多数电火花机床采用汽油作为工作液。　　　　　　　　　　　　　　（　　）

3. 在电火花加工过程中，若以工件为阴极，而工具为阳极，则称为正极性加工。（　　）

4. 在电火花加工中，提高脉冲频率会降低生产率。　　　　　　　　　　　　　（　　）

5. 电火花加工采用的电极材料有纯铜、黄铜、铸铁和钢等。　　　　　　　　　（　　）

6. 电火花加工常用的电极结构有整体式、组合式和镶拼式。　　　　　　　　　（　　）

7. 电火花加工中，精加工主要采用大的单个脉冲能量、较长的脉冲延时、较低的频率。

　　　　　　　　　　　　　　　　　　　　　　　　　　　　　　　　　　（　　）

8. 线切割机床中加在电极丝与工件间隙上的电压是稳定的。　　　　　　　　　（　　）

9. 电火花可以加工各种金属及其合金材料、特殊的热敏感材料，但不能加工半导体。

　　　　　　　　　　　　　　　　　　　　　　　　　　　　　　　　　　（　　）

10. 电火花加工中，增加单个脉冲能量可使加工表面粗糙度降低。　　　　　　（　　）

二、多项选择题

1. 在加工要求允许的情况下，电极丝直径尽可能选（　　）。

　　A．大，因为抗拉强度大，能承受的电流大，不易断丝；

　　B．小，因为可以得到较小半径的内尖角；

C. 大，因为电极丝粗，切缝宽，放电产物排除条件好，加工过程稳定，能提高脉冲利用率和加工速度；

D. 小，因为价格便宜。

2. 下列（　　）说法正确。

A. 对于快走丝，丝速越大，加工速度越高。

B. 快走丝机床的丝速不可调节。

C. 快走丝的加工速度相对于慢走丝高。

D. 慢走丝加工的零件表面粗糙度好，加工精度高。

3. 下列（　　）说法正确。

A. 线切割时，材料的加工性与其熔点、沸点有很大关系。

B. 线切割时，在加工参数条件相同的情况下，铜的加工速度比铝高。

C. 加工硬质合金钢与钢相比，加工比较稳定，加工速度较低，但表面粗糙度较好。

D. 加工硬质合金钢和加工 45 钢的速度相同。

4. 在电火花加工中，（　　）电极在加工过程中相对稳定，生产率高，损耗小，但机加工性能差，磨削困难，价格较贵。

A. 黄铜　　　　　　B. 纯铜　　　　　　C. 铸铁　　　　　　D. 石墨

5. 在快走丝线切割机床上，一般采用（　　）的乳化油水溶液作为工作液。

A. 5%　　　　　　B. 25%　　　　　　C. 45%　　　　　　D. 55%

三、实训题

1. 运用线切割机床编程并加工如题图 7-1 所示零件，零件厚度为 10mm，材料为 45 钢。

2. 运用电火花成型机床加工如题图 7-2 所示零件，材料为 45 钢。毛坯尺寸为 80mm×60mm×20mm，70mm×50mm×10mm 的台阶已经加工，要求用电火花成型机床加工 4 个 $R20mm$ 的缺口和 $\phi40mm$ 的盲孔。

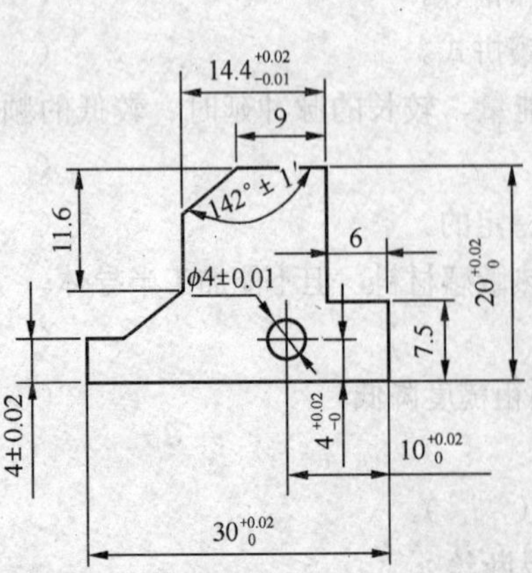

题图 7-1

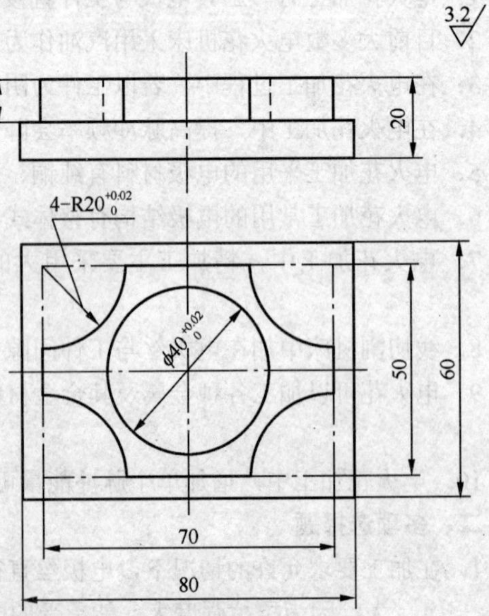

题图 7-2

参 考 文 献

［1］马名峻. 电火花加工技术在模具制造中的应用. 北京：化学工业出版社，2004.

［2］董丽华. 数控电火花加工实用技术. 北京：电子工业出版社，2006.

［3］罗学科. 数控电加工机床. 北京：化学工业出版社，2003.

［4］徐峰. 数控线切割加工技能实训教程. 北京：国防工业出版社，2006.

［5］曹凤国. 电火花加工技术. 北京：化学工业出版社，2004.

［6］伍端阳. 数控电火花加工实用技术. 北京：机械工业出版社，2007.

［7］赵万生. 实用电加工技术. 北京：机械工业出版社，2002.

［8］张学仁. 数控电火花线切割加工技术. 哈尔滨：哈尔滨工业大学出版社，2001.

［9］金涛等. 数控车加工. 北京：机械工业出版社，2004.

［10］詹西华. 电切削加工技术. 西安：西安电子科技大学出版社，2005.

［11］赵万生. 电火花加工技术工人培训自学教材. 哈尔滨：哈尔滨工业大学出版社，2000.

［12］鄂大辛. 特种加工基础实训教程. 北京：北京理工大学出版社，2007.

［13］赵万生. 电火花加工技术. 哈尔滨：哈尔滨工业大学出版社，2000.

［14］李忠文. 电火花机和线切割机编程与机电控制. 北京：化学工业出版社，2003.

［15］周旭光. 线切割及电火花编程与操作实训教程. 北京：清华大学出版社，2006.

［16］单岩. 数控线切割加工. 北京：机械工业出版社，2004.

［17］劳动和社会保障部教材办公室. 线切割机床及数控冲床操作与编程培训教程. 北京：中国劳动社会保障出版社，2006.

［18］陈前亮. 数控线切割操作工技能鉴定考核培训教程. 北京：机械工业出版社，2006.

［19］周旭光. 特种加工技术. 西安：西安电子科技大学出版社，2004.

［20］张学仁. 电火花线切割加工技术工人培训自学教材. 哈尔滨：哈尔滨工业大学出版社，2001.